有机合成化学实验

YOUJI HECHENG HUAXUE SHIYAN

苟绍华　主编
段文猛　马丽华　副主编

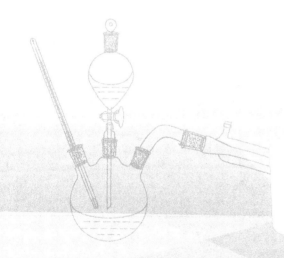

化学工业出版社
·北京·

本书是根据学校学科建设发展的需要而编写的一本有机化学类实验教材，为化学、化工及相关专业的《有机化学》及《有机合成》课程配套实验教材，其目的是进一步培养学生良好的实验室工作习惯和独立动手操作的能力，提高学生主动进行实验的积极性。本书内容主要含有机合成化学实验的基本知识、有机合成化学实验的基本操作、有机化合物制备与反应。书后附有各类实验参考数据，以便查阅。

　　本实验教材可作为本科院校的化学类本科生教材，也可供专科院校或其他相关专业选作教材和参考，同时还可以作为化学化工专业工作人员及研究人员的参考书。

图书在版编目（CIP）数据

有机合成化学实验/苟绍华主编. —北京：化学
工业出版社，2018.3（2023.9重印）
ISBN 978-7-122-31497-0

Ⅰ.①有… Ⅱ.①苟… Ⅲ.①有机合成-化学实验
Ⅳ.①O621.3-33

中国版本图书馆 CIP 数据核字（2018）第 025956 号

责任编辑：金　杰　徐一丹　　　　　　　　　装帧设计：韩　飞
责任校对：边　涛

出版发行：化学工业出版社（北京市东城区青年湖南街 13 号　邮政编码 100011）
印　　装：北京虎彩文化传播有限公司
787mm×1092mm　1/16　印张 13　字数 314 千字　　2023 年 9 月北京第 1 版第 6 次印刷

购书咨询：010-64518888　　　　　　　　售后服务：010-64518899
网　　址：http://www.cip.com.cn
凡购买本书，如有缺损质量问题，本社销售中心负责调换。

定　　价：38.00 元　　　　　　　　　　　　　版权所有　违者必究

➔ 前言

本书是在我校《有机合成实验》(讲义)、《近代化学实验》(贾朝霞、杨世光主编)基础上,根据学校学科建设需要编写的一本有机化学类实验教材,并对部分内容进行了调整和补充,部分文字或图表也进行了修订。 本书同时也是我校化学、应用化学、化学工程与技术、环境科学与工程、安全工程、材料科学与工程、新能源材料与器件等专业的配套实验教材。 其目的是进一步培养学生的动手能力和独立操作能力。

本书内容主要含有机合成化学实验的基本知识、有机合成化学实验的基本操作、有机化合物制备与反应。 书后附有各类实验参考数据,以便查阅。 本书可作为本科院校的化学类本科生教材,也可供专科院校或其他相关专业选作教材和参考,同时还可以作为化学化工专业工作人员及研究人员的参考书。

参加本书编写工作的有主编苟绍华教授(主编)、段文猛副教授、马丽华讲师(副主编),研究生彭川、张慧超、费玉梅、周艳婷、李世伟等参与了部分文件整理工作,非常感谢李建波副教授、贾朝霞教授(审),在百忙之中抽出宝贵时间对全文进行审查,对本书提出了宝贵的意见,编者谨向李建波副教授、贾朝霞教授致以衷心的感谢。

编者是希望编出一本科学性强、实用性强、受师生欢迎的实验教材,然而限于水平,还有很多不足之处,敬请批评指正。

编者

2017 年 8 月

目录

第1章　有机合成化学实验的基本知识

第2章　有机合成化学实验的基本操作

第 3 章　有机化合物的制备与反应

附录

参考文献

第1章 有机合成化学实验的基本知识

1.1 有机合成化学实验目的

　　化学是一门以实验为基础的科学，而有机合成化学实验是有机化学及相关课程不可缺少的一个重要组成部分，是培养学生独立操作、观察实验现象、记录数据、分析归纳、撰写实验报告等多方面的重要环节，是高等院校化学、应用化学、化学工程与工艺、材料科学、环境科学、医学、生物学、农学、药学及冶金、地质、轻工、食品等专业低年级学生必修的基础课程之一。其基本内容包括基本操作技术，有机物物理性质和化学性质的认识、实验测定、鉴别，有机物的制备、提取和分离等。

　　有机合成化学实验教学的主要目的有以下几点。

　　(1) 使课堂中讲授的重要理论和概念得到验证、巩固、充实和提高，并适当地扩大知识面。有机化学实验不仅能使理论知识形象化，并且能说明这些理论和规律在应用时的条件、范围和方法，较全面地反映化学现象的复杂性和多样性。

　　(2) 培养学生正确掌握有机合成化学实验的基本操作技能。培养学生能以小规模正确地进行制备实验和性质实验、分离和鉴定制备产品的能力；了解红外光谱等仪器的使用。只有正确的操作，才能得出准确的数据和结果，而后者又是正确结论的主要依据。

　　(3) 培养学生写出合格的实验报告、查阅相关中英文文献的能力。

　　(4) 培养学生独立思考、分析问题、解决问题和创新能力。学生需要学会联系课堂讲授的知识，仔细地观察和分析实验现象，认真地处理数据并概括现象，从中得出结论。

　　(5) 培养学生实事求是和严谨认真的科学态度。科学工作态度是指实事求是的作风，忠实于所观察到的客观现象。如果发现实验现象与理论不符合时，应检查操作是否正确或所应用的理论是否合适等。科学工作习惯是指设计科学、安排合理、操作正确、观察细致、分析准确及推断合乎逻辑等，这些都是做好实验的必要条件。

1.2 实验学习方法

　　要很好地完成实验任务，达到上述实验目的，除了应有正确的学习态度外，还要有正确的学习方法。化学实验课一般有以下三个环节。

　　(1) 重视课前预习：只有经过认真的课前预习，了解实验的目的与要求，理解实验原理，弄清操作步骤和注意事项，设计好记录数据的格式，写出简洁扼要的预习报告（对综合性和设计性实验写出设计方案），然后才能进入实验室进行各项操作。

（2）认真实验：在教师指导下独立地进行实验是实验课程的主要教学环节，也是训练学生正确掌握实验技术，实现化学实验目的的重要手段。实验原则上应根据实验教材上所提示的方法、步骤和试剂进行操作，设计性实验或者对一般实验提出的新的实验方案，应该与指导教师讨论、修改和定稿后进行实验。并要求做到以下几点。

① 认真操作，细心观察，如实而详细地记录实验现象和数据。

② 如果发现实验现象和理论不符合，应首先尊重实验事实，并认真分析和检查其原因，通过必要手段重做实验，有疑问时力争自己解决问题，也可以相互轻声讨论或询问教师。

③ 实验过程中应保持肃静，严格遵守实验室工作规则；实验结束后，洗净仪器，整理药品及实验台。

（3）独立撰写实验报告：做完课堂实验只是完成实验的一半，余下更为重要的是分析实验现象，整理实验数据，将直接的感性认识提高到理性思维阶段。实验报告的内容应包括实验目的、原理、实验步骤、实验现象和数据记录、数据处理结果和讨论等。结论或最后得出结论，若有数据计算，务必将所依据的公式和主要数据表达清楚；报告中可以针对本实验中遇到的疑难问题，对实验过程中发现的异常现象，或数据处理时出现的异常结果展开讨论，敢于提出自己的见解，分析实验误差的原因，也可以对实验方法、教学方法、实验内容等提出自己的意见或建议。

1.3 有机化学实验室守则

为了保证有机合成化学实验正常进行，培养良好的实验方法，并保证实验室的安全，学生必须严格遵守有机化学实验室规则。

（1）实验前必须认真预习有关实验的全部内容，并做好预习笔记和安排，通过预习，明确实验目的和要求及实验的基本原理、步骤和有关的操作技术，熟悉实验所需的药品、仪器和装置，了解实验中的注意事项。

（2）实验前要清点仪器，如果发现有破损或缺少，应立即报告教师，按规定手续到实验预备室补领。实验时仪器若有损坏，亦应按规定手续到实验预备室换取新仪器。未经教师同意，不得拿用别的位置上的仪器。

（3）试验时应保持安静，思想集中，认真操作，仔细观察现象，如实记录结果，积极思考问题。

（4）实验时应保持实验室和桌面清洁整齐。火柴梗、废纸屑、废液等应投入废液钵中，严禁投入或倒入水槽内，以防水槽和下水道管道堵塞或腐蚀。

（5）实验时要爱护财物，小心地使用仪器和实验设备，注意节约水、电、药品。使用精密仪器时，应严格按照操作规程进行，要谨慎细致。如果发现仪器有故障，应立即停止使用，并及时报告指导教师。

（6）药品要按需用取用，自药品瓶中取出的药品，不应倒回原瓶中，以免带入杂质；取用药品后，应立即盖上瓶塞，以免搞错瓶塞，沾污药品，并随即将药品放回原处。

（7）实验时要求按正确操作方法进行，注意安全。

（8）实验完毕后应将玻璃仪器洗涤洁净，放回原处。清洁并整理好桌面，打扫干净水槽和地面，最后洗净双手。

（9）实验结束后或离开实验室前，必须检查电插头或闸刀是否拉开，水龙头是否关闭等。实验室的一切物品（仪器、药品和实验产物等）不得带离实验室。

1.4 实验室安全

1.4.1 实验室安全守则

为了确保操作者、仪器设备及实验室的安全，每个进入实验室的学生，都应遵守有关规章制度，并对一般的安全常识有所了解。

（1）实验室严禁吸烟、饮食、大声喧哗、打闹。

（2）易燃或有毒的挥发性有机物用后都应收集于指定的密闭容器中。

（3）灼热的器皿应放在石棉网或石棉板上，不可和冷物体接触，以免破裂；也不要用手接触，以免烫伤；更不要立即放入柜内或桌面上，以免引起燃烧或烙坏桌面。

（4）普通的玻璃瓶和容量器皿均不可加热，也不可倒入热溶液以免引起破裂或使容量不准。

（5）特殊仪器及设备在熟悉其性能及使用方法后方可使用，并严格按照说明书操作。当情况不明时，不得随便接通仪器电源或扳动旋钮。

（6）加热试管时，不要将试管口指向自己或别人，不要俯视正在加热的液体，以免液体溅出，受到伤害。

（7）嗅闻气体时，应用手轻拂气体，扇向自己后再嗅。

（8）使用酒精灯时，应随用随点燃，不用时盖上灯罩。不要用已点燃的酒精灯去点燃别的酒精灯，以免酒精溢出而失火。

（9）能产生有刺激性或有毒气体的实验，应在通风橱内（或通风处）进行。

（10）禁止随意混合各种试剂药品，以免发生意外事故。

（11）有毒试剂（如氰化物、钡盐、铅盐、砷的化合物、汞的化合物）不得进入口内或接触伤口。也不能将有毒物品随便倒入下水管道。

（12）浓酸、浓碱具有强腐蚀性，切勿溅到眼睛上。稀释浓硫酸时，应将浓硫酸慢慢倒入水中，而不能将水向浓硫酸中倒，以免喷溅。

（13）乙醚、乙醇、丙酮、苯等有机易燃物质，安放和使用时必须远离明火，取用完毕后应立即盖紧瓶塞和瓶盖。

（14）将玻璃管（棒）或温度计插入塞中时，应先检查塞孔大小是否合适，玻璃是否平光，并用布裹住或涂些甘油等润滑剂后旋转而入。握玻璃管（棒）的手应靠近塞子，防止因玻璃管折断割伤皮肤。

（15）充分熟悉安全用具如石棉布、灭火器、砂桶以及急救箱的放置地点和使用方法，并妥加爱护。安全用具及急救药品不准移作他用。

1.4.2 气体钢瓶及使用注意事项

钢瓶又称高压气瓶，是一种在加压下储存或运送气体的容器。实验室常用它获得各种气体。钢瓶是用无缝合金钢或碳素钢管制成的圆柱形容器，器壁很厚，一般最高工作压力为

15MPa。使用时为了降低压力并保持压力稳定，必须装置减压阀，各种气体的减压阀不能混用。

通常有铸钢、低合金钢和玻璃钢等。氢气、氧气、氮气、空气等在钢瓶中呈压缩气状态，二氧化碳、氨、氯、石油气等在钢瓶中呈液化状态。乙炔钢瓶内装有多孔性物质（如木屑、活性炭等）和丙酮，乙炔气体在压力下溶于其中。为了防止各种钢瓶混用，全国统一规定了瓶身、横条以及标字的颜色，以示区别。气体钢瓶颜色与标记如表1.1所示。

表1.1 常用钢瓶颜色与标色

序号	充装气体名称	化学式	瓶色	字样	字色	色环
1	乙炔	CHCH	白	乙炔不可近火	大红	
2	氢	H_2	淡绿	氢	大红	$P=20$,淡黄色单环 $P=30$,淡黄色双环
3	氧	O_2	淡(酞)色	氧	黑	$P=20$,白色单环 $P=30$,白色双环
4	氮	N_2	黑	氮	淡黄	
5	空气		黑	空气	白	
6	二氧化碳	CO_2	铝白	液化二氧化碳	黑	$P=20$,黑色单环
7	氯	Cl_2	深绿	液氯	白	
8	氨	NH_3	淡黄	液氨	黑	
9	氟	F_2	白	氟	黑	
10	一氧化氮	NO	白	一氧化氮	黑	
11	二氧化氮	NO_2	白	二氧化氮	黑	
12	碳酰氯	$COCl_2$	白	液化光气	黑	
13	砷化氢	AsH_3	白	液化砷化氢	大红	
14	磷化氢	PH_3	白	液化磷化氢	大红	
15	乙硼烷	B_2H_6	白	液化乙硼烷	大红	
16	四氟甲烷	CF_4	铝白	氟利昂14	黑	
17	二氟二氯甲烷	CF_2Cl_2	铝白	液化氟利昂12	黑	
18	三氟溴氯甲烷	CF_3ClBr	铝白	液化氟利昂12B1	黑	
19	三氟氯甲烷	CF_3Cl	铝白	液化氟利昂13	黑	
20	三氟溴甲烷	CF_3Br	铝白	液化氟利昂13B1	黑	$P=12.5$,深绿色单环
21	六氟乙烷	C_2F_6	铝白	液化氟利昂116	黑	

使用钢瓶时应注意以下几点。

（1）气体钢瓶在运输、储存和使用时，注意勿使气体钢瓶与其他坚硬物体碰撞，搬运钢瓶时要旋上瓶帽，套上橡胶圈，轻拿轻放，防止摔碰或剧烈振动引起爆炸。钢瓶应放置在阴凉、干燥、远离热源的地方，避免日光直晒。氢气钢瓶应存放在与实验室隔开的气瓶房内。实验室中应尽量少放钢瓶。

（2）原则上有毒气体（如液氯等）钢瓶应单独存放，严防有毒气体逸出，注意室内通风。最好在存放有毒气体钢瓶的室内设置毒气检测装置。

（3）若两种钢瓶中的气体接触后可能引起燃烧或爆炸，则这两种钢瓶不能存放在一起。气体钢瓶存放或使用时要固定好，防止滚动或跌倒。为确保安全，最好在钢瓶外面装橡胶防震圈。液化气体钢瓶使用时一定要直立放置，禁止倒置使用。

（4）钢瓶使用时要用减压表，一般可燃性气体（氢、乙炔等）钢瓶气门螺纹是反向的，不燃或助燃性气体（氮、氧等）钢瓶气门螺纹是正向的。各种减压表不得混用。开启气门时应站在减压表的另一侧，以防减压表脱出而被击伤。

减压表由指示钢瓶压力的总压力表、控制压力的减压阀和减压后的分压力表三部分组成。使用时应注意，把减压表与钢瓶连接好（勿猛拧！）后，将减压表的调压阀旋到最松位置（即关闭状态）。然后打开钢瓶总气阀门，总压力表即显示瓶内气体总压。检查各接头（用肥皂水）不漏气后，方可缓慢旋紧调压阀门，使气体缓缓送入系统。使用完毕时，应首先关紧钢瓶总阀门，排空系统的气体，待总压力表与分压力表均指到 0 时，再旋松调压阀门。如钢瓶与减压表连接部分漏气，应加垫圈使之密封，切不能用麻丝等物堵漏，特别是氧气钢瓶及减压表绝对不能涂油，这更应特别注意！

（5）钢瓶中的气体不可用完，应留有 0.5% 表压以上的气体；以防止重新灌气时发生危险。

（6）可燃性气体使用时，一定要有防止回火的装置（有的减压表带有此种装置）。在导管中塞细铜丝网，管路中加液封可以起保护作用。

（7）钢瓶应定期试压检验（一般钢瓶三年检验一次）。逾期未经检验或锈蚀严重时，不得使用，漏气的钢瓶不得使用。

（8）严禁油脂等有机物沾污氧气钢瓶，因为油脂遇到逸出的氧气就可能燃烧，若已有油污沾污氧气钢瓶，则应立即用四氯化碳洗净。氢气、氧气或可燃气体钢瓶严禁靠近明火，与明火的距离一般不小于 10m，否则必须采取有效的保护；氢气瓶最好放在远离实验室的小屋内；采暖期间，气瓶与暖气的距离不小于 1m。存放氢气钢瓶或其他可燃性气体钢瓶的房间应注意通风，以免漏出的氢气或其他可燃性气体与空气混合后遇到火种发生爆炸。室内照明灯及电器通风装置均应防爆。

1.5　事故的预防与急救处理

1.5.1　火灾、爆炸、中毒、触电事故的预防

（1）实验中使用的有机溶剂大多是易燃的。因此，着火是有机实验中常见的事故。防火的基本原则是使火源与溶剂尽可能离得远些。易燃、易挥发物品不能放置在敞口容器中。盛有易燃有机溶剂的容器不得靠近火源，数量较大的易燃有机溶剂应放在危险药品橱内。

回流或蒸馏液体时应放沸石，以防溶液因过热暴沸而冲出。若在加热后发现未放沸石，则应停止加热，待稍冷后再放。否则在过热溶液中放入沸石会导致液体迅速沸腾，冲出瓶外而引起火灾。不要用火焰直接加热烧瓶，而应根据液体沸点高低采用相应的加热方法。冷凝水要保持畅通，以免大量蒸气来不及冷凝溢出而造成火灾。

（2）易燃有机溶剂（特别是低沸点易燃溶剂）在室温时即具有较大的蒸气压。当空气中易燃有机溶剂的蒸气达到某一极限时，遇明火即发生燃烧爆炸。而且，有机溶剂蒸气都较空气的密度大，会沿着桌面或地面漂移至较远处，或沉积在低洼处。因此，切勿将易燃溶剂倒入废物缸中，更不能用开口容器盛放易燃溶剂。转移易燃溶剂应远离火源，最好在通风橱中进行。蒸馏易燃溶剂（特别是低沸点易燃溶剂）时，整套装置切勿漏气，接收器支管应与橡胶管相连，使余气通往水槽或室外。

（3）使用氢气、乙炔等易燃、易爆气体时，要保持室内空气畅通，严禁明火。并防止由于敲击、摩擦、电动机炭刷或电器开关等产生的火花。

（4）若使用煤气，应经常检查煤气开关，并保持完好。煤气灯及其橡胶管在使用时也应

仔细检查。发现漏气应立即熄灭火源，打开窗户，用肥皂水检查漏气地方。如果不能自行解决，应急告有关单位马上抢修。

（5）常压操作时，应使全套装置有一定的地方通向大气，严禁密闭体系操作。减压蒸馏时，要用圆底烧瓶或吸滤瓶作接收器，不能用锥形瓶，否则会发生炸裂。加压操作时（如高压釜、封管等）应经常注意釜内压力有无超过安全负荷，选用封管的玻管厚度是否适当、管壁是否均匀，并要有一定的防护措施。

（6）有些有机化合物遇氧化剂时会发生猛烈爆炸或燃烧，操作时应特别小心。存放药品时，应将氯酸钾、过氧化物、浓硝酸等强氧化剂和有机药品分开。

（7）开启储有挥发性液体的瓶塞和安瓿时，必须先充分冷却再开启（开启安瓿时要用布包裹）。开启时瓶口必须指向无人处，以免由于液体喷溅而受到伤害。如遇瓶塞不易开启时，必须注意瓶内储物的性质，切不可贸然用火加热或乱敲瓶塞等。

（8）有些实验可能生成有危险性的化合物，操作时要特别小心。有些类型的化合物具有爆炸性，如叠氮化物、干燥的重氮盐、硝酸酯、多硝基化合物等，使用时必须严格遵守操作规程。有些有机化合物如醚或共轭烯烃，久置后会生成易爆炸的过氧化物，必须经过特殊处理后才能使用。

（9）有毒药品应认真操作，妥为保管，不许乱放。实验中所用的剧毒物质应有专人负责收发，并向使用者提出必须遵守的操作规程。实验后的有毒残渣必须经过妥善而有效的处理，不准乱丢。

（10）有些有毒物质会渗入皮肤，因此在接触固体或液体有毒物质时，必须戴橡胶手套，操作后立即洗手。切勿让毒品沾及五官或伤口，例如氰化钠沾及伤口后就随血液循环全身，严重者会造成中毒死亡事故。

（11）在反应过程中可能生成有毒或有腐蚀性气体的实验应在通风橱内进行。并且实验开始后不要把头伸进橱内，器皿使用后应及时清洗。

（12）使用电器时，应防止人体与电器导电部分直接接触，不能用湿手接触电插头。为了防止触电，装置和设备的金属外壳等都应连接地线。实验后切断电源，再将连接电源的插头拔下。

1.5.2　实验室的偶发事故与急救处理

有机化学实验中，使用的药品种类繁多，多数属易燃、易挥发、毒性、腐蚀性物品，实验中又多采用电炉、酒精灯加热等手段，大大增加了实验的潜在危险性。若操作不慎，极易发生火灾、中毒、烧伤、爆炸、触电、漏水等事故。但如果做好防护措施，掌握正确的操作规程，以上诸事故均可完全避免。一旦遇到事故应立即采取适当措施并报告教师。

（1）火灾　一旦发生了火灾，不要惊慌失措，应保持沉着镇静，并采取各种相应措施，以减少损失。首先，应立即切断电源，熄灭附近所有的火源，并移开附近的易燃物质。若是少量溶剂（几毫升）着火，可任其烧完。小火可用石棉布或湿布以及沙土盖熄。火较大时，应根据具体情况采取下列灭火器材。

① 二氧化碳灭火器：是有机实验室中最常用的一种灭火器，用以扑灭有机物及电器设备的着火。它的钢筒内装有压缩的液态二氧化碳。使用时打开开关，一手提灭火器，一手握在喷出二氧化碳的喇叭筒的把手上。若握在喇叭筒上，因喷出时压力骤然降低，温度也骤

降，易冻伤手。

② 泡沫灭火器：一般来说，因后处理比较麻烦，非大火通常不用。内装有发泡剂的碳酸氢钠溶液和硫酸铝溶液。使用时颠倒筒身，两种溶液即反应生成硫酸氢钠、氢氧化铝以及大量二氧化碳。灭火器筒内压力突然增大，大量二氧化碳泡沫喷出。

③ 四氯化碳灭火器：用以扑灭电器内或电器附近的火，但不能在狭小或通风不良的实验室中应用，因为四氯化碳在高温时生成剧毒的光气；此外，四氯化碳和金属钠接触也要发生爆炸。使用时只需连续抽动唧筒，四氯化碳即会由喷嘴喷出。

无论用何种灭火器，都应从火的四周开始向中心扑灭。

油浴和有机溶剂着火时绝对不能用水浇，因为这样反而会使火焰蔓延开来。

若衣服着火，不要奔跑，应该用厚的外衣包裹使之熄灭。较严重的应躺在地上（以免火焰烧向头部）用防火毯紧紧包住，直至火熄灭，或打开附近的自来水开关用水冲淋熄灭。烧伤严重者应立即送医疗单位。

（2）割伤　取出伤口中的玻璃或固体物，用蒸馏水洗后，涂以碘酒，用消毒纱布包扎，防止化学药品感染，并定期换药。大伤口则应先按紧主血管防止大量出血，急送医疗单位。

（3）烫伤　轻伤涂些鞣酸油膏或香油，重伤涂以烫伤油膏后送医疗单位。

（4）试剂灼伤　酸灼伤：立即用大量水洗，再用 3%～5% 的碳酸氢钠溶液洗，最后再用水洗。严重时要消毒，擦干后涂些烫伤药膏，或急救后送医疗单位。碱灼伤：立即用大量水洗，再以 1%～2% 硼酸溶液洗，最后用水洗。严重时同酸灼伤处理。溴灼伤：立即用大量水洗，再用酒精擦至无溴液，然后涂上鱼肝油软膏。钠灼伤：可见的小块用镊子移去，其余处理与碱灼伤相同。

（5）中毒　溅入口中尚未咽下者应立即吐出，并用大量水冲洗口腔。已经吞下，应根据毒物性质给以解毒剂，并立即送医疗单位。

腐蚀性毒物：对于强酸，先饮大量水，然后服用氢氧化铝膏、鸡蛋白；对于强碱，也应先饮大量水，然后服用醋、酸果汁、鸡蛋白。无论酸或碱中毒都要再给以牛奶灌注，不要吃呕吐剂。

刺激剂及神经性毒物：先用牛奶或鸡蛋白使之立即冲淡和缓和，再用一大匙硫酸镁（30g）溶于一杯水中催吐。有时也可用手指伸入喉部催吐，然后立即送医疗单位。

吸入气体中毒者，先将中毒者移至室外，解开衣领及纽扣。吸入少量氯气或溴时，可用碳酸氢钠漱口。实验室应配备急救箱，里面应有以下物品。

① 绷带、纱布、棉花、创可贴、医用镊子、剪刀等。

② 凡士林、玉树油或鞣酸油膏、烫伤油膏及消毒剂等。

③ 乙酸溶液（2%）、硼酸溶液（1%）、碳酸氢钠溶液（1%）、酒精、甘油等。

1.5.3　有机化学品的毒性及化学废弃物排放

常见的化学品对人体的健康或多或少是有害的，即使那些有香味的化合物接触或进入人体内过多也会产生有害的影响。一些含氮和绸环化合物毒性很大，即使吸入少量也可能致死。有些化学品长期接触甚至接触几分钟都有诱致肿瘤的可能。世界各国和国际组织已公布了一批毒性大的物质或禁用化合物的名单。而有些严重致癌物质没有列入名单。一些结果简单、缺少活性基团的化合物也不一定是安全的。因此，应该保持一个安全的实验环境，尽可能减少暴露到有机化合物蒸气中的机会，就是有香气的化合物也不要闻得过多。

劳动卫生部门已经制定了工业生产环境允许的化学物质极限安全值（TLV），有些公共安全和健康管理机构（OSHA）还制定了实验室环境的安全、健康标准。做实验前必须阅读这些资料。

一些化学试剂供应商开始对供应的化学试剂提供"物质安全性数据卡片"（MSDS）。MSDS 包括物理常数、燃烧爆炸性、化学反应性、泄漏处理方法、危害健康信息、毒性数据及保存等知识，做实验前应该尽可能阅读所使用试剂的 MSDS。

实验结束后，需要清理、排放实验产生的废化学品。尽管还没有统一的实验废化学品排放标准，但从保护环境出发，有机化学实验室产生的废化学品应该分类回收，统一处理排放。进入下水道的化学品必须是无毒的、水溶性（≥3%）的、生物可降解的、不燃烧的，一次排放量的废化学品不多于 100g 并溶于大量水中。

1.6 试剂及药品使用规则

常用化学试剂根据纯度的不同分不同的规格，目前常用的试剂一般分为四个级别，如表1.2所示。

表 1.2 常用化学试剂级别

级别	名称	代号	瓶标颜色	使用范围
一级	优级纯	GR	绿色	痕量分析和科学研究
二级	分析纯	AR	红色	一般定性定量分析实验
三级	化学纯	CR	蓝色	使用于一般的化学制备和教学实验
四级	实验试剂	LR	棕色或其他颜色	一般的化学实验辅助试剂

除上述一般试剂外，还有一些特殊要求的试剂，如指示剂、生化试剂和超纯试剂（如电子纯、光谱纯、色谱纯）等，这些都会在瓶标上注明，使用时请注意。

表 1.2 列出了试剂的规格与适用范围供选用试剂时参考。因不同规格的试剂其价格相差很大，选用时应注意节约，防止超级使用造成浪费。若能达到应有的实验效果，应尽量采用级别较低的试剂。

化学试剂中的部分试剂具有易燃、易爆、腐蚀性或毒性等特性，化学试剂除使用时注意安全和按操作规程操作外，保管时也要注意安全，要防火、防水、防挥发、防爆和防变质。化学试剂的保存，应根据试剂的毒性、易燃性、腐蚀性和潮解性等不相同的特点，采用不同的保管方法。

（1）一般单质和无机盐类的固体，应放在试剂柜内，无机试剂要与有机试剂分开存放。危险性试剂应严格管理，必须分类隔开放置，不能混放在一起。

（2）易燃液体，主要是有机溶剂，极易挥发成气体，遇明火即燃烧。实验中常用的有苯、乙醇、乙醚和丙酮等，应单独存放，要注意阴凉通风，特别要注意远离火源。

（3）易燃固体，无机物中如硫黄、红磷、镁粉和铝粉等，着火点都很低，也应注意单独存放。存放应通风、干燥。白磷在空气中可自燃，应保存在水里，并放于避光阴凉处。

（4）遇水燃烧的物品，金属锂、钠、钾、电石和锌粉等，可与水剧烈反应，放出可燃性气体。锂要用石蜡密封，钠和钾应保存在煤油中，电石和锌粉等应放于干燥处。

（5）强氧化性，氯酸钾、硝酸盐、过氧化物、高锰酸盐和重铬酸盐等都具有强氧化性，当受热、撞击或混入还原性物质时，就可能引起爆炸。保存这类物质，一定不能与还原性物质或可燃物放在一起，应存放在阴凉通风处。

（6）见光分解的试剂，如硝酸银、高锰酸钾等；与空气接触易氧化的试剂，如氯化亚锡、硫酸亚铁等，都应存于棕色瓶中，并放在阴暗避光处。

（7）容易侵蚀玻璃的试剂，如氢氟酸、含氟盐、氢氧化钠等应保存在塑料瓶内。

（8）剧毒试剂，如氰化钾、三氧化二砷（砒霜）、升汞等，应特别注意由专人妥善保管，取用时应严格做好记录，以免发生事故。

1.7　实验预习、实验记录和实验报告

学生在本课程开始时，必须认真地阅读本书第一部分：有机化学实验的一般知识。在进行每个实验时，必须做好预习、实验记录和实验报告。

1.7.1　实验预习

为了使实验能够达到预期的效果，在实验之前要做好充分的预习和准备。每个学生都必须准备一本实验记录本，并编上页码，不能用活页本或零星纸张代替。不准撕下记录本的任何一页。如果写错了，可以用笔勾掉，但不得涂抹或用橡皮擦掉。文字要简练明确，书写整齐，字迹清楚。写好实验记录本是从事科学实验的一项重要训练。以制备实验为例，预习提纲包括以下内容。

（1）实验目的。

（2）主反应和重要副反应的反应方程式。

（3）原料、产物和副产物的物理常数；原料用量（单位：g，mL，mol），计算理论产量。

（4）正确而清楚地画出装置图。

（5）用图表形式表示实验步骤，特别注意本实验的关键事项和实验安全。

（6）试剂的过量百分数、理论产量和产率的计算。在进行一个合成实验时，通常并不是完全按照反应方程式所要求的比例投入各原料，而是增加某原料的用量。究竟过量使用哪一种物质，则要根据其价格是否廉价，反应完成后是否容易去除或回收，能否引起副反应等情况来决定。

在计算时，首先要根据反应方程式找出哪一种原料的相对用量少，以它为基准计算其他原料的过量百分数。产物的理论产量是假定这个作为基准的原料全部转变为产物时所得到的产量。由于有机反应常常不能进行完全，有副反应，以及操作中的损失，产物的实际产量总比理论产量低。通常将实验产量与理论产量的百分比称为产率。产率的高低是评价一个实验方法以及考核实验者的一个重要指标。

1.7.2　实验记录

学生每人必须有一个实验记录本。不得用散纸。进行实验时做到操作认真，观察仔细，并随时将测得的数据或观察到的实验现象记在记录本上，养成边实验边记录的好习惯，记录必须忠实详尽，不能虚假。记录的内容包括实验的全部过程，如加入药品的数量，仪器装

置，每一步操作的时间、内容和所观察到的现象（包括温度、颜色、体积或质量的数据等）。记录要求实事求是，准确反映真实的情况，特别是当观察到的现象和预期的不同，以及操作步骤与教材规定的不一致时，要按照实际情况记录清楚，以便作为总结讨论的依据。其他各项，如实验过程中一些准备工作，现象解释，称量数据，以及其他备忘事项，可以记在备注栏内。应该牢记，实验记录是原始资料，科学工作者必须重视。

1.7.3　实验报告

实验完成后应及时写出实验报告。实验报告是学生完成实验的一个重要步骤，通过实验报告，可以培养学生判断问题，分析问题和解决问题的能力。一份合格的实验报告应包括以下内容。

（1）实验名称：通常作为实验题目出现。

（2）实验目的要求：简述该实验所要求达到的目的和要求。

（3）实验原理：简要介绍实验的基本原理，主要反应方程式及副反应方程式。

（4）实验所用的仪器、药品及装置：要写明所用仪器的型号、数量、规格；试剂的名称、规格。

（5）主要试剂的物理常数：列出主要试剂的分子量、相对密度、熔点、沸点和溶解度等。

（6）仪器装置图：画出主要仪器装置图。

（7）实验内容、步骤：要求简明扼要，尽量用表格、框图、符号表示，不要全盘抄书。

（8）实验现象和数据的记录：在自己观察的基础上如实记录。

（9）结论和数据处理：化学现象的解释最好用化学反应方程式，如果是合成实验要写明产物的特征、产量，并计算产率。

1.7.4　总结讨论

对实验中遇到的疑难问题提出自己的见解。分析产生误差的原因，对实验方法、教学方法、实验内容、实验装置等提出意见或建议。包括回答思考题。

实验报告格式示例

实验六　溴乙烷的制备

实验目的

（1）掌握由醇制备卤代烃的方法、原理。

（2）学习磁力搅拌器的使用。

（3）学习低沸点蒸馏的基本操作，巩固分液漏斗的使用方法。

实验原理

主反应：

$$NaBr + H_2SO_4 \longrightarrow HBr + NaHSO_4$$
$$C_2H_5OH + HBr \rightleftharpoons C_2H_5Br + H_2O$$

副反应：

$$2C_2H_5OH \xrightarrow{H_2SO_4} C_2H_5OC_2H_5 + H_2O$$

$$C_2H_5OH \xrightarrow{H_2SO_4} C_2H_4 + H_2O$$

$$2HBr + H_2SO_4 \longrightarrow Br_2 + SO_2 + 2H_2O$$

仪器与药品

仪器：圆底烧瓶（100mL）、锥形瓶、烧杯、蒸馏头、直形冷凝管、分液漏斗、量筒、温度计、磁力搅拌器（S21-3）

药品：浓硫酸（$d = 1.8$）19mL、溴化钠（无水）、乙醇（95％）10mL（7.9g，0.165mol）、溴化钠（无水）13g（0.126mol）、饱和亚硫酸氢钠溶液 5mL。

物理常数

名称	分子量	熔点/℃	沸点/℃	相对密度	溶解度/(g/100g 溶剂)
乙醇	46	78.4	78.4	0.7893	水中∞
溴化钠	103	1390		3.203	水中 79.5(0℃)
溴乙烷	109	38.4	38.4	1.4239	水中 1.06(0℃)，醇中∞
乙醚	74.12	34.5	34.6	0.71378	水中 7.5(20℃)，醇中∞
乙烯	28.05	−169	−103.7	0.384	不溶
浓硫酸	98	338	340(分解)	1.384	水中∞

1.7.5　实验装置图

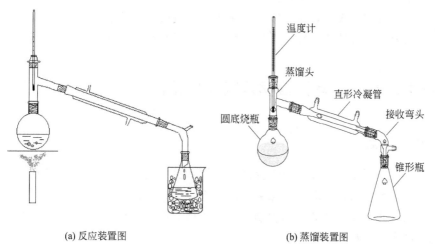

(a) 反应装置图　　　　　　　　　　(b) 蒸馏装置图

实验步骤

在 50mL 圆底烧瓶中，放入 4mL 水，在冷却和不断振摇下，慢慢地加入 11mL 浓硫酸。冷至室温后，在加入 6.2mL 95％乙醇，在不断冷却并搅拌下加入 8.2g 研细的溴化钠及两粒沸石。将烧瓶用 75°弯管与直形冷凝管相连，冷凝管下端连接接引管。溴乙烷的沸点很低，极易挥发，为了避免损失，在接收器中加冷水及 3mL 饱和亚硫酸氢钠溶液，放入冰水浴中冷却，并使接引管的末端刚浸没在接收器的水溶液中。

在石棉网上用小火加热蒸馏瓶，瓶中液体开始发泡，油状物开始蒸出来。约 30min 后慢慢加大火焰，直至无油滴蒸出为止。馏出液为乳白色油状物，沉于瓶底。将馏出物倒入分液漏斗中，静置分出有机层后，倒入干燥的小锥形瓶中，把锥形瓶浸于冷水浴中冷却，逐滴向瓶中加滴入浓硫酸，同时振荡，以除去乙醚、乙醇及水等杂质，直到溴乙烷变得澄清透明，且有明显的液层分出为止（约需 4mL 左右的浓硫酸），用干燥的分液漏斗仔细分去下面的硫酸层，将溴乙烷层从上面倒入 30mL 蒸馏瓶中。安装蒸馏装置，加两粒沸石，用水浴加热，蒸馏溴乙烷，收集 36～40℃ 的馏分，收集产品的接收器要用冷水浴冷却。

理论产量：约 6g。

现象：①第一次加热时，有大量的气泡从烧瓶中冒出，冲入冷凝管中；②气泡颜色也较黄，可闻到些许难闻气味；③第二次重新做时，操作都基本正确，加入硫酸时，烧瓶发热很烫；④反应过程中接收器中的溶液倒吸；⑤最后反应物由微黄变为无色，接引管有油状液体流下；⑥分液漏斗内液体分层；⑦乳白色油状物变为澄清无色，蒸馏得到无色液体。

实验记录

产物的质量：$m = 4.64g$

计算

产率：$4.64g/6g = 77.33\%$

讨论

（1）加热过快过猛，使低沸点反应物未反应便被蒸出，同时使大量副反应剧烈发生，所以导致所需要的产物很少，产率很低。

（2）装置密闭性不是很好，导致一些物质逸出。

（3）分液时没有很好的控制开关，使所需溶液未完全分开。

（4）加浓硫酸除杂时未冷却，使产物挥发出去。

（5）有少量硫酸未吸出，蒸馏时，氧化产物，造成产率很低。

（6）蒸馏前，所有装置未完全干燥，使产物中混有少量的水。

1.8 有机化学实验常用仪器及其正确使用

1.8.1 常用仪器

有机化学实验所用的仪器有玻璃仪器、金属用具、光学电学仪器及其他一些仪器设备。有些是公用的，有些由使用者自己保管使用，现分别介绍如下。

（1）玻璃仪器　有机实验用的玻璃仪器，根据其口塞是否标准，分为标准口仪器及普通仪器两类，见图 1.1 和图 1.2。

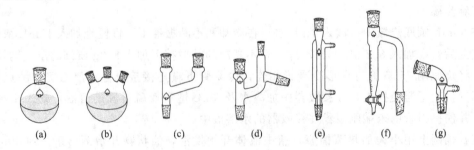

图 1.1　常用磨口仪器

（a）圆底烧瓶；（b）三颈瓶；（c）Y形管；（d）克氏蒸馏头；（e）冷凝管；（f）分水器；（g）尾接管

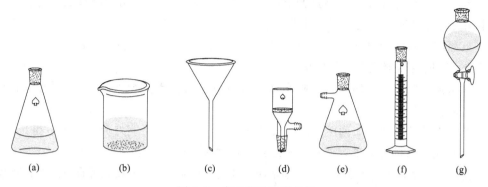

图 1.2　常用普通玻璃仪器

(a) 锥形瓶；(b) 烧杯；(c) 玻璃漏斗；(d) 布氏漏斗；(e) 抽滤瓶；(f) 量筒；(g) 分液漏斗

　　使用玻璃仪器时应轻拿轻放；除试管等少数外，一般都不能直接用明火加热；锥形瓶不耐压，不能作减压用；厚壁玻璃器皿（如抽滤瓶）不耐热，不能加热；广口容器（如烧杯）不能储放有机溶剂；带活塞的玻璃器皿如分液漏斗、滴液漏斗、分水器等，用过洗净后，在活塞与磨口间应垫上纸片，以防粘住。如已粘住，可用水煮后再轻敲塞子；或在磨口四周涂上润滑剂后用电吹风吹热风，使之松开。另外，温度计不能代替搅拌棒使用，并且也不能用来测量超过刻度范围的温度。温度计用后要缓慢冷却，不可立即用冷水冲洗以免炸裂。标准口玻璃仪器可以和编号相同的标准磨口相互连接，使用时既省时方便又严密安全，目前已替代了同类普通仪器，而且随着实验教学的改革，已经走向微量化。由于玻璃仪器容量大小及用途不一，故有不同编号的标准磨口。常用的有 10、14、19、24、29、34、40、50 等，这里的数字编号指的是磨口最大端直径的毫米数。有的磨口玻璃仪器用两个数字表示，例如 10/30，表明磨口最大处直径为 10mm，磨口长度为 30mm。相同编号的内外磨口、磨塞可以直接紧密相接，磨口编号不同的两玻璃仪器，可借助于不同编号的标准口接头（又称大小头）相接。

　　使用标准口玻璃仪器时必须注意以下几点。

　　① 磨口必须洁净。若有固体物，则磨口对接不密导致漏气；若杂物很硬，则更会损坏磨口。

　　② 用后应立即拆卸洗净，特别是经过高温加热的磨口仪器。一旦停止反应，应先移去火源，然后立即活动磨口处，否则若长期放置，磨口的连接处常会粘牢，不易拆开。

　　③ 磨口仪器使用时，一般不需要涂润滑剂，以免沾污反应物或产物。但是，如果反应中有强碱，则要涂润滑剂，防止磨口连接处因碱腐蚀粘牢而无法拆开。

　　④ 安装标准磨口玻璃仪器装置时，应注意要整齐、正确，使磨口连接处不受歪斜的应力，否则容易将仪器折断。

　　（2）金属用具　有机实验室常用的金属用具有：铁夹、铁架、铁圈、水浴锅、热水漏斗、镊子、剪刀、三角锉刀、圆锉刀、打孔器、不锈钢刮刀、切钠刀、水蒸气发生器、升降台等。

　　（3）小型机电设备及光电仪器

　　① 电吹风：实验室中使用的电吹风，用于干燥玻璃仪器。宜存放干燥处，防潮、防腐蚀。

② 调压变压器：调压变压器是调节电源电压的一种装置，常用来调节加热电炉的温度，调整电动搅拌器转速等。使用时应注意几点。

a. 电源应接到注明输入端的接线柱上，输出端的接线柱与搅拌器或电炉的导线相连，不能接错。同时变压器应有良好的接地。

b. 调节旋钮时应均匀缓慢，以防剧烈摩擦而引起火花或使炭刷接触点受损。如果炭刷磨损大时应予更换。

c. 不允许长期过载（如调压过高），以防烧毁。注意有时可能外标与炭刷不相对应。

d. 经常用软布拭去灰尘，使炭刷及绕线组接触表面保持清洁。

e. 使用后应将旋钮调回零位，并切断电源，放在干燥通风处，不得靠近有腐蚀性的液体。

③ 烘箱：烘箱用来干燥玻璃仪器或烘干无腐蚀性、加热不分解的药品。挥发性易燃物或以酒精、丙酮淋洗过的玻璃仪器不能放入烘箱内，以免发生爆炸。烘箱使用说明：接上电源后，即可开启加热开关，再将控温旋钮由"0"位顺时针旋至一定程度（视烘箱型号而定），此时烘箱内即开始升温，红色指示灯亮。若有鼓风机，可开启鼓风机开关，使鼓风机工作。当温度计升至工作温度时（由烘箱顶上温度计读数得知），即将控温旋钮按逆时针方向旋至指示灯刚熄灭。在指示灯明灭交替处即为恒温定点。一般干燥玻璃仪器时应先沥干，无水滴下时才放入烘箱，升温加热，将温度控制在 $100 \sim 120℃$ 左右。实验室中的烘箱是公用仪器，往烘箱里放玻璃仪器时应自上而下依次放入，以免残留的水滴流下使已烘热的玻璃仪器炸裂。取出烘干后的仪器时，应用干布衬手，以免烫伤。取出后不能碰水，以防炸裂。取出后的热玻璃仪器，若自行冷却，器壁常会凝上水汽。可用电吹风吹入冷风助其冷却。

④ 循环水式真空泵：是以循环水作为工作流体的喷射泵。它是射流技术产生负压而设计的一种泵。其特点是体积小，节约水。

⑤ 旋转蒸发仪：旋转蒸发仪是由电动机带动可旋转的蒸发器（圆底烧瓶）、冷凝器和接收器组成，能够在常压或减压下操作。既可一次进料，也可分批吸入蒸料液。由于蒸发器的不断旋转，不加沸石也不会暴沸。蒸发器旋转时，会使料液的蒸发面大大增加，加快了蒸发速度。因此，它是浓缩溶液、回收溶剂的理想装置。旋转蒸发仪和真空水泵见图 1.3。

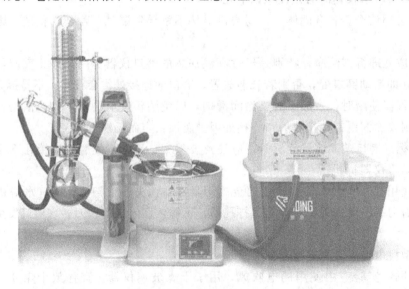

图 1.3　旋转蒸发仪和真空水泵

1.8.2　有机化学实验常用装置

在进行有机合成实验时，常常需要将多种玻璃仪器组装成一定的装置。常用的几种装置有回流装置、蒸馏装置、气体吸收装置、搅拌装置等。

1.8.2.1　回流装置

当有机化学反应需要在反应体系的溶剂或反应物的沸点附近进行时需用回流装置，如图1.4(a) 适用于需要干燥的反应体系，如不需要防潮，可去掉干燥管。图1.4(b) 适用于产生有害气体（如溴化氢、氯化氢、二氧化硫等）的反应体系。图1.4(c) 适用于边滴加边回流的反应体系。

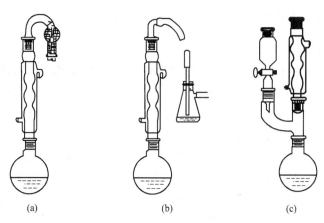

(a)　　　　　　　(b)　　　　　　　(c)

图 1.4　常见的几种回流装置图

1.8.2.2　蒸馏装置

用蒸馏法分离和提纯液体有机化合物时要使用蒸馏装置，如图 1.5 所示。其中图(a) 是最常用的一种，它适用于低沸点物质的蒸馏（bp＜140℃），既可在尾部侧管处连接干燥管，用作防潮蒸馏，也可连上橡胶管把易挥发的低沸点馏出物（如乙醚）的尾气导向水槽或室外。蒸馏高沸点物质（bp＞140℃）时，要换用空气冷凝管；图(b) 是闪蒸装置，适用于大量溶剂的蒸除，或用于少量物质的富集。由于液体可由滴液漏斗中不断加入，避免了使用较大的蒸馏瓶。

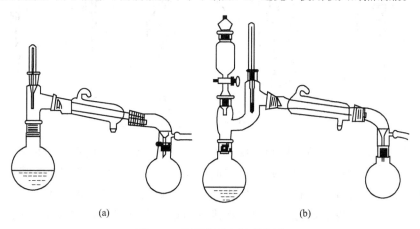

(a)　　　　　　　　　　　　(b)

图 1.5　蒸馏装置和闪蒸装置

1.8.2.3 气体吸收装置

当反应体系中有毒性气体产生时，要用气体吸收装置，以减少环境污染，见图1.6。其

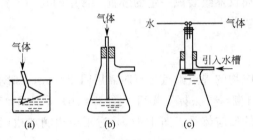

图1.6 几种气体吸收装置图

中图（a）和图（b）适用于少量气体的吸收。使用图（a）装置时，玻璃漏斗应略微倾斜，使漏斗口一半在水中，一半在水面上，不得将漏斗埋入吸收液面下，以防成为密闭装置，引起倒吸；图（c）是反应过程中有大量气体生成或气体逸出速度很快的气体吸收装置。水自上端流入（可利用冷凝水）抽滤瓶中，在恒定的水平面上溢出。粗的玻璃管恰好伸入水面，被水封住，以防止气体逸入大气中。

1.8.2.4 搅拌装置

（1）机械搅拌 机械搅拌是由电机带动搅拌棒而达到搅拌的一种装置。如果反应在互不相溶的两种液体或固液两相的非均相体系中进行，或其中一种原料需逐渐滴加进料时，必须使用搅拌装置，见图1.7。搅拌可以保证两相的充分混合接触和被滴加原料的快速均匀分散，避免或减少因局部过浓过热而引起的副反应。其中图(a)适用于搅拌下滴加回流的反应；图(b)用于搅拌下滴加并需测温的反应。为了防止蒸气外逸，需采用密封装置，常用的有简易密封装置或液封装置：简易密封装置使用温度计套管加橡胶管构成；图(c)搅拌棒在橡胶管内转动，在搅拌棒和橡胶管之间滴入润滑油；也可用带橡胶管的玻璃套管固定于塞子上代替；图(d)液封装置中要用惰性液体（如石蜡油）进行密封；图(e)聚四氟乙烯制成的搅拌密封塞是由上面的螺旋盖、中间的硅橡胶密封垫圈和下面的标准口塞组成的。使用时只需选用适当直径的搅拌棒插入标准口塞与垫圈孔中，在垫圈与搅拌棒接触处涂少许甘油润滑，旋上螺旋口使松紧适度，把标准口塞装在烧瓶上即可。

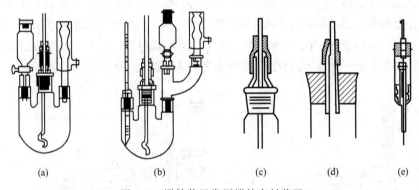

图1.7 搅拌装置常用搅拌密封装置

为了搅拌均匀，可以将搅拌棒制造成各种形状，见图1.8。在安装搅拌装置时，要求搅拌棒垂直、灵活，与管壁无摩擦和碰撞；与搅拌电机轴应通过两节真空橡胶管和一段玻璃棒连接，切不可将玻璃搅拌棒直接与搅拌电机轴相连，避免搅拌棒磨损或折断，见图1.8。搅拌棒虽有多种形状，但安装时总是要求搅拌棒下端距瓶底应有0.5～1cm的距离。机械搅拌器不能超负荷使用，否则电机易发热而烧毁。使用时必须接上地线。平时要注意保养，保持

清洁干燥，防潮防腐蚀。轴承应经常涂油保持润滑。

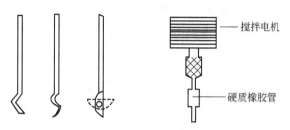

图 1.8　搅拌棒与电机的连接

（2）磁力搅拌　磁力搅拌是通过一个可旋转的磁铁带动一根以玻璃或塑料密封的软铁旋转而达到搅拌的一种装置。将软铁放入盛有反应物的容器中，将容器放在磁力搅拌器托盘上，接通电源。由于内部磁场不断旋转变化，容器内软铁也随之旋转，从而达到搅拌的目的。一般的磁力搅拌器都有控制磁铁转速的旋钮及可控制温度的加热装置。磁力搅拌比机械搅拌装置简单、易操作，且更加安全。它的缺点是不适用于大体积和黏稠体系。使用时应注意及时收回搅拌子，不得随反应废液或固体一起倒入废料桶或下水道。

1.9　有机合成中常用仪器的使用

1.9.1　旋转蒸发仪

旋转蒸发仪，主要用于在减压条件下连续蒸馏大量易挥发性溶剂。尤其对萃取液的浓缩和色谱分离时的接收液的蒸馏，可以分离和纯化反应产物。旋转蒸发仪的基本原理就是减压蒸馏，也就是在减压情况下，当溶剂蒸馏时，蒸馏烧瓶在连续转动。蒸馏烧瓶是一个带有标准磨口接口的梨形或圆底烧瓶，通过一高度回流蛇形冷凝管与减压泵相连，回流冷凝管另一开口与带有磨口的接收烧瓶相连，用于接收被蒸发的有机溶剂。在冷凝管与减压泵之间有一三通活塞，当体系与大气相通时，可以将蒸馏烧瓶、接液烧瓶取下，转移溶剂，当体系与减压泵相通时，则体系应处于减压状态。使用时，应先减压，再开动电动机转动蒸馏烧瓶，结束时，应先停机，再通大气，以防蒸馏烧瓶在转动中脱落。作为蒸馏的热源，常配有相应的恒温水槽。

1.9.2　催化氢化装置

催化氢化是有机化学实验中的一项重要内容之一。这一反应的具体内容是气态氢在催化剂存在下，与有机化合物进行加成或还原反应，从而生成新的有机化合物。它的优点是：①有些反应，如碳碳不饱和键的加氢，应用其他方法比较复杂和困难，而应用催化氢化反应，则可以方便地达到目的。②它对醛酮、硝基及亚硝基化合物都能起还原作用，生成相应的醇和胺，不需要任何还原剂和特殊溶剂。氢气本身极其便宜，因而成本低，操作方便。③反应完毕后，只需滤去催化剂，蒸发掉溶剂即可得所需产物，后处理方便，产品纯度、收率都比较令人满意。

根据氢化时选用的压力不同，可将催化氢化分为常压氢化、低压氢化（4～5atm，

1atm＝101.3kPa，下同）及高压氢化（＞6atm）。图 1.9 是在常压及低压下进行催化氢化的装置图。而高压氢化则需要非常特殊的装置，由于有较高压力，这些已超出本书的范围，但不论是在任何压力进行氢化，都不得使用明火，包括电火花。

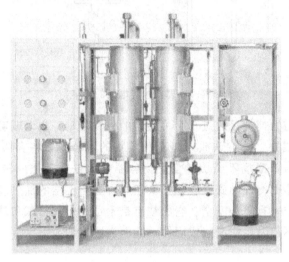

图 1.9　催化氢化装置图

催化氢化装置：主要包括氢化用的圆底烧瓶、气压计、量（储）气管和平衡瓶。储气管的体积一般在 100mL～2L 之间，可根据反应的规模大小选择合适的储气量；在平衡瓶里所装的液体通常是水或汞。在反应过程中，氢气的压力大小可以通过平衡瓶的高度来调节。反应结束后，再通过平衡瓶来测量参加反应的氢气的体积。气压计可以保证在反应前后，氢气都在相同的压力下（一般为 1atm）进行体积测量。

1.9.3　压缩气体钢瓶

在有机化学实验中，有时会用到气体来作为反应物。如氢气、氧气等，也会用到气体作为保护气，例如氮气、氩气等，有的气体用来作为燃料，例如煤气、液化气等。所有这些气体都需要装在特制的容器中。一般都是用的压缩气体钢瓶。将气体以较高压力储存在钢瓶中，既便于运输又可以在一般实验室里随时用到非常纯净的气体。由于钢瓶里装的是高压的压缩气体，因此在使用时必须严格注意安全，否则将会十分危险。

有机化学实验室里常用的压缩气体压强一般接近 200atm。整个钢瓶的瓶体是非常坚实的，而最易损坏的，应是安装在钢瓶出气口的排气阀，一旦排气阀被损坏，后果则不堪设想，因此为安全起见，都要在排气阀上装一个罩子。除此之外，这些压缩气体钢瓶应远离火源和有腐蚀性的物质，如酸、碱等。

实验室里用的压缩气体钢瓶，一般高度约 160cm，毛重约 70～80kg。对于如此庞大的物体，如果不加以固定，一旦倒下来肯定会砸坏东西或砸伤人，且还会有高压气体本身带来的危险。因此，也是从安全考虑，应当将钢瓶固定在某个地方，如固定在桌边或墙角等。

为了转移方便，一般选用特制的推车（图 1.10）。如何正确识别钢瓶所装的气体种类，也是一件相当重要的事情。虽然，所有的气体钢瓶外面都会贴有标签来说明瓶内所装气体的种类及纯度，但是这些标签往往会被损坏或腐烂。为保险起见，所有的压缩气体钢瓶都会依据一定的标准、根据所装的气体被涂成不同的颜色。

1.9.4　气压计

气压计的作用是指示系统内的压力，通常采用水银气压计。在厚玻璃管内盛水银，管背后装有移动标尺，移动标尺将零度调整在接近活塞一边玻璃管 B 中的水银平面处，当减压泵工作时，A 管汞柱下降，B 管汞柱上升，两者之差表明系统的压力。使用时必须注意勿使水或脏物侵入测压计内，水银柱中也不得有气泡存在，否则将影响测定压力的准确性。封闭式水银测压计的优点是轻巧方便，但如有

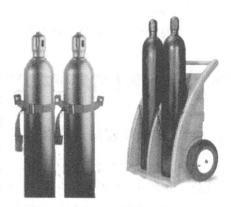

图 1.10　钢瓶固定特制钢瓶推车

残留空气或引入了水或杂质时，则准确度受到影响。这种测压计装入水银时要严格控制不让空气进入，方法是先将纯净汞放入小圆底烧瓶，然后与测压计相连的高效油泵抽气至 13033Pa 以下，并轻拍小烧瓶，使泵内的气泡逸出，用电吹风微热玻璃管使气体抽出，然后把水银注入 U 形管，停止抽气放入大气即成。开口式水银测压计装汞比较方便，比较准确，所用玻璃管的比度要超过 760mm。U 形管两臂汞柱的高度之差即为公共压力与系统中压力之差。

1.9.5　真空泵

根据使用的范围和抽气效能可将真空泵分为三类：(1) 一般水泵，压强可达到 $1.333\sim100$kPa，为"粗"真空。(2) 油泵，压强可达 $0.133\sim133.3$Pa ($0.001\sim1$mmHg)，为"次高"真空。(3) 扩散泵，压强可达 0.133Pa 以下，为"高"真空。在有机化学实验室里常用的减压泵有水泵和油泵两种，若不要求很低的压力时，可用水泵，如果水泵的构造好且水压又高，抽空效率可达 $1067\sim3333$Pa ($8\sim25$mmHg)。水泵所能抽到的最低压力，理论上相当于当时水温下的水蒸气压力。例如，水温 25℃、20℃、10℃时，水蒸气的压力分别为 3192Pa、2394Pa、1197Pa。用水泵抽气时，应在水泵前装上安全瓶，以防水压下降，水流倒吸；停止抽气前，应先放气，然后关水泵。若要较低的压力，那就要用到油泵了，好的油泵能抽到 133.3Pa (1mmHg) 以下。油泵的好坏取决于其机械结构和油的质量，使用油泵时必须把它保护好。如果蒸馏挥发性较大的有机溶剂时，有机溶剂会被油吸收，结果增加了蒸气压，从而降低了抽空效能；如果是酸性气体，那就会腐蚀油泵；如果是水蒸气，就会使油成乳浊液而抽坏真空泵。因此使用油泵时必须注意下列几点。

① 在蒸馏系统和油泵之间，必须装有吸收装置。

② 蒸馏前必须用水泵彻底抽去系统中有机溶剂的蒸气。

③ 如能用水泵抽气的，则尽量用水泵，如蒸馏物质中含有挥发性物质，可先用水泵减压抽降，然后改用油泵。

④ 减压系统必须保持密不漏气，所有的橡胶塞的大小和孔道要合适，橡胶管要用真空用的橡胶管。磨口玻璃涂上真空油脂。

抽真空步骤及注意事项：

首先检查真空容器所处状态，处于真空下或者处于大气中，决定了两种启动真空设备的

程序。第一种，真空下操作程序。第二种，大气状态下操作程序。注意：第一次启动要先打开 ESP-A 总控电源，总控电源上面三个灯表示三相电，三灯全亮表示正常。

1.10 有机化学实验基本操作技术

1.10.1 玻璃仪器的洗涤和保养

化学实验用的玻璃仪器一般都需要干净的，洗涤仪器的方法很多，应根据实验的要求，污物的性质和污染的程度来决定。有机化学实验的各种玻璃仪器的性能是不同的。必须掌握它们的性能、保养和洗涤方法，才能正确使用，提高实验效果，避免不必要的损失。下面介绍几种常用的玻璃仪器的保养和洗涤方法。

（1）温度计 温度计水银球部位的玻璃很薄，容易打破，使用时要特别留心，不能用温度计当搅拌棒使用；不能测定超过温度计的最高刻度的温度；不能把温度计长时间放在高温的溶剂中。否则，会使水银球变形，乃至读数不准。

温度计用后要让它慢慢冷却，特别在测量高温之后，切不可立即用水冲洗。否则，会破裂，或水银柱破裂，应悬挂冷却后把它洗净抹干，放回温度计盒内，盒底要垫上一小块棉花。如果是纸盒，放回温度计时要检查盒底是否完好。

（2）冷凝管 冷凝管通水后很重，所以装置冷凝管时应将夹子夹紧在冷凝管的重心的地方，以免翻倒。如内外管都是玻璃质的则不适用于高温蒸馏用。洗刷冷凝管时要用长毛刷，如用洗涤液或有机溶液洗涤时，用软木塞塞住一端。不用时，应直立放置，使之易干。

（3）蒸馏烧瓶 蒸馏烧瓶的支管容易被碰断，故无论在使用时或放置时要特别注意蒸馏瓶的支管，支管的熔接处不能直接加热。其洗涤方法和烧瓶的洗涤方法相同，参阅《化学实验及技术（Ⅰ）》。

（4）分液漏斗 分液漏斗的活塞和盖子都是磨砂口的，若非原配的，就可能不严密。所以，使用时要注意保护它，各个分液漏斗之间也不要互相调换，用后一定要在活塞和盖子的磨砂口间垫上纸片，以免日久后难于打开。

1.10.2 玻璃仪器的干燥

有机化学实验往往都要使用干燥的玻璃仪器，故要养成在每次实验后马上把玻璃仪器洗净和倒置使之干燥的习惯。干燥玻璃仪器的方法有下列几种：

（1）自然风干 自然风干是指把已洗净的仪器（洗净的标志是：玻璃仪器的器壁上，不应附着有不溶物或油污，装着水把它倒转过来，水顺着器壁流下，器壁上只留下一层既薄又均匀的水膜，不挂水珠）放在干燥架上自然风干，这是常用和简单的方法。但必须注意，如玻璃仪器洗得不够干净，水珠不易流下，干燥较为缓慢。

（2）烘干 把玻璃仪器放入烘箱内烘干。仪器口向上，带有磨砂口玻璃塞的仪器，必须取出活塞拿开才可烘干，烘箱内的温度保持 $100 \sim 105℃$，片刻即可。当把已烘干的玻璃仪器拿出来时，最好先在烘箱内降至室温后才取出。切不可让很热的玻璃仪器沾上水，以免破裂。

（3）吹干 用压缩空气，或用吹风机把仪器吹干。

1.10.3　加热与冷却

1.10.3.1　加热与热源

实验室常用的热源有煤气、酒精和电能。为了加速有机反应，往往需要加热，从加热方式来看有直接加热和间接加热。在有机实验室里一般不用直接加热，例如用电热板加热圆底烧瓶，会因受热不均匀，导致局部过热，甚至导致破裂，所以，在实验室安全规则中规定禁止用明火直接加热易燃的溶剂。为了保证加热均匀，一般使用热浴间接加热，作为传热的介质有空气、水、有机液体、熔融的盐和金属。根据加热温度、升温速度等的需要，常采用下列手段。

（1）空气浴　这是利用热空气间接加热，对于沸点在 80℃ 以上的液体均可采用。把容器放在石棉网上加热，这就是最简单的空气浴。但是，受热仍不均匀，故不能用于回流低沸点易燃的液体或者减压蒸馏。半球形的电热套是属于比较好的空气浴，因为电热套中的电热丝是玻璃纤维包裹着的，较安全，一般可加热至 400℃，电热套主要用于回流加热。蒸馏或减压蒸馏则不宜选用电热套，因为在蒸馏过程中随着容器内物质逐渐减少，会使容器壁过热。电热套有各种规格，取用时要与容器的大小相适应。为了便于控制温度，要连接调压变压器。

（2）水浴　当加热的温度不超过 100℃ 时，最好使用水浴加热，水浴为较常用的热浴。但是，必须强调指出，当用于钾和钠的操作时，绝不能在水浴上进行。使用水浴时，勿使容器触及水浴器壁或其底部。如果加热温度稍高于 100℃，则可选用适当无机盐类的饱和水溶液作为热溶液。表 1.3 为饱和盐类水溶液的沸点。

表 1.3　饱和盐类水溶液的沸点

物　　质	沸点/℃	物　　质	沸点/℃
NaCl	109	KNO_3	116
$MgSO_4$	108	$CaCl_2$	180

由于水浴中的水不断蒸发，适当时添加热水，使水浴中水面经常保持稍高于容器内的液面。总之，使用液体热浴时，热浴的液面应略高于容器中的液面。

（3）油浴　适用 100～250℃，优点是使反应物受热均匀，反应物的温度一般低于油浴液 20℃ 左右。常用的油浴液有以下几种。

① 甘油：可以加热到 140～150℃，温度过高时则会分解。

② 植物油：如菜油、蓖麻油和花生油等，可以加热到 220℃，常加入 1‰对苯二酚等抗氧化剂，便于久用，温度过高则会分解，达到闪点时可能燃烧起来，所以，使用时要小心。

③ 石蜡：能加热到 200℃ 左右，冷到室温时凝成固体，保存方便。

④ 石蜡油：可以加热到 200℃ 左右，温度稍高并不分解，但较易燃烧。

用油浴加热时，要特别小心，防止着火，当油受热冒烟时，应立即停止加热。油浴中应挂一支温度计，可以观察油浴的温度和有无过热现象，便于调节火焰控制温度。油量不能过多。否则受热后有溢出而引起火灾的危险。使用油浴时要极力防止产生可能引起油浴燃烧的因素。加热完毕取出反应容器时，仍用铁夹夹住反应容器使其离开液面悬置片刻，待容器壁上附着的油滴完后，用纸和干布揩干。

（4）酸液　常用酸液为浓硫酸，可热至 250～270℃，当热至 300℃ 左右时则分解，生成白烟，若酌量加硫酸钾，则加热温度可升到350℃左右。

上述混合物冷却时，即成半固体或固体，因此，温度计应在液体未完全冷却前取出。

（5）砂浴　砂浴一般是用铁盆装干燥的细海砂（或河砂），把反应容器半埋砂中加热。加热沸点在80℃以上的液体时可以采用，特别适用于加热温度在220℃以上者，但砂浴的缺点是传热慢，温度上升慢，且不易控制，因此，砂层要薄一些。砂浴中应插入温度计。温度计水银球要靠近反应器。

（6）金属浴　选用适当的低熔合金，可加热至350℃左右，一般都不超过350℃。否则，合金将会迅速氧化。

1.10.3.2　冷却与冷却剂

在有机实验中，有时须采用一定的冷却剂进行冷却操作，在一定的低温条件下进行反应，分离提纯等。例如：①某些反应要在特定的低温条件下进行，才利于有机物的生成，如重氮化反应一般在0～5℃进行；②沸点很低的有机物，冷却时可减少损失；③要加速结晶的析出；④高度真空蒸馏装置（一般有机实验很少运用）。

表1.4　用两种盐及水（冰）组成的冷却剂

盐　　类	用量 /(g/100g 水)	温度/℃		盐　　类	用量 /(g/100g 水)	温度/℃	
		始温	冷冻			始温	冷冻
KCl	30	+13.6	+0.6	NH_4Cl	25	−1	−15.4
$CH_3COONa \cdot 3H_2O$	95	+10.7	−4.7	KCl	30	−1	−11.1
NH_4Cl	30	+13.3	−5.1	NH_4NO_3	45	−1	−16.7
$NaNO_3$	75	+13.2	−5.3	$NaNO_3$	50	−1	−17.7
NH_4NO_3	60	+13.6	−13.6	NaCl	33	−1	−21.3
$CaCl_2 \cdot 6H_2O$	167(每 100g 冰)	+10.0	−15.0	$CaCl_2 \cdot 6H_2O$	204	0	−19.7

根据不同的要求，选用适当的冷却剂冷却，最简单的是用水和碎冰的混合物，可冷却至0～5℃，它比单纯用冰块有较大的冷却效能。因为冰水混合物与容器的器壁充分接触。若在碎冰中酌加适量的盐类，则得到的冰盐混合冷却剂的温度可在0℃以下，例如：普通常用的食盐与碎冰的混合物（33∶100），其温度可由始温−1℃降至−21.3℃。但在实际操作中温度约−5～−18℃。冰盐浴不宜用大块的冰，而且要按上述比例将食盐均匀撒布在碎冰上，这样冰冷效果才好。除上述冰浴或冰盐浴外，若无冰时，则可用某些盐类溶于水吸热作为冷却剂使用，参阅表1.4。

1.10.4　干燥与干燥剂

有机物干燥的方法大致有物理方法（不加干燥剂）和化学方法（加入干燥剂）两种。物理方法如吸收、分馏等，近年来应用分子筛来脱水。在实验室中常用化学干燥法，其特点是在有机液体中加入干燥剂，干燥剂与水起化学反应或同水结合生成水化物，从而除去有机液体所含的水分，达到干燥的目的。用这种方法干燥时，有机液体中所含的水分不能太多（一般在百分之几以下）。否则，必须使用大量的干燥剂，同时有机液体因被干燥剂带走而造成的损失也较大。

1.10.4.1　液体的干燥

（1）常用干燥剂　常用干燥剂的种类很多，选用时必须注意下列几点：①干燥剂与有机物应不发生任何化学变化，对有机物亦无催化作用；②干燥剂应不溶于有机液体中；③干燥剂的干燥速度快，吸水量大，价格便宜。

常用干燥剂有下列几种。

a. 无水氯化钙，价廉、吸水能力大，是最常用的干燥剂之一，与水化合可生成一、二、四或六水化合物（在 30℃ 以下）。它只适于烃类、卤代烃、醚类等有机物的干燥，不适于醇、胺和某些醛、酮、酯等有机物的干燥，因为能与它们形成络合物。也不宜用作酸（或酸性液体）的干燥剂。

b. 无水硫酸镁，它是中性盐，不与有机物和酸性物质起作用。可作为各类有机物的干燥剂，它与水生成 $MgSO_4 \cdot 7H_2O$（48℃ 以下）。价较廉，吸水量大，故可用于不能用无水氯化钙来干燥的许多化合物。

c. 无水硫酸钠，它的用途和无水硫酸镁相似，价廉，但吸水能力和吸水速度都差一些。与水结合生成 $Na_2SO_4 \cdot 10H_2O$（37℃ 以下）。当有机物水分较多时，常先用本品处理后再用其他干燥剂处理。

d. 无水碳酸钾，吸水能力一般，与水生成 $K_2CO_3 \cdot 2H_2O$，作用慢，可用于干燥醇、酯、酮、腈类等中性有机物和生物碱等一般的有机碱性物质。但不适用于干燥酸、酚或其他酸性物质。

e. 金属钠、醚、烷烃等有机物用无水氯化钙或硫酸镁等处理后，若仍含有微量的水分时，可加入金属钠（切成薄片或压成丝）除去。不宜用作醇、酯、酸、卤烃、醛、酮及某些胺等能与碱起反应或易被还原的有机物的干燥剂。

现将各类有机物的常用干燥剂列于表 1.5。

表 1.5 各类有机物的常用干燥剂

液态有机化合物	适用的干燥剂	液态有机化合物	适用的干燥剂
醚类、烷烃、芳烃	$CaCl_2$、Na、P_2O_5	酸类	$MgSO_4$、Na_2SO_4
醇类	K_2CO_3、$MgSO_4$、Na_2SO_4、CaO	酯类	$MgSO_4$、Na_2SO_4、K_2CO_3
醛类	$MgSO_4$、Na_2SO_4	卤代烃	$CaCl_2$、$MgSO_4$、Na_2SO_4、P_2O_5
酮类	$MgSO_4$、Na_2SO_4、K_2CO_3	有机碱类（胺类）	$NaOH$、KOH

（2）液态有机化合物干燥的操作 液态有机化合物的干燥操作一般在干燥的三角烧瓶内进行。把按照条件选定的干燥剂投入液体里，塞紧（用金属钠作干燥剂时则例外，此时塞中应插入一个无水氯化钙管，使氢气放空而水汽不致进入），振荡片刻，静置，使所有的水分全被吸去。如果水分太多，或干燥剂用量太少，致使部分干燥剂溶解于水时，可将干燥剂滤出，用吸管吸出水层，再加入新的干燥剂，放置一定时间，将液体与干燥剂分离，进行蒸馏精制。

1.10.4.2 固体的干燥

从重结晶得到的固体常带水分或有机溶剂，应根据化合物的性质选择适当的方法进行干燥。

（1）自然晾干 这是最简便、最经济的干燥方法。把要干燥的化合物先在滤纸上面压平，然后在一张滤纸上面薄薄地摊开，用另一张滤纸覆盖起来，在空气中慢慢地晾干。

（2）加热干燥 对于热稳定的固体可以放在烘箱内烘干，加热的温度切忌超过该固体的熔点，以免固体变色和分解，如需要，可在真空恒温干燥箱中干燥。

（3）红外线干燥　特点是穿透性强，干燥快。

（4）干燥器干燥　对易吸湿或在较高温度干燥时，会分解或变色的可用干燥器干燥，干燥器有普通干燥器和真空干燥器两种。

1.11 常用有机溶剂的纯化方法

1.11.1 甲醇

工业甲醇（CH_3OH）含水量在 $0.5\%\sim1\%$，含醛酮（以丙酮计）约 0.1%。由于甲醇和水不形成共沸混合物，因此可用高效精馏柱将少量水除去。精制甲醇中含水 0.1% 和丙酮 0.02%，一般已可应用。若需含水量低于 0.1%，可用 3A 分子筛干燥，也可用镁处理（见绝对乙醇的制备）。若要除去含有的羰基化合物，可在 500mL 甲醇中加入 25mL 糠醛和 60mL 10% NaOH 溶液，回流 $6\sim12h$，即可分馏出无丙酮的甲醇，丙酮与糠醛生成树脂状物留在瓶内（纯甲醇 bp 64.95℃，n_D^{20} 1.3288，d_4^{20} 0.7914）。甲醇为一级易燃液体，应储存于阴凉通风处，注意防火。甲醇可经皮肤进入人体，饮用或吸入蒸气会刺激视神经及视网膜，导致眼睛失明，直到死亡。人的半致死量 LD_{50} 为 13.5g/kg，经口甲醇的致死量 LD 为 1g/kg，15mL 可致失明。

1.11.2 乙醇

工业乙醇（CH_3CH_2OH）含量为 95.5%，含水 4.4%，乙醇与水形成共沸物，不能用一般分馏法去水。实验室常用生石灰为脱水剂，乙醇中的水与生石灰作用生成氢氧化钙可去除水分，蒸馏后可得含量约 99.5% 的无水乙醇。如需绝对无水乙醇，可用金属钠或金属镁将无水乙醇进一步处理，得到纯度可超过 99.95% 的绝对乙醇。

（1）无水乙醇（含量 99.5%）的制备　在 500mL 圆底烧瓶中，加入 95% 乙醇 200mL 和生石灰 50g，放置过夜。然后在水浴上回流 3h，再将乙醇蒸出，得含量约 99.5% 的无水乙醇。

另外可利用苯、水和乙醇形成低共沸混合物的性质，将苯加入乙醇中，进行分馏，在 64.9℃时蒸出苯、水、乙醇的三元恒沸混合物，多余的苯在 68.3℃与乙醇形成二元恒沸混合物被蒸出，最后蒸出乙醇。工业上多采用此法。

（2）绝对乙醇（含量 99.95%）的制备

① 用金属镁制备　在 250mL 的圆底烧瓶中，放置 0.6g 干燥洁净的镁条和几小粒碘，加入 10mL 99.5% 的乙醇，装上回流冷凝管。在冷凝管上端附加一只氯化钙干燥管，在水浴上加热，注意观察在碘周围的镁的反应，碘的棕色减退，镁周围变浑浊，并伴随着氢气的放出，至碘粒完全消失（如不起反应，可再补加小粒碘）。然后继续加热，待镁条完全溶解后加入 100mL 99.5% 的乙醇和几粒沸石，继续加热回流 1h，改为蒸馏装置蒸出乙醇，所得乙醇纯度可超过 99.95%。反应方程式为：

$$(C_2H_5O)_2Mg + 2H_2O \longrightarrow 2C_2H_5OH + Mg(OH)_2$$

② 用金属钠制备　在 500mL 99.5% 乙醇中，加入 3.5g 金属钠，安装回流冷凝管和干燥管，加热回流 30min 后，再加入 14g 邻苯二甲酸二乙酯或 13g 乙二酸二乙酯，回流 $2\sim$

3h，然后进行蒸馏。金属钠虽能与乙醇中的水作用，产生氢气和氢氧化钠，但所生成的氢氧化钠又与乙醇发生平衡反应，因此单独使用金属钠不能完全除去乙醇中的水，须加入过量的高沸点酯，如加入邻苯二甲酸二乙酯与生成的氢氧化钠作用，抑制上述反应，从而达到进一步脱水的目的。反应方程式为：

$$C_2H_5ONa + H_2O \Longrightarrow C_2H_5OH + NaOH$$

$$2Na + 2C_2H_5OH \longrightarrow 2C_2H_5ONa + H_2$$

$$\text{（邻苯二甲酸二乙酯）} + 2NaOH \longrightarrow \text{（邻苯二甲酸二钠）} + 2C_2H_5OH$$

由于乙醇有很强的吸湿性，故仪器必须烘干，并尽量快速操作，以防吸收空气中的水分。纯乙醇 bp 78.5℃，n_D^{20} 1.3611，d_4^{20} 0.7893。乙醇为一级易燃液体，应存放在阴凉通风处，远离火源。乙醇可通过口腔、胃壁黏膜吸入，对人体产生刺激作用，引起酩酊、睡眠和麻醉作用。严重时引起恶心、呕吐甚至昏迷。人的半致死量 LD_{50} 为 13.7g/kg。

1.11.3　乙醚

普通乙醚（$CH_3CH_2OCH_2CH_3$）中常含有一定量的水、乙醇及少量过氧化物等杂质。制备无水乙醚，首先要检验有无过氧化物。取少量乙醚与等体积的 2% 碘化钾溶液，加入几滴稀盐酸一起振摇，若能使淀粉溶液呈紫色或蓝色，即证明有过氧化物存在。要除去过氧化物，可在分液漏斗中加入普通乙醚和相当于乙醚体积 1/5 的新配制的硫酸亚铁溶液，剧烈摇动后分去水溶液。再用浓硫酸及金属钠作干燥剂，所得无水乙醚可用于 Grignard 反应。

在 250mL 圆底烧瓶中，放置 100mL 除去过氧化物的普通乙醚和几粒沸石，装上回流冷凝管。冷凝管上端通过一带有侧槽的软木塞，插入盛有 10mL 浓硫酸的滴液漏斗。通入冷凝水，将浓硫酸慢慢滴入乙醚中。由于脱水发热，乙醚会自行沸腾。加完后摇动反应瓶。

待乙醚停止沸腾后，折下回流冷凝管，改成蒸馏装置回收乙醚。在收集乙醚的接引管支管上连一氯化钙干燥管，用与干燥管连接的橡胶管把乙醚蒸气导入水槽。在蒸馏瓶中补加沸石后，用事先准备好的热水浴加热蒸馏，蒸馏速度不宜太快，以免乙醚蒸气来不及冷凝而逸散室内。收集约 70mL 乙醚，待蒸馏速度显著变慢时，可停止蒸馏。瓶内所剩残液，倒入指定的回收瓶中，切不可将水加入残液中（飞溅）。

将收集的乙醚倒入干燥的锥形瓶中，将钠块迅速切成极薄的钠片加入，然后用带有氯化钙干燥管的软木塞塞住，或在木塞中插入末端拉成毛细管的玻璃管，这样可防止潮气侵入，并可使产生的气体逸出，放置 24h 以上，使乙醚中残留的少量水和乙醇转化成氢氧化钠和乙醇钠。如不再有气泡逸出，同时钠的表面较好，则可储存备用。如放置后，金属钠表面已全部发生作用，则须重新加入少量钠片直至无气泡发生。这种无水乙醚可符合一般无水要求。另外也可用无水氯化钙浸泡几天后，用金属钠干燥以除去少量的水和乙醇（纯乙醚 bp 34.51℃，$n_D^{2)}$ 1.3526，d_4^{20} 0.71378）。

乙醚为一级易燃液体，由于沸点低、闪点低、挥发性大，储存时要避免日光直射，远离热源，注意通风，并加入少量氢氧化钾以避免过氧化的形成。乙醚对人有麻醉作用，当吸入含乙醚 3.5%（体积）的空气时，30～40min 就可失去知觉。大鼠口服半致死量 LD_{50} 为 3.56g/kg。

1.11.4　丙酮

普通丙酮（CH_3COCH_3）含有少量水及甲醇、乙醛等还原性杂质，可用下列方法精制。

在 100mL 丙酮中加入 2.5g 高锰酸钾回流，以除去还原性杂质，若高锰酸钾紫色很快消失，须再补加少量高锰酸钾继续回流，直至紫色不再消失为止，蒸出丙酮。用无水碳酸钾或无水硫酸钙干燥，过滤，蒸馏，收集 55～56.5℃馏分（纯丙酮 bp 56.2℃，n_D^{20} 1.3588，d_4^{20} 0.7899）。

丙酮为常用溶剂，一级易燃液体，沸点低，挥发性大，应置阴凉处密封储存，严禁火源。虽丙酮毒性较低，但长时期处于丙酮蒸气中也能引起不适症状，蒸气浓度为 4000×10^{-6} L/L 时，60min 后会出现头痛、昏迷等中毒症状，脱离丙酮蒸气后恢复正常。

1.11.5　石油醚

石油醚是石油的低沸点馏分，为低级烷烃的混合物，按沸程不同分为 30～60℃、60～90℃、90～120℃三类。主要成分为戊烷、己烷、庚烷，此外含有少量不饱和烃、芳烃等杂质。精制方法：在分液漏斗中加入石油醚及其体积 1/10 的浓硫酸一起振摇，除去大部分不饱和烃。然后用 10％硫酸配成的高锰酸钾饱和溶液洗涤，直到水层中紫色消失为止，再经水洗，用无水氯化钙干燥后蒸馏。石油醚为一级易燃液体。大量吸入石油醚蒸气有麻醉症状。

1.11.6　苯

普通苯（C_6H_6）含有少量水（约 0.02％）及噻吩（约 0.15％）。若需无水苯，可用无水氯化钙干燥过夜，过滤后压入钠丝。

无噻吩苯可根据噻吩比苯容易磺化的性质，用下述方法纯化。在分液漏斗中，将苯用相当于其体积 10％的浓硫酸在室温下一起振摇，静置混合物，弃去底层的酸液，再加入新的浓硫酸，重复上述操作直到酸层呈无色或淡黄色，且检验无噻吩为止。苯层依次用水、10％碳酸钠溶液、水洗涤，再用无水氯化钙干燥，蒸馏，收集 80℃馏分备用。若要高度干燥的苯，可压入钠丝或加入钠片干燥。

噻吩的检验：取 5 滴苯于试管中，加入 5 滴浓硫酸及 1～2 滴 1％靛红（浓硫酸溶液），振摇片刻，如呈墨绿色或蓝色，表示有噻吩存在（纯苯 bp 80.1℃，n_D^{20} 1.5011，d_4^{20} 0.87865）。

苯为一级易燃品。苯的蒸气对人体有强烈的毒性，以损害造血器官与神经系统最为显著，病状为白细胞降低、头晕、失眠、记忆力减退等。

1.11.7　氯仿

氯仿（三氯甲烷，$CHCl_3$）暴露于空气和光照下，与氧缓慢作用，分解产生光气、氯和氯化氢等有毒物质。普通氯仿中加有 0.5％～1％的乙醇作稳定剂，以便与产生的光气作用转变成碳酸乙酯而消除毒性。纯化方法：可将氯仿与其 1/2 体积的水在分液漏斗中振摇 5～6 次，以洗去乙醇，将分出的氯仿用无水氯化钙干燥 24h，再进行蒸馏，收集 60.5～61.5℃馏分。纯品应装在棕色瓶内，置于暗处避光保存，以避免光照。氯仿绝对不能用金属钠干燥，易发生爆炸（纯氯仿 bp 61.7℃，n_D^{20} 1.4459，d_4^{20} 1.4832）。

氯仿具有麻醉性，长期接触易损坏肝脏。液体氯仿接触皮肤有很强的脱脂作用，产生损伤，进一步感染会引起皮炎。但本品不燃烧，在高温与明火或红热物体接触会产生剧毒的光气和氯化氢气体，应置阴凉处密封储存。

1.11.8 N,N-二甲基甲酰胺

N,N-二甲基甲酰胺〔DMF，$HCON(CH_3)_2$〕中主要杂质是胺、氨、甲醛和水。该化合物与水形成 $HCON(CH_3)_2 \cdot 2H_2O$，在常压蒸馏时会部分分解，产生二甲胺和一氧化碳，有酸或碱存在时分解加快。精制方法：可用硫酸镁、硫酸钙、氧化钡或硅胶、4A 分子筛干燥，然后减压蒸馏收集 76℃/4.79kPa（36mmHg）馏分。如果含水较多时，可加入 10%（体积）的苯，常压蒸去水和苯后，用无水硫酸镁或氧化钡干燥，再进行减压蒸馏（纯二甲基甲酰胺 bp 153.0℃，n_D^{20} 1.4305，d_4^{20} 0.9487）。

精制后的二甲基甲酰胺有吸湿性，最好放入分子筛后，密封避光储存。二甲基甲酰胺为低毒类物质，对皮肤和黏膜有轻度刺激作用，并经皮肤吸收。

1.11.9 二甲亚砜

二甲亚砜（DMSO，CH_3SOCH_3）是高极性的非质子溶剂，一般含水量约 1%，另外还含有微量的二甲硫醚及二甲砜。常压加热至沸腾可部分分解。要制备无水二甲亚砜，可先进行减压蒸馏，然后用 4A 分子筛干燥；也可用氧化钙、氢化钙、氧化钡或无水硫酸钡来搅拌干燥 4～8h，再减压蒸馏收集 64～65℃/533Pa（4mmHg）馏分。蒸馏时温度不高于 90℃，否则会发生歧化反应，生成二甲砜和二甲硫醚。也可用部分结晶的方法纯化（纯二甲亚砜 mp 18.5℃，bp 189℃，n_D^{20} 1.4770，d_4^{20} 1.1100）。

二甲亚砜易吸湿，应放入分子筛储存备用。二甲基亚砜与某些物质混合时可能发生爆炸，例如氢化钠、高碘酸或高氯酸镁等，应予注意。

1.11.10 二硫化碳

二硫化碳（CS_2）因含有硫化氢、硫黄和硫氧化碳等杂质而有恶臭味。一般有机合成实验中对二硫化碳要求不高，可在普通二硫化碳中加入少量研碎的无水氯化钙，干燥后滤去干燥剂，然后在水浴中蒸馏收集。

若要制得较纯的二硫化碳，则需将试剂级的二硫化碳用 0.5% 高锰酸钾水溶液洗涤 3 次，除去硫化氢，再用汞不断振荡除去硫，最后用 2.5% 硫酸汞溶液洗涤，除去所有恶臭（剩余的硫化氢），再经氯化钙干燥，蒸馏收集（纯二硫化碳 bp 46.25℃，n_D^{20} 1.63189，d_4^{20} 1.2661）。其纯化过程的反应式如下：

$$3H_2S + 2KMnO_4 \longrightarrow 2MnO_2 + 3S + 2H_2O + 2KOH$$
$$Hg + S \longrightarrow HgS$$
$$HgSO_4 + H_2S \longrightarrow HgS + H_2SO_4$$

二硫化碳为有较高毒性的液体，能使血液和神经中毒，它具有高度的挥发性和易燃性，所以使用时必须十分小心，避免接触其蒸气。

1.11.11　四氢呋喃

四氢呋喃（C_4H_8O）是具有乙醚气味的无色透明液体，市售的四氢呋喃常含有少量水分及过氧化物。如要制得无水四氢呋喃可与氢化铝锂在隔绝潮气下和氮气气氛下回流（通常1000mL约需2～4g氢化铝锂）除去其中的水和过氧化物，然后在常压下蒸馏，收集67℃的馏分。精制后的四氢呋喃应加入钠丝并在氮气氛中保存，如需较久放置，应加0.025% 4-甲基-2,6-二叔丁基苯酚作抗氧剂。处理四氢呋喃时，应先用小量进行试验，以确定只有少量水和过氧化物，作用不致过于猛烈时，方可进行。

四氢呋喃中的过氧化物可用酸化的碘化钾溶液来试验，如有过氧化物存在，则会立即出现游离碘的颜色，这时可加入0.3%的氯化亚铜，加热回流30min，蒸馏，以除去过氧化物，也可以加硫酸亚铁处理，或让其通过活性氧化铝来除去过氧化物（纯四氢呋喃 bp 67℃，n_D^{20} 1.4050，d_4^{20} 0.8892）。

1.11.12　1,2-二氯乙烷

1,2-二氯乙烷（$ClCH_2CH_2Cl$）为无色油状液体，有芳香味，与水形成恒沸物，沸点为72℃，其中含81.5%的1,2-二氯乙烷。可与乙醇、乙醚、氯仿等相混溶。在结晶和提取时是极有用的溶剂，比常用的含氯有机溶剂更为活泼。一般纯化可依次用浓硫酸、水、稀碱溶液和水洗涤，用无水氯化钙干燥或加入五氧化二磷分馏即可（纯1,2-二氯乙烷 bp 83.4℃，n_D^{20} 1.4448，d_4^{20} 1.2531）。

1,2-二氯乙烷易燃，有着火的危险性。可经呼吸道、皮肤和消化道吸收，在体内的代谢产物2-氯乙醇和氯乙酸均比1,2-二氯乙烷本身的毒性大。1,2-二氯乙烷属高毒类，对眼及呼吸道有刺激作用，其蒸气可使动物角膜浑浊。吸入可引起脑水肿和肺水肿。并能抑制中枢神经系统、刺激胃肠道和引起心血管系统和肝肾损害，皮肤接触后可致皮炎。

1.11.13　二氯甲烷

二氯甲烷（CH_2Cl_2）为无色挥发性液体，微溶于水，能与醇、醚混溶。与水形成共沸物，含二氯甲烷98.5%，沸点38.1℃。

二氯甲烷中往往含有氯甲烷、二氯甲烷、三氯甲烷和四氯甲烷等。纯化时，依次用浓度为5%的氢氧化钠溶液或碳酸钠溶液洗1次，再用水洗2次，用无水氯化钙干燥24h，最后蒸馏，在有3A分子筛的棕色瓶中避光储存（纯二氯甲烷 bp 39.7℃，n_D^{20} 1.4241，d_4^{20} 1.3167）。二氯甲烷有麻醉作用，并损害神经系统，与金属钠接触易发生爆炸。

1.11.14　二氧六环

二氧六环 [1,4-二噁烷，$O(CH_2CH_2)_2O$] 能与水任意混合，常含有少量二乙醇缩醛与水，久储的二氧六环可能含有过氧化物（用氯化亚锡回流除去）。二氧六环的纯化方法：在500mL二氧六环中加入8mL浓盐酸和50mL水的溶液，回流6～10h，在回流过程中，慢慢通入氮气以除去生成的乙醛。冷却后，加入固体氢氧化钾，直到不能再溶解为止，分去水层，再用固体氢氧化钾干燥24h。然后过滤，在金属钠存在下加热回流8～12h，最后在金属

钠存在下蒸馏，加入钠丝密封保存。精制过的 1,4-二氧环己烷应当避免与空气接触（纯二氧六环 mp 12℃，bp 101.5℃，n_D^{20} 1.4424，d_4^{20} 1.0336）。

与空气混合可爆炸，爆炸极限 2%～22.5%（体积）。对皮肤有刺激性，有毒，大鼠腹注 LD_{50} 为 7.99g/kg，小鼠口服 LD_{50} 为 57g/kg。

1.11.15　四氯化碳

四氯化碳（CCl_4）微溶于水，可与乙醇、乙醚、氯仿及石油醚等混溶。四氯化碳含 4% 二硫化碳，含微量乙醇。纯化时，可将 1000mL 四氯化碳与 60g 氢氧化钾溶于 60mL 水和 100mL 乙醇的溶液混在一起，在 50～60℃时振摇 30min，然后水洗，再将此四氯化碳按上述方法再重复操作一次（氢氧化钾的用量减半），最后将四氯化碳用氯化钙干燥，过滤，蒸馏收集 76.7℃馏分。不能用金属钠干燥，因有爆炸危险（纯四氯化碳 bp 76.8℃，n_D^{20} 1.4603，d_4^{20} 1.595）。

四氯化碳为无色、易挥发、不易燃的液体，具氯仿的微甜气味。遇火或炽热物可分解为二氧化碳、氯化氢、光气和氯气等。其麻醉性比氯仿小，但对心、肝、肾的毒性强。饮入 2～4mL 四氯化碳也能致死。刺激咽喉，可引起咳嗽、头痛、呕吐，而后呈现麻醉作用，昏睡，最后肺出血而死。慢性中毒能引起眼睛损害、黄疸、肝脏肿大等症状。

1.11.16　甲苯

甲苯（$C_6H_5CH_3$）不溶于水，可混溶于苯、醇、醚等多数有机溶剂。甲苯与水形成共沸物，在 84.1℃沸腾，含 81.4% 的甲苯。甲苯中含甲基噻吩，处理方法与苯相同。因为甲苯比本更易磺化，用浓硫酸洗涤时温度应控制在 30℃ 以下（纯甲苯 bp 110.6℃，n_D^{20} 1.44969，d_4^{20} 0.8669）。甲苯为易燃品，甲苯在空气中的爆炸极性为 1.27%～7%（体积）。毒性比苯小，大鼠口服 LD_{50} 为 50g/kg。

1.11.17　正己烷

正己烷（C_6H_{14}）为无色易挥发液体，与醇、醚和三氯甲烷混溶，不溶于水。正己烷常含有一定量的苯和其他烃类，用下述方法进行纯化：加入少量的发烟硫酸进行振摇，分出酸，再加发烟硫酸振摇。如此反复，直至酸的颜色呈淡黄色。依次再用浓硫酸、水、2% 氢氧化钠溶液洗涤，再用水洗涤，用氢氧化钾干燥后蒸馏（纯正己烷 bp 68.7℃，n_D^{20} 1.3748，d_4^{20} 0.6593）。

正己烷在空气中的爆炸极限为 1.1%～8%（体积）。正己烷属低毒类，但其毒性较新己烷大，且具有高挥发性、高脂溶性，并有蓄积作用。毒作用为对中枢神经系统的轻度抑制作用，对皮肤黏膜的刺激作用。长期接触可致多发性周围神经病变。大鼠口服 LD_{50} 为 24～29mL/kg。吸入正己烷，有恶心、头痛、眼及咽刺激症状，出现眩晕、轻度麻醉。经口中毒可出现恶心、呕吐等消化道刺激症状及急性支气管炎，摄入 50g 可致死。溅入眼内可引起结膜刺激症状。

1.11.18　乙酸

乙酸（CH_3COOH）可与水混溶，在常温下是一种有强烈刺激性酸味的无色液体。将乙酸冻结出来可得到很好的精制效果。若加入 2％～5％高锰酸钾溶液并煮沸 2～6h 更好。微量的水可用五氧化二磷干燥除去。由于乙酸不易被氧化，故常作氧化反应的溶剂（纯乙酸 mp 16.5℃，bp 117.9℃，n_D^{20} 1.3716，d_4^{20} 1.0492）。

乙酸具有腐蚀性，切勿接触皮肤，尤其不要溅入眼内，否则应立即用大量水冲洗，严重者应去医院医治。

1.12 无水无氧实验操作技术

在我们的实验研究工作中经常会遇到一些特殊的化合物，有许多是对空气敏感的物质——怕空气中的水和氧；为了研究这类化合物，合成、分离、纯化和分析鉴定必须使用特殊的仪器和无水无氧操作技术。否则，即使合成路线和反应条件都是合适的，最终也得不到预期的产物。所以，无水无氧操作技术在有机化学和无机化学中有较广泛的运用。目前采用的无水无氧操作分三种：高真空线操作（vacuum-line），schlenk 操作，手套箱操作（glove-box）。

由于 schlenk 操作的特点是在惰性气体气氛下（将体系反复抽真空—充惰性气体），使用特殊的玻璃仪器进行操作；这一方法排除空气比手套箱好，对真空度要求不太高（由于反复抽真空—充惰性气体），更安全，更有效。其操作量从几克到几百克，一般的化学反应（回流、搅拌、滴加液体及固体投料等）和分离纯化（蒸馏、过滤、重结晶、升华、提取等）以及样品的储藏、转移都可用此操作，因此已被广泛运用。

由于无水无氧操作技术主要对象是对空气敏感的物质，操作技术是成败的关键。稍有疏忽，就会前功尽弃，因此对操作者要求特别严格。

（1）实验前必须进行全盘的周密计划。由于无氧操作比一般常规操作机动灵活性小，因此实验前对每一步实验的具体操作、所用的仪器、加料次序、后处理的方法等都必须考虑好。所用的仪器事先必须洗净、烘干。所需的试剂、溶剂需先经无水无氧处理。

（2）在操作中必须严格认真、一丝不苟、动作迅速、操作正确。实验时要先动脑后动手。

（3）由于许多反应的中间体不稳定，也有不少化合物在溶液中比固态时更不稳定，因此无氧操作往往需要连续进行，直到取得较稳定的产物或把不稳定的产物储存好为止。操作时间较长，工作比较艰苦。操作者应该不怕苦、不怕累，操作者之间还应相互协作，互相支持，共同完成实验任务。

1.12.1 双排管操作的实验原理

双排管是进行无水无氧反应操作的一套非常有用的实验仪器，其工作原理是：两根分别具有 5～8 个支管口的平行玻璃管，通过控制它们连接处的双斜三通活塞，对体系进行抽真空和充惰性气体两种互不影响的实验操作，从而使体系得到我们实验所需要的无水无氧的环境，见图 1.11。

1.12.2 双排管实验操作步骤

实验所需的仪器、药品、溶剂必须根据实验的要求事先进行无水无氧处理，安装反应装

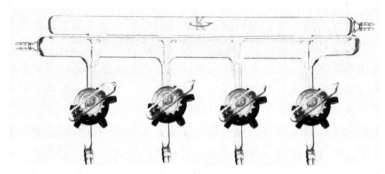

图 1.11　抽真空充惰性气体分配管

置并与双排管连接好，然后小火加热烘烤器壁抽真空—惰性气体置换（至少重复三次以上），把吸附在器壁上的微量水和氧移走［加热一般用酒精灯火焰来回烘烤器壁除去吸附的微量水分；惰性气体一般用氮气或氩气，由于氮气便宜，所以实验室常用高纯氮（99.99％）］。

加料［如果是固体药品可以在抽真空前先加，也可以后加（但一定要在惰性气体保护下进行）；液体试剂可以用注射器加入，一般在抽真空后］。

反应过程中，注意观察记泡器，保持双排管内始终要有一定的正压（但要注意起泡速度，避免惰性气体的浪费），直到反应得到稳定的化合物。

实验完成后应及时关闭惰性气体钢瓶的阀门（先顺时针方向关闭总阀，指针归零；再逆时针松开减压阀，同样让指针归零，关闭节制阀）。最后，打扫卫生，清洗双排管，填写双排管的使用情况是否正常，维护好实验仪器。

1.12.3　玻璃仪器的洗涤干燥及橡胶材质的处理

（1）玻璃仪器的洗涤干燥　不论使用干燥箱技术、注射器针管技术，还是使用双排管技术来处理对空气敏感化合物，仪器的洗涤和干燥都是十分重要的。大多数空气敏感化合物遇水和氧都会发生激烈反应，甚至酿成爆炸、着火等事故。器壁上吸附的微量氧、水可能会导致实验失败。所以，仪器的洗涤非常重要；必要时用稀酸、稀碱洗涤，甚至用铬酸洗液浸泡，再用水和去离子水冲洗到仪器透亮、器壁上不挂水珠为止。新的仪器也要经过严格洗涤后才能使用。洗涤过的仪器放到空气中晾干，再放到干燥箱中烘烤；干燥箱的温度为 125℃ 时，需要干燥过夜；140℃ 时至少干燥 4h，从干燥箱中取出的仪器在惰性气流下趁热组装，所有的接头要涂硅脂或碳氢润滑脂，在惰性气流下冷却待用。或把仪器从干燥箱中取出，趁热放到干燥器中冷却存放，干燥器中充满惰性气体保护更好。像双排管这种有活塞的仪器，在洗涤前一定要用蘸有溶剂的棉花球将活塞内的润滑脂轻轻地擦洗干净，否则润滑脂很难用水洗掉。干燥时互相配合的磨口接头或活塞要互相脱离，分开放置，防止“黏结”到一起，干燥后放到一起保存。即使这样洗涤干燥过的仪器，在使用前仍需要加热抽真空—惰性气体置换，把吸附在器壁上的微量水和氧移走。一般干燥过的仪器，在加热抽真空时，在仪器壁上会出现一层“水雾”，这足以说明加热抽真空—惰性气体置换这一步的必要性。

（2）橡胶材质的处理　在处理空气敏感化合物的操作中，通常用橡胶管作为连接物，用橡胶塞、橡胶隔膜作为密封物。这些物品在使用前必须经过严格清洗和干燥，因为这类物质的表面很粗糙，吸附着大量氧和水等杂质，也容易粘上油污，使用前又不能用加热抽空等方法除去这些杂质，因此它们的洗涤、干燥和保存更显得重要。这些物品的用途不同，和溶剂、针头等接触的方式不同，可选用不同方法处理。用蘸有惰性溶剂的脱脂棉花球擦洗其表面，去掉表面的油污及机械杂质；用纯化过的溶剂冲洗管子的内壁。

（3）惰性气体的净化　实验室中常用的惰性气体是氮、氩和氦。其中氮最易得到，且价格便宜，因而使用得最为普遍。以氮为保护气体的另外一个优点是它的相对密度与空气很接近，在氮保护下称量物质的质量不需要加以校正。但是，由于氮分子在室温下与锂反应，在较高温度下和别的物质（如金属镁）也能发生反应，氮还能与某些过渡金属形成配合物，从而限制了它的应用。因此在这种情况下必须用氩作保护气体。氩较氮难得，价格昂贵，只有在特殊条件下才使用。氮、氩、氦的净化方法基本相同。以氮为例说明惰性气体的净化方法和过程是有普遍意义的。所谓惰性气体净化，主要是指将惰性气体中所含的氧和水的量降到要求值以下。

国内气体纯度一般分为普通级与高纯级，普通氮含量 99.9%，价格很便宜，用前必须纯化；高纯氮含量 99.999% 或 99.99%。高纯氮的含氧和含水总量 $10 \times 10^{-6} \sim 50 \times 10^{-6}$，这对于一般的无氧操作已可满足。但对于特别敏感的化合物，例如含 f 电子的金属有机化合物，要求氧的含量小于 5×10^{-6}，这时所用的惰性气体必须再纯化处理——脱水、脱氧。

1.12.4　脱水脱氧方法

（1）脱水方法

① 低温凝结：降低温度，水蒸气要冷凝结冰。降低温度能使惰性气体中的水含量大幅度地降低。对气体中含水量要求不同，可以选择不同的冷冻剂。液氮、液态空气、干冰-丙酮混合物、干冰等，它们能达到的最低温度相差很大。

② 使用干燥剂干燥惰性气体：常用干燥剂有氯化钙、氢化钙、五氧化二磷、浓硫酸以及分子筛等。

（2）脱氧方法

① 干法脱氧：让气体通过脱氧剂，脱氧剂通常是金属或金属氧化物，如活性铜、钠-钾合金等。

② 湿法脱氧：让气体通过具有还原性物质的溶液。由于会带入水或其他溶剂，所以很少采用。

1.12.5　注射器针管技术

反应装置安装好后，用真空泵抽真空，同时以小火烘烤，去除仪器内的空气及表面吸附的水气，然后通惰气。如此反复三次。将反应物加入反应瓶或调换仪器需开启反应瓶时，都应在连续通惰气情况下进行。对空气敏感的固体试剂，在连续通惰气下与固体加料口对接，然后加入反应瓶中。对空气不敏感的固体试剂，如反应需先加的，可先放在反应瓶中，与体系一起抽真空—充惰气。如需在反应途中加的，可在连续通惰气下，直接从固体加料口加入。

（1）橡胶隔膜塞　在实验室中，使用注射器针管计量和转移对空气敏感的液体化合物是很方便的，这一技术获得了普遍的应用。利用针管技术处理空气敏感化合物需要的主要器械是，由橡胶隔膜塞密封的玻璃仪器，如注射针管、细金属管及双针头管等。带有橡胶隔膜塞的密封的玻璃器皿是在一些普通的玻璃器皿的接口插入橡胶隔膜塞（俗称橡胶翻口塞）。橡胶塞有一定的弹性，能和适当直径的接口管紧密配合，使器皿内物料与空气隔绝达到密封的目的。如果接口外部有凸形边缘，隔膜塞上缘翻过来后能够和接口紧紧贴合，可以不用金属丝扎紧橡胶塞。

橡胶隔膜塞经过几次针刺后，容易使外界空气渗透入仪器内部。用针刺隔膜塞时最好刺其边缘，因为边缘的橡胶厚实易密封。刺过几次的塞子要换掉，不宜继续使用。空气可通过橡胶隔膜塞的隔膜、针孔等扩散、渗透进入容器内，所以这种密封装置不宜较长时间地储存空气敏感化合物。

（2）注射器及其使用　注射器是注射针管技术中关键的器械，能否合理使用它将决定操作水平。实验室使用的注射器有塑料的（一次性使用）和玻璃的两种，最常用的是医用玻璃的。小容量的玻璃注射器的套筒与内塞柱是互相研磨而成的，为了识别，每一对套筒与内塞柱上都有标记号码，同种规格的套筒和内塞柱不能互换使用，使用时要检查标记号码是否相同。大容量的同种规格注射器的外筒与内塞柱可以互换使用。注射器的密封靠套筒内壁和内塞柱的光滑面紧密接触。要保护好接触面，不能有灰尘颗粒划坏磨面，注射器不要随意来回推拉，以免损坏磨面。烘烤注射器时，套筒和内塞柱要分开放置，干燥后把内塞柱插到套筒中存放。根据计量的液体多少合理选择注射器的容量。选择的容量太小，要多次累积计量，操作麻烦，给计量带来误差，也易使液体污染；选择的容量太大，操作也困难。必须合理选择才能保证计量误差小，操作也方便。

针头是由不锈钢管制成的，其长度和内径大小各异，根据用途选择的针尖的形状也不相同。如：(a) 齐头针尖，多见于微量注射器，针尖不锋利，很难刺破橡胶隔膜塞，易堵塞针孔。(b) 斜面针尖，针尖锋利，较适用。(c) 的针尖介于 (a) 与 (b) 之间，呈类似于"三角"的斜面，针尖锋利，容易将橡胶物切割下来，使塞子的针孔处再密封困难。

使用注射器时，容量大的注射器要用两只手操作，一手握筒的外部，一手握内塞柱的外端。使用容量最小的注射器可用一只手操作，中指、无名指与大拇指捏住套筒，食指顶夹着内塞棒侧外端，靠食指与中指的分或合来拉出或推进内塞柱。不能用手直接接触内塞柱的磨面。使用过程中尽量减少内塞柱暴露在空气中的时间，以减少氧与水在其磨面上吸附的机会，因为磨面上微量的空气敏感化合物会与空气中氧、水反应生成固体物质附于磨面上，致使内塞柱推不进套筒中。用针头刺破橡胶隔膜塞时应使针尖的缺门面朝上，向针管推、压合力使针尖刺入橡胶膜内，不可垂直刺入橡胶膜，以防止针尖把橡胶膜切割下来堵塞针孔，且影响密封。

在使用注射器前要检查针头与针管连接处是否漏气，其方法是用惰性气体充满针筒的量程，将针头拔出插入橡胶塞中，将筒内气体压缩至原来体积的一半，放开手使内塞柱自动退回，如果内塞柱回到原处，表明不漏气。在转移计量液体时，当进入的液体稍多于需要的量时，将针头拔离液面排出筒内的气泡和多余的液体。要注意，针筒上容量刻度是按内塞柱推到顶头计量的。

1.13　有机化学文献简介

文献是有机化学重要的组成部分，更好更全面的文献往往可以对研究工作起到事半功倍的作用。查阅文献是有机化学初学者必须掌握的一门技能。根据国外一些科研基金会和统计局调查著名科学家对于科研工作的时间分配，结果如下：计划 8%，文献查阅 51%，实验 32%，编写报告 9%。由上面资料可以知道文献资料查阅的重要性。

文献按内容区分有一次文献、二次文献和三次文献。一次文献即原始文献，例如期刊、杂志、专利等作者直接报道的科研论文。二次文献指检索一次文献的工具书，例如美国化学文摘及其相关索引。三次文献为将原始论文数据归纳整理形成的综合资料，例如综述、图书、词典、百科全书、手册等。下面简述几种常用的有机化学文献。

1.13.1　三次文献

（1）词典类

① 英汉、汉英化学化工大词典：编辑简洁明了，是查阅化学名词英翻中或中翻英方便省时的工具书。阅读英文化学书籍或期刊论文，有些英文单词在一般英文字典查不到，需要用英汉化学词典，例如 menthol（薄荷醇）。汉英化学词典在写作英文化学论文时特别需要，也是出国必备，例如共轭二烯的英文为 conjugated diene。较著名的英汉、汉英化学化工大词典有以下几种版本。

a. 英汉、汉英化学化工词汇（化学工业出版社）：分为英汉和汉英两个单行本，各报道 8 万个条目，携带方便。

b. 英汉、汉英化学化工大词典（学苑出版社）：英汉和汉英分别报道 12 万和 14 万条目。

c. 英汉化学化工词汇（科学出版社）：列出 17 万条目，报道详尽。

② 化合物命名词典（上海辞书出版社）：介绍化合物的命名规则，有 7000 多个例子，依序报道无机化合物（一元、二元、多元化合物，无机酸和盐，配位化合物）、有机化合物（脂肪族、碳环、杂环、天然产物以及含各种官能团的化合物）的命名介绍。每个化合物给出结构式及同义词的中英文名字。例如 $C_6H_5OCH_3$ anisole（茴香醚），methoxybenzene（甲氧基苯），methyl benzyl ether（苯甲醚）。本词典索引齐全，有分子式索引，名字索引。名字索引按照中文笔画排序，或按照中文或英文拼音排序。

（2）安全手册　初入实验室的学生以及首次使用某化学品的人员应了解清楚实验所涉及的化学品的性质及其危险指标。

① 常用化学危险物品安全手册（中国医药科技出版社）：报道约 1000 种使用、生产、运输中最常见的化学药品的安全资料。报道内容有：化合物的理化性质、毒性、包装运输方法、防护措施、泄漏处置、急救方法（例如皮肤接触溴，用水冲洗 10min 后再用 2% 碳酸氢钠溶液冲洗；食入溴立即漱口，饮用牛奶及蛋清）。本书按照中文笔画排序，卷末有英文索引，以及中英对照，英中对照索引。

② 化学危险品最新实用手册（中国物资出版社）：报道约 1300 种化学药品的性状（外观、气味、熔点、沸点、闪点、密度、折射率）、危险性（剧毒、低毒、致癌、遇水释放毒气）、禁忌（怕水、火、高热）、储存和运输方式、泄漏处理、防护急救措施等。

（3）百科全书、大全、手册、目录

① The Merck Index（默克索引）：是德国 Merck 公司出版的非商业性的化学药品手册，其自称是化学品、药品、生物试剂百科全书。报道了 1 万种常用化学和生物试剂的资料。描

述简洁，字数数十至数百，以叙述方式介绍该化合物的物理常数（熔点、沸点、闪点、密度、折射率、分子式、分子量、比旋光度、溶解度）、别名、结构式、用途、毒性、制备方法以及参考文献。默克索引已经成为介绍有机化合物数据的经典手册，CRC、Aldrich 等手册都引用化合物在默克索引中的编号。书的后半部简单介绍著名的有机人名反应（name reactions），例如 Knorr pyrrole synthesis，Curtius rearrangement 等。书中刊出许多表格，报道了许多实用资料，例如缩写、放射性同位素含量、Merck 编号与 CA 登记号的对照表、重要化学试剂生产公司等。此书编排按照英文字母排序，书末有分子式及名字索引。

② Dictionary of Organic Compounds（有机化合物字典），简称 DOC，1934 年首版，每几年出一修订版，是有机化学、生物化学、药物化学家重要的参考书。内容和排版与 The Merck Index 类似，但数目多了近十倍，报道了 10 多万种化合物资料。按照英文字母排序，有许多分册，刊载化合物的分子式、分子量、别名、理化常数（熔点、沸点、密度等）、危险指标、用途、参考文献。因为数目庞大，另外出版有索引分册，包括分子式索引（例如 $C_5H_{13}N$，2-pentylamine，P-00561），CA 登记号对照索引（例如 60-35-5，acetamide，A-00092），名字索引（例如 bromoacetic acid，B-01884）。

③ Handbook of Chemistry and Physics（CRC 化学物理手册），简称 CRC，是美国化学橡胶公司（Chemical Rubber Company）出版的理化手册。1913 年首版，目前已出第 79 版本（1999 年）。早期（例如第 63 版）内容分为 6 大类，报道数学用表，无机、有机、普化、普通物理常数。目前扩充报道 14 部分，包括基本常数单位（section 1）、符号和命名（section 2）、有机（section 3）、无机（section 4）、热力学动力学（section 5）、流体（section 6）、生化（section 7）、分析（section 8）等。其中第 3 部分的有机化学报道占 740 页，用表格很简略地介绍 12000 种化合物的理化资料（例如分子量、熔点、沸点、密度、折射率、溶解度），以及别名、Merck 编号、CAS 登记号等。Beilstein 参考书目的写法早期为 B84，252，新版改为 4-08-00-00252，代表在 Beilstein 第 4 系列（补篇）第 8 卷 252 页（新版的 00 表附卷）。化合物的名字排序仿照美国化学文摘，以母体化合物为主，例如 p-bromoaniline（对溴苯胺）查法为 benzenamine，4-bromo。紧接着表格，刊出有以上 1 万多种化合物的结构式。每章后面的索引有同义词索引、CAS 登记号索引等。CRC 是个多用途的手册，其他章节报道有科技名词的定义、命名规则、数学公式，还有许多表格刊载例如蒸气压、游离能、键角键长等有用的资料。早期的 CRC 有机部分有熔点（−197～913℃）和沸点索引（−164～891℃），可以从熔点沸点数据查出可能的化合物结构。CRC 根据 International System of Units（国际单位制），Symbols and Terminology for Physical and Chemical Quantities（物理量与化学量的专业符号和术语），Definitions of Scientific Term System（科学术语）的规定，列出了数百个国际承认的单位、符号、名称的缩写。

④ Lange's Handbook of Chemistry（兰氏化学手册）：内容和 CRC 类似，分 11 章分别报道有机、无机、分析、电化学、热力学等理化资料。其中第 7 章报道有机化学，刊载 7600 种有机化合物的名称、分子式、分子量、熔点、沸点、闪点、密度、折射率、溶解度，在 Beilstein 的参考书目等。其他章节报道有介电常数，偶极矩、核磁氢谱、碳谱、化学位移，共沸物的沸点和组成等有用的资料。

⑤ Beilstein Handbuch der Organischen Chemie（贝尔斯坦有机化学大全）：简称 Beilstein，由德国化学家 Beilstein 编写，1882 年首版，之后由德国化学会编辑，以德文书写，

是报道有机化合物数据和资料十分权威的巨著。书里介绍化合物的结构、理化性质、衍生物的性质、鉴定分析方法、提取纯化或制备方法以及原始参考文献。Beilstein 所报道的化合物的制备有许多比原始文献还详尽，并且更正了原作者的错误。虽然德文不如英文普遍，但是许多早期的化学资料仍需借助 Beilstein 查询，加上目前 Beilstein Online 网络的流行（价格比 CA 便宜广用），因此学习和了解 Beilstein 的编辑和使用方法仍是不可免的。Beilstein 目前出版有 7 大系列（H，E Ⅰ，E Ⅱ，E Ⅲ，E Ⅲ/Ⅳ，E Ⅳ，E Ⅴ），其中 H 表 hauptwerk（正编），E 表 erganzungswerk（补编）。H 系列为基本系列（basic series），报道 1910 年以前的文献资料，之后每 10 年增加一个系列（补篇）。后面的补编逐渐采用英文书写。每个系列有 27 卷主卷（其他为索引），横向分为三大部分：acyclics（非环系，1～4 卷），isocyclics（碳环族，5～6 卷），Heterocyclics（杂环化合物，7～27 卷）。按照所具有的官能团纵向依序分为：无，OH，C＝O，CO$_2$H，SO$_3$H，Se，NH$_2$，NHOH，金属有机等 17 类；有 "Table of Contents of the 27 Volumes of the Beilstein Handbook" 帮助了解上述分类。如果能由分子式索引得到化合物，便能直接找到其在书卷中的位置。从 CRC，Lange's Handbook 或 Merck Index 中得到的 Beil. ref 也是捷径，例子如 B72，243 代表该化合物出现在 Beilstein 第 2 系列（补篇）第 7 卷 243 页。Beilstein 的索引不够齐全，因此查阅资料需要了解其编排方式以判定所查化合物的位置。Beilstein 的编号有一特点，化合物的卷号可以和其他系列通用。Beilstein 还有主题索引，比分子式索引实用和广用，用来查找母体结构化合物。

（4）商用试剂目录　优点为目录免费索取，每年更新，用来查阅化合物的基本数据（分子量、结构式、沸点、熔点、命名等）十分方便实用。这些商用试剂目录大小适中，在国外实验室人手一册，被当作化学字典或数据手册使用，也是很好的化学产品购物指南。目录中化合物的价格可以作为实验设计的重要参考。目录中还提供参考文献、光谱来源、毒性介绍等。比较著名的商用试剂目录有以下几种：

① Aldrich：全名为 Aldrich Catalog Handbook of Fine Chemicals。美国 Aldrich 公司出版，总部设在威斯康星州密尔沃基。在美国研究室人手一册。本目录报道 37000 种化学品的理化常数和价格，编排简洁。除了化学试剂，也刊载和出售各种实验设备，例如玻璃仪器、化学书籍、仪表等；有详细附图和功能说明，是本很好的购物指南，可以借由图文介绍了解化学仪器的用途或英文名称。

② Acros：欧洲出版的试剂目录，目前在国内流行。因供货期短（2～4 周），订购化合物方便，供应实验室一些国内买不到的试剂。

③ Sigma：全名为 Sigma Biochemical and Organic Compounds for Research and Diagnostic Clinical Reagents，主要提供生化试剂产品，总部在美国密苏里州圣路易斯。

④ Fulka：总部在瑞典，Fluka 化学公司，其产品有些是 Aldrich 找不到的。

⑤ Merck Catalogue：德国 Merck 公司的商品目录，包括有 8000 种化学和生物试剂，及实验设备。

（5）有机化学丛书，实验辅助参考书

① Organic Reactions（有机反应）：是一套介绍著名有机反应的综述丛书，1942 年首版，每 1～2 年出版一期，目前已有 40 多期。每期都会列出以前几期的目录和综合索引。稿件为特邀稿，综述介绍一些著名的反应，题目例如：The Cannizzaro Reaction（2-3，第二期第三章），The Michael Reaction（10-3），The Beckmann Rearrangement（11-1），The Intramolecular Diels-Alder Reaction（21-1），Reduction with diimide（40-2）等。内容描述极

为详尽，包括前言历史介绍，反应机理，各种反应类型，应用范围和限制，反应条件和操作程序，总结。每章有许多表格刊载各种研究过的反应实例，附有大量的参考文献。国外有机课程经常以此书作为课外作业，让学生查阅和描写某反应的内容、机理和应用范围。

② Organic Synthesis（有机合成）：是一套详细介绍有机合成反应操作步骤的丛书。内容可信度极高，每个反应都经过至少两个实验室重复验证通过。最引人入胜的是后面的笔记，详细说明操作时应该注意的事项及解释为何如此设计，不当操作可能导致的副产物等。

③ Reagents for Organic Synthesis（有机合成试剂）：Fieser 主编，1967 年出版的系列丛书，每 1～2 年出版一期。其前身是 Experiments in Organic Chemistry（有机化学实验）。每期介绍这 1～2 年期间一些较特殊的化学试剂所涉及的化学反应。例如，butyllithium, trifuloroacetic acid，ferric chloride 或最新发明的试剂。可以从索引查阅试剂名字，转而查找其反应应用。每个反应都有详细的参考书目。

④ Purification of Laboratory Chemicals（实验室化合物的纯化）：Perrin 等主编。这是实验室中经常使用到的参考书籍。内容报道各种化合物的纯化方法，例如重结晶的溶剂选择，常压和减压蒸馏的沸点，以及纯化以前的处理手续等。从粗略纯化到高度纯化都有详细报道，并附有参考文献。前几章介绍提纯相关技术（重结晶、干燥、色谱、蒸馏、萃取等），还有许多实用的表格，介绍例如干燥剂的性质和使用范围，不同温度的浴槽的制备，常用溶剂的沸点及互溶性等。

⑤ Chemical Reviews（化学综述）：美国化学会主办，1924 年创刊，为特邀稿。综述文献的优点在于可以从各个角度充分了解报道的专题，文献后面附有大量的参考文献，有利于原始资料的查阅。文章内容包括前言历史介绍、各种反应类型及应用、结论和未来前景。

1.13.2　二次文献

美国化学文摘（Chemical Abstracts）：简称 CA，美国化学会主办，1907 年创刊，是目前报道化学文摘最悠久最齐全的刊物。报道范围涵盖世界 160 多个国家，60 多种文字，17000 多种化学及化学相关期刊的文摘。每周出版一期，一年共报道 70 万条化学文摘，占全球化学文献的 98%。每一期按照化学专业分为 5 大部分 80 类：生化（1～20），有机（21～34），大分子（35～45），应用化学和化工（47～64），物化无机分析（65～80）。有机部门的例子如物理有机化学（22），脂肪族化合物（23），脂环族化合物（24），多杂原子杂环化合物（28），有机金属（29），甾族化合物（32），氨基酸和蛋白质（34）。每一期的化学文摘可以当作图书阅读，例如物理有机或有机金属专业的研究人员，可以定期阅读每期第 22 类或 29 类的文摘，很容易地便可了解这一周中世界主要化学期刊、会议录、科技报告、学位论文、新书、专利（以上为 CA 刊载的刊物类别）报道这些领域的科研资料。

由于文摘数量庞大，CA 设计和出版了许多不同形式的索引，按照时间区分有期索引（一周）、卷索引（每 26 期）、累积索引（每 10 卷，约 5 年）三种；按照内容区分有关键词索引（keyword index）、作者索引（author index）、专利索引（patent index）、主题索引（subject index）、普通主题索引（general subject index）、化学物质索引（chemical substance index）、分子式索引（formula index）、环系索引（index of ring system）、登记号索引（registry number index）、母体化合物索引（parent compound index）以及索引指南（index guide）、资料来源索引（CAS source index）等。每种索引的使用方法可以参阅每期、每卷或每累积本的第一本前面的范例说明。

CA 除了作为图书文摘阅读，其主要功用还可用于查找文献资料，例如：查某个化合物的原始报道（可以从分子式索引、登记号索引、环系索引等着手），查某个化学反应（化学物质索引），查某人近年来的科研情形（作者索引），查某项专利内容（专利索引）。

1.13.3 一次文献

（1）国外化学期刊

① 美国出版的化学期刊

a. The Journal of the American Chemical Society（美国化学会志）：简写为 J. Am. Chem. Soc.，是目前化学期刊中级别较高的。其报道综合化学，内容有长篇论文和短篇简报。

b. The Journal of Organic Chemistry（有机化学会志），简写为 J. Org. Chem.，美国化学学会主办，总部在俄亥俄州立大学。报道有机和生物有机化学方面的论文，有长篇的文章以及较短篇的简报和通讯。

c. Organic Letters，中文名《有机化学通讯》，缩写 Org. Lett. 或 OL，是一本同行评审的科学期刊，1999 年由美国化学会第一次发行。

d. Chemical Review，通常简写为 Chem. Rev.，中文名《化学评论》，是一本同行评审的科学杂志。于 1924 年由美国化学会发行。正如它的名字所说的那样，这本杂志上发表的多是某一领域内的综合性的批判性的评论，而非原创研究。

② 英国出版的化学期刊

a. Chemical Communications（化学通讯），1982 年创刊，是英国皇家化学会（简称 RSC）主办的著名的刊物之一。从 2005 年为周刊（全年 52 期），2012 年起改为每年出版 100 期。主要发表通信类文章，短小精悍，刊发世界化学领域各个研究方向的最新科研成果简报，对文章的创新性要求比较高，内容丰富，出版快速。

b. Tetrahedron（四面体）：1957 年创刊，半月刊，有机化学领域，刊载有机反应、光谱和天然产物。

c. Tetrahedron Letters（四面体快报）：1959 年创刊，周刊。文章内容简洁，一般为 2～4 页。快报的文章发表后将来可以组合成大文章重新发表。

③ 德国出版的化学期刊

a. Synthesis（合成）：以英文书写，着重反映合成报道，十分详细，不乏数十页的文章，但刊印出来的比较简洁，只有主要内容。

b. Angewandte Chemie（应用化学）：本期刊以德文出版（但每期偶尔有几篇英文文献），是用来练习化学德英对照阅读的期刊。

c. Angewandte Chemie International Edition in English（应用化学国际版）：1965 年出版，是德文版 Angewandte Chemie（应用化学）的英文翻译版，二者报道的内容相同。栏目有 reviews（评论），highlight（重点推荐）以及 communications（通讯）。其中，highlight 类似小型综述，描述某个比较生动的课题。网络查询网址为：www. wiley. vch. de/home/angewandte。

d. Chemische Berichte（德国化学学报）：1868～1945，德文书写。许多早期化学资料仍得从该期刊以及下面介绍的 Ann 查找。

e. Justus Liebigs Annalen der Chemie（利比希化学纪事），简称 Ann，1932 年出版，德文书写，刊载有机化学与生物有机方面的论文。目录有英德对照，论文附有英文摘要。

④ 杂环化合物的期刊

a. Journal of Heterocyclic Chemistry（杂环化学杂志）：1964 年创刊，双月刊。有作者索引（author index）和环系索引（ring index）。

b. Heterocycles（杂环化合物）：日本出版，栏目生动，有通讯、论文、综述，以及近年新发现的杂环天然产物（分萜、固醇等 6 类），近年进行的全合成探讨的天然产物。

⑤ 综合科技方面的期刊

以下两种期刊是所有期刊中级别最高的，影响因子皆在 20 以上。虽然只有薄薄几页报道，但因属于科技的创新（发明或发现），特别受到重视，许多作者成为当地具有影响力的学术带头人。

a. Science（科学）：美国出版。

b. Nature（自然）：英国出版，1869 年出版，周刊。

（2）国内化学期刊　与国外期刊比较，中国的化学期刊栏目较多而且生动。比较有名的期刊多由中国化学会、中科院、教育部或几所重点学校主办。目前为 SCI 收录的有化学学报、中国化学、高等学校化学学报等。以英文出版的有中国化学（Chinese Journal of Chemistry）和中国化学快报（Chinese Chemical Letters）两种。专门发表有机化学领域论文的有合成化学、有机化学、化学通报等。以下简略介绍国内较著名的化学期刊。

① 上海有机所和中国化学会合办的三种化学期刊

a. 有机化学（Organic Chemistry）：1980 年创刊，专门报道有机化学领域的论文，包括有机合成、生物有机、物理有机、天然有机、金属有机和元素有机等方面。

b. 化学学报（Acta Chimica Sinica）：刊载综合化学，包括有机、无机、分析、物化等专业，栏目有研究专题、研究论文、研究简报。题目附有图文摘要，方便了解文章内容。该期刊为 SCI 收录成为国际核心期刊。

c. Chinese Journal of Chemistry（中国化学）：以英文书写，报道综合化学，为 SCI 收录。本期刊原名 Acta Chimica Sinica English Edition，1983 年创刊，1990 年改成目前名称。

② 中科院化学所和中国化学会合办的两种化学期刊

a. 化学通报（Chemistry）：中科院化学所和中国化学会主办，1934 年创刊，月刊，发表有机化学领域的论文，栏目有科研与探索、科研与进展、实验与教学、研究快报、进展评述、知识介绍。期刊已上网，网址为：hppt：//China. chemistrymag. org。

b. Chinese Chemical Letters（中国化学快报）：中科院化学所和中国化学会主办，以英文书写出版，月刊，内容简短生动，2～4 页。

③ 高等学校化学学报（Chemical Journal of Chinese University）：教育部主办，吉林大学承办。1980 年创刊，月刊。栏目有研究论文、研究快报、研究简报。每篇文章后面附有英文摘要。

④ 大学化学（University Chemistry）：中国化学会和高等学校教育研究中心合办。栏目有今日化学、教学研究与改革、知识介绍、计算机与化学、化学实验、师生笔谈、自学之友、化学史、书评。

⑤ 合成化学（Chinese Journal of Synthetic Chemistry）：中科院成都有机所和四川省化

工学会主办，双月刊，报道有机化学领域论文，栏目有研究快报、综述、研究论文、研究简报。

⑥ 应用化学（Chinese Journal of Applied Chemistry）：中国化学会和中科院长春应用化学研究所合办，1983 年创刊，双月刊。内容有研究论文和研究简报，文章后面附有英文摘要。

⑦ 化学试剂（Chemical Reagents）：原化工部化学试剂信息站主办，1979 年创刊。栏目有研究报告与简报、专论与综述、试剂介绍、分析园地、经验交流、生产与提纯技术、消息。

⑧ 其他：化学世界，化工进展，精细化工。

1.13.4　常用文献网站

美国化学会 http：//pubs. acs. org

英国皇家化学会 http：//pubs. rsc. org

约翰威立国际出版公司 http：//onlinelibrary. wiley. com

Elsevier 数据库 http：//www. sciencedirect. com

有机合成网站 http：//www. orgsyn. org

SpringerLink 数据库 http：//link. springer. com

欧洲专利局 http：//www. epo. org

Reaxys 在线数据库：https：//www. reaxys. com

Scifinder 在线数据库：https：//scifinder. cas. org/scifinder

第2章 有机合成化学实验的基本操作

2.1 有机化合物物理常数测定

自然界中有机化合物种类繁多，每天还有大量的新的化合物不断被合成，外观相似、状态相似的化合物也大量存在。但是，每一种确定结构的有机化合物都具有不一样的物理化学性质。有机化合物比较重要的物理性质有熔点、沸点、折射率、旋光度、黏度、相对密度等。这些物理性质不仅是鉴定有机化合物的重要常数，也是有机化合物纯度的标志。这些常数的测定对于有机合成具有十分重要的意义，特别是对于鉴定未知化合物方面具有非常重要的意义。

对于任何一纯的化合物而言，在一定条件下，这些物理常数都是确定的。而且，固态化合物的熔程、液态化合物的沸程都比较窄，一般不超过 $0.5\sim1℃$。所以，无论是从自然界中提取，还是采用化学方法合成的化学物质，其纯度如何，都可以用测定某些物理常数的方法来定性鉴定。同时也可以在核磁共振、红外、紫外等分析基础上进一步帮助验证化合物结构。

学生在掌握有机化合物物理常数测定技术的基础上，通过进行有机化合物物理常数的测定以及有机化合物化学性质的实验，可以对所学的有机化学知识及相关理论进行科学性、客观性验证，加深和巩固对所学知识的认识和理解，同时也可以对有机化合物进行相关的鉴定，特别是进行各类有机化合物的合成，有利于熟悉一些常用仪器的使用方法。理解物理常数测定的意义，掌握测定物理常数的操作技术，有利于学生对化学实验基本操作的掌握，同时也有助于培养学生严谨的科学态度。

2.1.1 有机化合物熔点测定

物质的熔点是其固态与熔融态达到相互平衡时的温度，晶体化合物的固液两态在大气压力下成平衡时的温度称为该化合物的熔点。纯的固体有机化合物的熔点是很确定的，即在一定的压力下，固液两态之间的变化是非常敏锐的，自初熔至全熔（熔点范围称为熔程），温度不超过 $0.5\sim1℃$。如果该物质含有杂质，则其熔点往往较纯物质者为低，且熔程较长。故测定熔点对于鉴定纯有机物和定性判断固体化合物的纯度具有很大的价值。

如果在一定的温度和压力下，将某物质的固液两相置于同一容器中，可能发生三种情况：固相迅速转化为液相；液相迅速转化为固相；固相液相同时并存，它所对应的温度 T_M 即为该物质的熔点（见图2.1）。物质的熔点与分子结构存在一定的关系，粗略地说，分子对称的化合物的熔点要比非对称的化合物高，如正烷烃的熔点比同样碳数的异构烷烃的高；对立体异构的化合物而言，反式化合物通常具有较高的熔点，如顺式丁烯二酸熔点比反式丁烯二酸的低。熔点又随化合物的缔合度而上升，因此，不能形成氢键的酯类化合物的熔点就比相应的羧酸低很多。

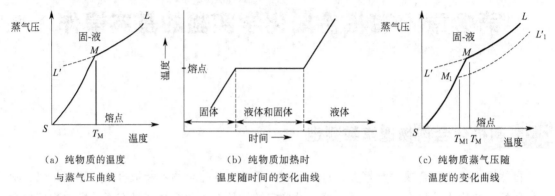

<table>
<tr><td>（a）纯物质的温度
与蒸气压曲线</td><td>（b）纯物质加热时
温度随时间的变化曲线</td><td>（c）纯物质蒸气压随
温度的变化曲线</td></tr>
</table>

图 2.1　有机化合物熔点测定

2.1.2　液态有机物沸点的测定

与熔点相反，外界压力对沸点有显著的影响。液态有机物受热时，其饱和蒸气压随温度升高而增大，当它的蒸气压与外界压力相等时，液态物质沸腾，此时的温度即为该液态有机物在此外界压力下的沸点。杂质对沸点的影响，与此杂质的性质关系极大，如样品中含有挥发性的溶剂杂质时，沸点的变化相当大，而如果向样品中加入沸点相同的物质（理想条件下），对样品的沸点一点影响也没有，一般说来，少量杂质的存在对沸点的影响不如对熔点那么显著。因此，对于物质的鉴定和作为纯度的标准来说，沸点的意义不如熔点那么大。

纯液体有机物在一定压力下具有一定的沸点，沸程很短，一般不超过 1～2℃。测定沸点有两种方法：①常量法，以常压蒸馏装置进行测定。②微量法，以测定熔点装置来进行测定。实验常采用微量法。

2.1.3　折射率的测定

光在各种介质中的传播速度各不相同，当光线通过两种不同介质的界面时会改变方向。当光线从一种介质进入另一种介质时，由于在两介质中光速的不同，在分界面上发生折射现象，而折射角与介质密度、分子结构、温度以及光的波长等有关。将空气作为标准介质，在相同条件下测定折射角，经过换算后即为该物质的折射率。

用斯奈尔（Snell）定律表示为：$n = \sin\alpha / \sin\beta$，$\alpha$ 是入射光（空气中）与界面垂线之间的夹角，β 是折射光（在液体中）与界面垂线之间的夹角。入射角正弦与折射角正弦之比等于介质 B 对介质 A 的相对折射率，见图2.2。用单色光要比白光测得的折射率更为精确，所以测定折射率时要用钠光（$A = 589\text{nm}$）。

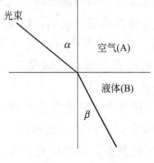

图 2.2　光线的折射

折射率是液体有机化合物重要的特性常数之一，折射率的测定，常用的是阿贝（Abbe）折光仪。主要用途：测定所合成的已知化合物折射率与文献值对照，可作为鉴定有机化合物纯度的一个标准；合成未知化合物，经过结构及化学分析确证后，测得的折射率可作为一个物理常数记载；将折射率作为检测原料、溶剂、中间体及最终产品纯度的依据之一，一般多用于液体有机化合物。

化合物的折射率与它的结构及入射光线的波长、温度、压力等因素有关。通常大气压的变化影响不明显。所以，在测定折射率时必须注明所用的光线和温度，常用 n_t^D 表示。D 是以钠光灯的 D 线（589 nm）作光源，常用的折光仪虽然是用白光为光源，但用棱镜系统加以补偿，实际测得的仍为钠光 D 线的折射率。t 是测定折射率时的温度。例如 $n_{20}^D = 1.3320$ 表示 20℃时，该介质对钠光灯的 D 线折射率为 1.3320。

一般地讲，当温度增高 1℃时液体有机化合物的折射率就减少 $3.5 \times 10^{-4} \sim 5.5 \times 10^{-4}$，某些有机物，特别是测定折射率时的温度与其沸点相近时，其温度系数可达 7×10^{-4}。为了便于计算，一般采用 4×10^{-4} 为其温度变化系数。这个粗略计算，当然会带来误差，为了精确起见，一般折光仪应配有恒温装置。表 2.1 是不同温度下纯水和乙醇的折射率。

表 2.1　不同温度下纯水和乙醇的折射率

温度/℃	18	20	24	28	32
水的折射率	1.33317	1.33299	1.33262	1.33219	1.33164
乙醇的折射率	1.36129	1.36048	1.35885	1.35721	1.35557

2.1.3.1　操作方法

用来测定折射率的样品，应以分析样品的标准来要求，被测液体的沸点范围要窄，若其沸点范围过宽，测出的折射率意义不大。例如折射率较小的 A，其中混有折射率较大的液体 B，则测得折射率偏高。其具体操作如下所述。

① 将折光仪与恒温水浴连接，调节所需要的温度，同时检查保温套的温度计是否精确。一切就绪后，打开直角棱镜，用擦镜纸沾少量乙醇或丙酮轻轻擦洗上下镜面，不可来回擦，只能单向擦，晾干后使用。

② 阿贝折光仪的量程为 1.3000～1.7000，精密度为 ±0.0001，温度应控制在 ±0.1℃的范围内。达到所需要的温度后，将 2～3 滴待测样品的液体均匀地置于磨砂面棱镜上，关闭棱镜，调好反光镜使光线射入。滴加样品时应注意切勿使滴管尖端直接接触镜面，以防造成割痕。滴加液体要适量，分布要均匀，对于易挥发液体，应快速测定折射率。

③ 先轻轻转动左面刻度盘，并在右面镜筒内找到明暗外界线。若出现彩色带，则调节消色散镜，使明暗界线清晰。再转动左面刻度盘，使分界线对准交叉线中心，记录读数与温度，重复 1～2 次。

④ 测完后，应立即擦洗上下镜面，晾干后再关闭折光仪。在测定样品之前，对折光仪应进行校正。通常先测纯水的折射率，将重复两次所得纯水的平均折射率与其标准值比较。校正值一般很小，若数值太大，整个仪器应重新校正。

2.1.3.2　折光仪保养

必须注意折光仪棱镜的保护，不能在镜面上造成划痕，不能测定强酸、强碱及有腐蚀性的液体，也不能测定对棱镜、保温套之间的黏合剂有溶解性的液体；每次使用前后，应仔细认真地擦洗镜面，待晾干后再关闭棱镜；折光仪不得暴露于阳光下使用或保存，不用时应放入木箱内置于干燥处，放入前应注意将金属夹套内的水倒干净，管口封起来。

2.1.4　旋光度的测定

从钠光源发出的光，通过一个固定的尼可尔棱镜——起偏镜变成平面偏振光。平面偏振光通过装有旋光物质的盛液管时，偏振光的振动平面会向左或向右旋转一定的角度。只有将检偏棱镜向左或向右旋转同样的角度才能使偏振光通过到达目镜。向左或向右旋转的角度可以从旋光仪刻度盘上读出，即为该物质的旋光度。

计算公式：

比旋光度是物质特性常数之一，测定旋光度，可以检验旋光性物质的纯度和含量。

$$纯液体的比旋光度 = [\alpha]_{\lambda}^{t} = \frac{\alpha}{l\rho}, 溶液的比旋光度 = [\alpha]_{\lambda}^{t} = \frac{\alpha}{l\rho_{样品}} \times 100$$

旋光仪零点的校正：在测定样品前，需要先校正旋光仪的零点。

操作步骤：

① 将放样管洗好，左手拿住管子把它竖立，装上蒸馏水，使液面凸出管口；

② 将玻璃盖沿管口边缘轻轻平推盖好，不能带入气泡，旋上螺丝帽盖，漏水，不要过紧；

③ 将样品管擦干，放入旋光仪内，罩上盖子，开启钠光灯，将标天盘调至零点左右，旋转粗动、微动手轮，使视场内Ⅰ和Ⅱ部分的亮度均一，记下读数；

④ 重复操作至少5次，取平均值，若零点相差太大时，应把仪器重新校正。

实验 2-1　苯甲酸熔点的测定

实验目的

（1）熟悉测定熔点的原理。

（2）掌握测定固态有机物熔点的操作要领和方法。

实验原理

利用毛细管测定法测定所得到的精制苯甲酸的熔点，并与精制前样品的熔点及相应的标准品进行对比，分析产品的纯度。

仪器与药品

药品：石蜡，苯甲酸

仪器：b形熔点测定管，玻璃棒，毛细管，温度计，酒精灯，缺口单孔软木塞

实验装置

实验步骤

（1）按图2.3组装实验装置，向b形管中加入石蜡，其液面至上叉管处。用橡皮筋将毛细管套在温度计上，温度计通过开口塞插入其中，水银球位于上下叉管中间。使样品位于水银球中部。

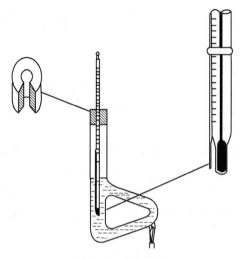

图 2.3　实验装置

（2）加热：仪器和样品安装后，用火加热侧管。要调整好火焰，越接近熔点，升温越要缓慢。

（3）记录：密切观察样品的变化，当样品部分透明时为始熔温度。当样品完全消失全部透明时为全熔温度。记录数据。

数据处理

样品	始熔温度/℃	全熔温度/℃	熔程/℃
苯甲酸	92	118.5	26.5

注意事项

（1）导热液不宜加得过多，以免受热膨胀溢出引起危险。

（2）加热升温时要注意控制好温度的上升速度，不宜过快，否则最终的数据将不准确。

（3）熔点不是初熔和全熔两个温度的平均值，而是它们的范围值。

思考题

加热快慢为什么会影响测定熔点的准确度？

实验 2-2　旋光度法测葡萄糖浓度实验

实验目的

（1）了解旋光仪的构造和旋光度的测定原理。

（2）掌握旋光仪的使用方法和比旋光度的计算方法。

实验原理

当一束单一的平面偏振光通过手性物质时，其振动方向会发生改变，此时光的振动面旋转一定的角度，这种现象称为旋光现象。物质的这种使偏振光的振动面旋转的性质叫作旋光性，具有旋光性的物质叫作旋光性物质或旋光物质。许多天然有机物都具有旋光性。由于旋光物质使偏振光振动面旋转时，可以右旋（顺时针方向，记作"＋"），也可以左旋（逆时针方向，记作"－"），所以旋光物质又可分为右旋物质和左旋物质。

由单色光源（一般用钠光灯）发出的光，通过起偏棱镜（尼可尔棱镜）后，转变为平面偏振光（简称偏振光）。当偏振光通过样品管中的旋光性物质时，振动平面旋转一定角度。调节附有刻度的检偏镜（也是一个尼可尔棱镜），使偏振光通过，检偏镜所旋转的度数显示在刻度盘上，此即样品的实测旋光度 α。

旋光度的大小除了取决于被测分子的立体结构外，还受到待测溶液的浓度、偏振光通过溶液的厚度（即样品管的长度）以及温度、所用光源的波长、所用溶剂等因素的影响，这些因素在测定结果中都要表示出来。旋光度是旋光性物质的物理常数之一。通过测定旋光度，可以鉴定物质的纯度，测定溶液的浓度、密度和鉴别光学异构体。

仪器和试剂

仪器：旋光仪、洗瓶、容量瓶（50mL）、胶头滴管、滤纸

试剂：蒸馏水、5％葡萄糖溶液、未知浓度的葡萄糖溶液

实验内容

（1）旋光仪的结构

旋光度可以由旋光仪来测定。旋光仪有两种：一种是数字自动显示测定结果的自动旋光仪，另一种是目测刻度而得结果的圆盘旋光仪。

（2）旋光度的测定

① 样品溶液的配制　准确称取一定量的样品，在 50mL 的容量瓶中配成溶液。通常可以选用水、乙醇、氯仿作溶剂。若用纯液体样品直接测试，则测定前只需确定其相对密度即可。由于葡萄糖溶液具有变旋光现象，所以待测葡萄糖溶液应该提前 24h 配好，以消除变旋光现象，否则测定过程中会出现读数不稳定的现象。

② 预热　打开旋光仪电源开关，预热 5～10min，待完全发出钠黄光后方可观察使用。

③ 调零　在测定样品前，必须先用蒸馏水来调节旋光仪的零点。洗净样品管后装入蒸馏水，使液面略凸出管口。将玻璃盖沿管口边缘轻轻平推盖好，不要带入气泡，旋紧（随手旋紧不漏水为止，旋得太紧，玻片容易产生应力而引起视场亮度发生变化，影响测定准确度）上螺丝帽盖。将样品管擦干后放入旋光仪，合上盖子。开启钠光灯，将刻度盘调在零点左右，会出现大于或小于零度视场的情况。旋动粗动、微动手轮，使视场内三部分的亮度一致，即为零点视场。记下刻度盘读数，重复调零 4～5 次取平均值。若平均值不为零而存在偏差值，应在测量读数中将其减去或者加上。

④ 测定　样品的测定和调零方法相同。每次测定之前样品管必须先用蒸馏水清洗 1～2 遍，再用少量待测液润洗 2～3 遍，以免受污物的影响，然后装上样品进行测定。旋动刻度盘，寻找较暗照度下亮度一致的零度视场。若读数是正数为右旋；读数是负数为左旋。读数与零点值之差，即为样品在测定温度时的旋光度。记下测定时样品的温度和样品管长度。测定完后倒出样品管中溶液，用蒸馏水把管洗净，擦干放好。

按以上方法测定 5％葡萄糖溶液的旋光度 4～5 次，记录测定值。再测定未知浓度的葡萄糖溶液的旋光度 4～5 次，记录测定值。

⑤ 数据记录与处理　对数据进行相应处理，最终求出未知浓度葡萄糖溶液的浓度。

注意事项

（1）对观察者来说，偏振光的振动平面若是顺时针旋转，则为右旋（＋），这样测得的＋α，也可以代表 $\alpha \pm (n \times 180)°$的所有值。如读数为＋38°，实际上还可以是218°、398°、－142°等角度。因此，在测定未知物的旋光度时，至少要做一次改变浓度或者液层厚度的测定。如观察值为＋38°，在稀释5倍后，所得读数为＋7.6°，则此未知物的旋光度 α 应该为＋7.6°×5＝＋38°。

（2）仪器应放在空气流通和温度适宜的地方，并不宜低放，以免光学零部件、偏振片受潮发霉及性能衰退。

（3）试管使用后，应及时用水或蒸馏水冲洗干净，揩干藏好。

（4）镜片不能用不洁或硬质布、纸去擦，以免镜片表面产生道子等。

（5）仪器不用时，应将仪器放入箱内或用塑料罩罩上，以防灰尘侵入。

（6）仪器、钠光灯管、试管等装箱时，应在规定位置放置，以免压碎。

（7）不懂装校方法，切勿随便拆动，以免由于不懂校正方法而无法装校好。

思考题

（1）旋光度的测定具有什么实际意义？

（2）浓度为10%的某旋光性物质，用1dm长的样品管测定旋光度，如果读数为－6°，那么如何确定其旋光度是－6°还是＋354°？

（3）为什么在样品测定前要检查旋光仪的零点？通常用来作零点检查液的溶剂应符合哪些条件？

（4）使用旋光仪有哪些注意事项？

2.2　固体有机化合物的分离与纯化

2.2.1　重结晶

（1）**重结晶原理和一般过程**　重结晶法是提纯固体有机化合物的一种很有用的方法。重结晶提纯法的原理是利用混合物中各组分在某种溶剂中的溶解度不同，将被提纯物质溶解在热的溶剂中达到饱和（被提纯物质溶解度一般随温度升高而增大），趁热过滤除去不溶性杂质，然后冷却时由于溶解度降低，溶液变成过饱和而使被提纯物质从溶液中析出结晶，让杂质全部或大部分仍留在溶液中，从而达到提纯目的。重结晶提纯法的一般过程如下。

① 选择适宜的溶剂。

② 将样品溶于适宜的热溶剂中制成饱和溶液。

③ 趁热过滤除去不溶性杂质。如溶液的颜色深，则应先脱色，再进行热过滤。

④ 冷却溶液，或蒸发溶剂，使之慢慢析出结晶而杂质则留在母液中。

⑤ 减压过滤分离母液，分出结晶。

⑥ 洗涤结晶，除去附着的母液。

⑦ 干燥结晶。

⑧ 测定晶体的熔点。

一般重结晶法只适用于提纯杂质含量在5％以下的晶体化合物，如果杂质含量大于5％时，必须先采用其他方法进行初步提纯，如萃取、水蒸气蒸馏等，然后再用重结晶法提纯。

(2) 常用的重结晶溶剂　在重结晶法中选择一适宜的溶剂是非常重要的，否则，达不到提纯的目的。它必须符合下面几个条件。

① 与被提纯的有机化合物不起化学反应。

② 被提纯的有机化合物应在热溶剂中易溶，而在冷溶剂中几乎不溶。

③ 对杂质的溶解度非常大或非常小（前者使杂质留在母液中不随提纯物晶体一同析出，后者杂质在热过滤时被滤掉）。

④ 要提纯的有机化合物能生成较整齐的晶体。

⑤ 溶剂的沸点，不宜太低，也不宜太高。若过低时，溶解度改变不大，难分离，且操作困难；过高时，附着于晶体表面的溶剂不易除去。

⑥ 价廉易得。常见的溶剂有水、乙醇、丙酮、石油醚、四氯化碳、苯和乙酸乙酯等。一般常用的混合溶剂有乙醇与水，乙醇与乙醚，乙醇与丙酮，乙醚与石油醚，苯与石油醚等。

(3) 操作方法

① 仪器装置

a. 溶解样品的器皿：溶解样品时常用锥形瓶或圆底烧瓶作容器，即可减少溶剂的挥发，又便于摇动促进固体物质溶解。若采用的溶剂是水或不可燃、无毒的有机液体，只需在锥形瓶或圆底烧瓶上盖上表面皿即可。若溶剂是水，还可用烧瓶作容器，盖上表面皿即可。但当采用的溶剂是低沸点易燃或有毒的有机液体时，必须选用回流装置。若固体物质在溶剂中溶解速度较慢，需要较长加热时间时，也要采用回流装置，以免溶剂损失。

b. 重力过滤装置：在趁热过滤时，一般选用无颈漏斗，也可选用热水漏斗。滤纸采用折叠式，以加快过滤速度。

c. 减压抽滤装置

② 操作步骤

a. 正确选择溶剂　选择溶剂时，可根据溶解的一般规律，即相似相溶原理。溶质往往易溶于结构与其相似的溶剂中。通过查阅有关资料查到某化合物在各种溶剂中不同温度的溶解度。在实际工作中往往通过试验来选择溶剂，试验方法如下。

取0.1g被提纯物质结晶置于一小试管中，用滴管逐滴滴加溶剂，并不断振摇，待加入的溶剂约为1mL时，在水浴上加热至沸腾，完全溶解，冷却后析出大量结晶，这种溶剂一般被认为是合适的；如样品在冷却或加热时，都能溶于1mL溶剂中，表示这种溶剂不适用。若样品不全溶于1mL沸腾的溶剂中时，则可逐步添加溶剂，每次约加0.5mL，并加热至沸腾，若加入溶剂总量达3mL时，样品在加热时仍然不溶解，表示这种溶剂也不适用。若样品能溶于3mL以内的沸腾的溶剂中，则将它冷却，观察有没有结晶析出，还可用玻璃棒摩擦试管壁或用冰水浴冷却，以促使结晶析出，若仍未析出结晶，则这种溶剂也不适用。若有结晶析出，则以结晶体析出的多少来选择溶剂。

按照上述方法逐一试验不同的溶剂，比较后，可以选用结晶收率好、操作简便、毒性小、价格低廉的溶剂来进行重结晶。

如果难于找到一种合适的溶剂时，可采用混合溶剂，混合溶剂一般由两种能以任何比例互溶的溶剂组成，其中一种对被提纯物质的溶解度较大，而另一种对被提纯物质的溶解度较小。混合溶剂其操作与使用单一溶剂时的情况相同。

b. 样品的溶解及趁热过滤　通常先将样品和计算量的溶剂一起加热至沸腾（该温度不能高于样品的熔点），直到样品全部溶解。若无法计算所需溶剂的量，可将样品先与少量溶剂一起加热至沸腾，然后逐渐添加溶剂，每次加入溶剂后再加热至沸腾，直到样品全部溶解，如有不溶性杂质则趁热过滤。

样品完全溶解后若溶液有色，则将沸腾溶液稍冷后加入相当于样品质量 1％～5％ 的活性炭，不时搅拌或振摇，加热煮沸 5～10min 以后再趁热过滤。样品溶解后，若溶液澄清透明，确无不溶性杂质，可省略热过滤这步操作。

c. 晶体的析出　将趁热过滤收集的滤液静置，让它慢慢地自然冷却下来，一般在几小时后才能完全冷却。冷却过程中不要振摇滤液，更不要将其浸在冷水甚至冰水中快速冷却，否则往往得到细小的晶粒，表面上容易吸附较多杂质。但也不要使形成的晶粒过大，晶粒过大往往有母液和杂质包在结晶内部。当发现有生成大晶粒（约超过 2 mm）的趋势时，可缓慢振摇，以降低晶粒的大小。

如果溶液冷却后仍不结晶，可用玻璃棒摩擦器壁引发晶体形成。

如果不析出晶体而得到油状物时，可加热至成清液后，让其自然冷却至开始有油状物析出时，立即剧烈搅拌，使油状物分散，也可搅拌至油状物消失。

如果结晶不成功，通常必须用其他方法（色谱、离子交换法）提纯。

d. 减压过滤和洗涤　把结晶从母液中分离出来，通常采用减压过滤（抽滤）。抽滤前先用少量溶剂将滤纸润湿，轻轻抽气，使滤纸紧紧贴在漏斗上，继续抽气，把要过滤的混合物倒入漏斗中，使固体物质均匀地分布在整个滤纸面上，用少量滤液将黏附在容器壁上的结晶洗出转移至漏斗中。抽滤至无滤液滤出时，用玻璃瓶塞倒置在结晶表面上并用力挤压，尽量除去母液，滤得的固体，习惯叫滤饼。为了除去结晶表面的母液，应进行洗涤滤饼的工作。洗涤前将连接吸滤瓶的橡胶管拔开，把少量溶剂均匀地洒在滤饼上，使全部结晶刚好被溶剂盖好，重新接上橡胶管，把溶剂抽去，重复操作两次，就可把滤饼洗净。

e. 干燥晶体并测定熔点　在测定熔点前，晶体必须充分干燥。常用的干燥方法有如下几种。

ⅰ. 空气晾干：将抽干的晶体转移至表面皿，铺成薄层，上面盖一张干净的滤纸，于室温下放置，一般要经过几天才能彻底干燥。

ⅱ. 烘干：一些对热稳定的化合物可以在低于该化合物熔点以下约 10℃ 的温度下进行烘干。

ⅲ. 用滤纸吸干：有些晶体吸附的溶剂在过滤时很难抽干，这时可将晶体放在两三层滤纸上，上面再用滤纸挤压以吸出溶剂。此法的缺点是晶体上易沾污一些滤纸纤维。

ⅳ. 置真空干燥器中干燥。

测定熔点：采用显微熔点测定仪测定晶体的熔点。

注意事项

(1) 溶解样品过程中，要尽量避免溶质的液化，应在比熔点低的温度下进行溶解。

(2) 溶解过程中，不要因为重结晶的物质中含有不溶解的杂质而加入过量的溶剂。

(3) 为避免热过滤时晶体在漏斗上或漏斗颈中析出造成损失，溶剂可稍过量20%。

(4) 使用活性炭脱色应注意以下几点：

① 加活性炭以前，首先将待结晶化合物完全溶解在热溶剂中，用量根据杂质颜色深浅而定，一般用量为固体质量的1%～5%。加入后煮沸5～10min。在不断搅拌下，若一次脱色不好，可再加少量活性炭，重复操作。

② 不能向正在沸腾的溶液中加入活性炭，以免溶液暴沸。

③ 活性炭对水溶液脱色较好，对非极性溶液脱色较差。

(5) 过滤易燃溶液时，特别要注意附近的情况，以免发生火灾。

(6) 要用折叠滤纸过滤，从漏斗上取出结晶时，通常把晶体和滤纸一起取出，待干燥后用刮刀轻敲滤纸，结晶即全部下来，注意勿使滤纸纤维附于晶体上。

2.2.2 升华

升华是提纯固体有机化合物方法之一。某些物质在固态时具有相当高的蒸气压，当加热时，不经过液态而直接气化，蒸气受到冷却又直接冷凝成固体，这个过程叫升华。若固态混合物具有不同的挥发度，则可以应用升华法提纯。升华得到的产品一般具有较高的纯度，此法特别适用于提纯易潮解及与溶剂起离解作用的物质。

升华法只能用于在不太高的温度下有足够大的蒸气压力（在熔点前高于266.6Pa）的固态物质，因此有一定的局限性。为了加快升华速度，可在减压下进行升华，减压升华法特别适用于常压下其蒸气压不大或受热易分解的物质。

实验 2-3 粗萘的提纯

实验目的

(1) 了解非水溶剂重结晶法的一般原理。

(2) 练习冷凝管的安装和回流操作。

(3) 熟练掌握保温过滤和减压过滤的基本操作。

实验原理

纯净的萘为无色晶体，熔点为80.2℃。工业萘由于含有杂质而呈红色或褐色。本实验利用萘在乙醇中能溶解（良溶剂），而在水中溶解较少（不良溶剂）的性质，配制成70%乙醇溶液作混合溶剂。将粗萘溶于热的乙醇溶液中，加活性炭脱色，趁热过滤除去活性炭及不溶性杂质，其余杂质则在冷却后萘结晶析出时留在母液中除去。

仪器与试剂

圆底烧瓶（100mL），布氏漏斗，球形冷凝管，热水漏斗，锥形瓶（100mL），表面皿，滤纸

粗萘，活性炭，乙醇

实验步骤

(1) 溶解粗品　在装有回流冷凝管的圆底烧瓶中，放入 3g 粗萘，加入 20mL 70%乙醇和 1～2 粒沸石，接通冷凝水。在水浴上加热至沸，并不时振摇瓶中物，以加速溶解。若所加的乙醇不能使粗萘完全溶解，则应从冷凝管上端继续加入少量 70%乙醇（注意添加易燃溶剂时应预防火灾），每次加入乙醇后应略微振摇并继续加热，观察是否可完全溶解，待完全溶解后，再多加 5mL 70%乙醇。

(2) 活性炭脱色　移去热源，稍冷后取下冷凝管，向圆底烧瓶中加入少许活性炭，并稍加摇动，再重新在水浴上加热煮沸 5min。

(3) 趁热过滤　趁热用配有玻璃漏斗的热水漏斗和折叠滤纸过滤，用少量热的 70%乙醇润湿折叠滤纸后，将上述萘的热溶液滤入干燥的 100mL 锥形瓶中（注意这时附近不应有明火），滤完后用少量热的 70%乙醇洗涤容器和滤纸。

(4) 结晶并减压过滤　盛滤液的锥形瓶用塞子塞紧，自然冷却，最后再用冰水冷却。用布氏漏斗抽滤（滤纸应先用 70%乙醇润湿，吸紧），用少量 70%乙醇洗涤。

(5) 干燥晶体并测熔点　抽干后将结晶移至表面皿上，放在空气中晾干或放在干燥器中，待干燥后测其熔点，称其质量并计算回收率。滤液应注意回收。

思考题

设有一化合物极易溶解在热乙醇中，但难溶于冷乙醇或水中，对此化合物应怎样进行重结晶？

实验 2-4　乙酰苯胺的重结晶

实验目的

(1) 了解重结晶基本原理；

(2) 熟悉溶解、加热、趁热过滤、减压过滤等基本操作。

实验原理

纯粹的乙酰苯胺为无色晶体，熔点为 114.3℃。粗乙酰苯胺由于含有杂质而显黄色或褐色。本实验利用乙酰苯胺在 100g 水中的溶解度为 0.46g（20℃），0.56g（25℃），0.84g（50℃），3.45g（80℃），5.5g（100℃），将乙酰苯胺溶于沸水中，加活性炭脱色，不溶性杂质与活性炭在趁热过滤时除去，其余杂质在冷却后乙酰苯胺结晶析出时留在母液中除去。

仪器与试剂

烧杯（250mL），减压抽滤装置，加热装置，锥形瓶（250mL），表面皿，滤纸，烧杯（150mL），热水漏斗

乙酰苯胺，活性炭

实验步骤

(1) 测粗品熔点　测定粗乙酰苯胺的熔点。

(2) 溶解粗品　在 250mL 烧杯中，加 3g 粗乙酰苯胺、60mL 水和几粒沸石，在加热过程中，不断用玻璃棒搅动，使固体溶解。此时若有未溶解固体，每次加 3～5mL 热水，直至沸腾溶液中的固体不再溶解。然后再加入 2～5mL 热水（一般多加 2%～5%的溶剂，目的

是溶剂稍过量，可以避免热过滤时因温度下降在滤纸上析出晶体，造成损失）。记录用去水的总体积。

（3）活性炭脱色并趁热过滤　乙酰苯胺是无色晶体，如果所得溶液有色，则稍冷后加入活性炭，搅拌使混合均匀，继续加热微沸 5min。

事先在热水漏斗中加入开水，过滤时热水漏斗安置在铁圈上，热水漏斗中放一配套的玻璃漏斗，在玻璃漏斗中放一预先叠好的折叠滤纸，并用少量热水润湿。将上述热溶液通过折叠滤纸迅速滤入 150mL 烧杯中。注意，每次倒入漏斗中的液体不要太满，也不要等溶液全部滤完后再加，在过滤过程中要用小火加热热水漏斗保持溶液的温度；待所有溶液过滤完毕后，用少量热水洗涤烧杯和滤纸。

（4）结晶　用表面皿将盛滤液的烧杯盖好，放置一旁，稍冷后用冷水冷却使其完全结晶。如要获得较大颗粒的结晶，可在滤完后将滤液中析出的结晶重新加热溶解，于室温下放置，让其慢慢冷却结晶。

（5）减压抽滤　结晶完成后，用布氏漏斗抽滤（滤纸用少量冷水润湿，吸紧），使晶体和母液分离，并用玻璃塞挤压晶体，使母液尽量除去。拔下抽滤瓶上橡胶管（或打开安全瓶上的活塞），停止抽气，加少量冷水至布氏漏斗中，使晶体湿润（可用刮刀使晶体松劲），然后重新抽干，如此重复 1～2 次，最后用刮刀将晶体移至表面皿上，摊开成薄层，置空气中晾干或在红外灯下烘干，也可在干燥器中干燥。

（6）测纯品熔点　测定已干燥的乙酰苯胺熔点，并与粗产品熔点作比较，称其质量并计算回收率。

思考题

（1）加热溶解待重结晶粗产物时，为何加入比计算量（根据溶解度数据）略少的溶剂？在渐渐添加至恰好溶解后，为何再多加少量溶剂？

（2）为什么活性炭要在固体物质完全溶解后加入？能在溶液沸腾时加入吗？为什么？

（3）将溶液进行热过滤时，为什么要尽可能减少溶剂的挥发？如何减少其挥发？

（4）在布氏漏斗中用溶剂洗涤固体时应注意些什么？

（5）在使用布氏漏斗过滤之后的洗涤产品的操作中，要注意哪些问题？如果滤纸大于布氏漏斗底面时，会有什么缺点？停止抽滤前，如不拔除橡胶管就关掉水阀，会有什么后果？请你用水作样品试一试上述的操作，结果如何？从这里应吸取什么教训？

（6）如何检验重结晶后产品的纯度？

（7）你认为做重结晶提纯时还应注意哪些问题？

2.3　液体有机化合物的分离和纯化

蒸馏是分离和提纯液态物质的最重要的方法。最简单的蒸馏是通过加热使液体沸腾，产生的蒸气在冷凝管中冷凝下来并被收集在另外一容器中的操作过程。液体分子由于分子运动有从表面逸出的倾向，这种倾向随温度的升高而加大，这就造成了液体在一定的温度下具有一定的蒸气压，与体系存在的液体和蒸气的绝对量无关。当液体的蒸气压与外界压力相等时，液体沸腾，即达到沸点。每种纯液态化合物在一定压力下具有固定的沸点。根据不同的物理性质将蒸馏分为普通蒸馏、水蒸气蒸馏和减压蒸馏。

2.3.1　普通蒸馏

普通蒸馏操作可用于测定液体化合物的沸点，提纯或除去不挥发性物质，回收溶剂或蒸出部分溶剂以浓缩溶液，主要用于分离液体混合物。由于很多有机物在150℃以上已显著分解，而沸点低于40℃的液体用普通蒸馏操作又难免造成损失，故普通蒸馏主要用于沸点为40～150℃之间的液体分离，同时普通蒸馏只是进行一次蒸发和冷凝的操作，因此待分离的混合物中各组分的沸点要有较大的差别时才能有效地分离，通常沸点应相差30℃以上，使用的装置见图2.4。

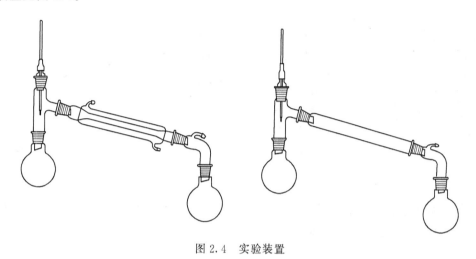

图 2.4　实验装置

（1）仪器组成　按图2.4组装实验装置。

① 汽化部分：由圆底烧瓶、蒸馏头、温度计组成。液体在瓶内受热汽化，蒸气经蒸馏头侧管进入冷凝器中，蒸馏瓶的大小一般选择待蒸馏液体的体积不超过其容量的1/2，也不少于其容量的1/3。

② 冷凝部分：由冷凝管组成，蒸气在冷凝管中冷凝成为液体，当液体的沸点高于140℃时选用空气冷凝管，低于140℃时则选用水冷凝管（通常采用直形冷凝管而不采用球形冷凝管）。冷凝管下端侧管为进水口，上端侧管为出水口，安装时应注意上端出水口侧管应向上，保证套管内充满水。

③ 接收部分：由接液管、接收器（圆底烧瓶或梨形瓶）组成，用于收集冷凝后的液体，当所用接液管无支管时，接液管和接收器之间不可密封，应与外界大气相通。热源：当液体沸点低于80℃时通常采用水浴，高于80℃时采用封闭式的电加热器配上调压变压器控温。

（2）操作要点　安装的顺序一般是先从热源处开始，然后由下而上，从左往右依次安装。

① 以热源高度为基准，用铁夹夹在烧瓶瓶颈上端并固定在铁架台上。

② 装上蒸馏头和冷凝管，使冷凝管的中心线和蒸馏头支管的中心线成一直线，然后移动冷凝管与蒸馏头支管紧密连接起来，在冷凝管中部用铁架台和铁夹夹紧，再依次装上接液管和接收器。整个装置要求准确端正，无论从正面或侧面观察，全套仪器中各个仪器的轴线都要在用一平面内。所有的铁架台和铁夹都应尽可能整齐地放在仪器的背部。

③ 在蒸馏头上装上配套的专用温度计，如果没有专用温度计可用搅拌套管或橡胶塞装

上一温度计，调整温度计的位置，使温度计水银球上端与蒸馏头支管的下端在同一水平线上，如图2.5所示，以便在蒸馏时它的水银球能被完全为蒸气所包围，若水银球偏高则引起所量温度偏低，反之，则偏高。

④ 如果蒸馏所得的产物易挥发、易燃或有毒，可在接液管的支管上接一根长橡胶管，通入水槽的下水管内或引出室外。若室温较高，馏出物沸点低甚至与室温接近，可将接收器放在冷水浴或冰水浴中冷却，如图2.6所示。

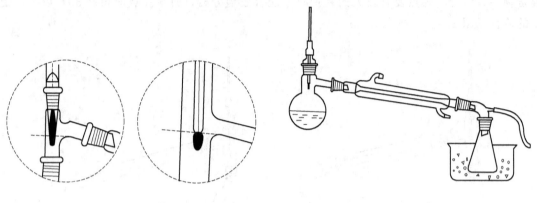

图2.5　实验装置　　　　　　　　　　　　图2.6　蒸馏装置

⑤ 假如蒸馏出的产品易受潮分解或是无水产品，可在接液管的支管上连接一氯化钙干燥管，如果在蒸馏时放出有害气体，则需装配气体吸收装置，如图2.7所示。

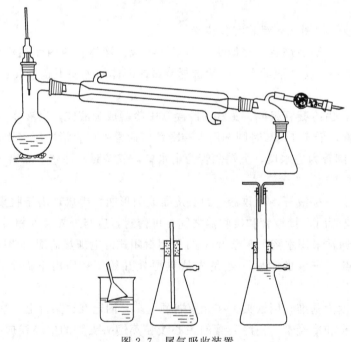

图2.7　尾气吸收装置

（3）操作方法

① 将样品沿瓶颈慢慢倾入蒸馏烧瓶，加入数粒沸石，以便在液体沸腾时，沸石内的小气泡成为液体汽化中心，保证液体平稳沸腾，防止液体过热而产生暴沸，然后按由下而上，

从左往右依次安装好蒸馏装置。

② 检查仪器的各部分连接是否紧密和妥善。

③ 接通冷凝水，开始加热，随加热进行瓶内液体温度慢慢上升，瓶内液体逐渐沸腾，当蒸气的顶端到达温度计水银球部分时，温度计读数开始急剧上升。这时应适当控制加热程度，使蒸气顶端停留在原处，加热瓶颈上部和温度计，让水银球上液体和蒸气温度达到平衡，此时温度正是馏出液的沸点。然后适当加大加热程度，进行蒸馏，控制蒸馏速度，以每秒 1～2 滴为宜。蒸馏过程中，温度计水银球上应始终附有冷凝的液滴，以保持气液两相平衡，这样才能确保温度计读数的准确。

④ 记录第一滴馏出液落入接收器的温度（初馏点），此时的馏出液是物料中沸点较低的液体，称"前馏分"。前馏分蒸完，温度趋于稳定后蒸出的就是较纯的物质（此过程温度变化非常很小），当这种组分基本蒸完时，温度会出现非常微小的回落（加热过快会出现温度不降反而快速上升），说明这种组分蒸完。计下这部分液体开始馏出时和最后一滴时的温度读数，即是该馏分的"沸程"。纯液体沸程差一般不超过 1～2℃。

⑤ 当所需的馏分蒸出后，应停止蒸馏，不要将液体蒸干，以免造成事故。

⑥ 蒸馏结束后，称量馏分和残液并记录。

⑦ 蒸馏结束后，先移去热源，冷却后停止通水，按装配时的逆向顺序逐件拆除装置。

（4）注意事项

① 不要忘记加沸石。若忘记加沸石，必须在液体温度低于其沸腾温度时补加，切忌在液体沸腾或接近沸腾时加入沸石。

② 始终保证蒸馏体系与大气相通。

③ 蒸馏过程中欲向烧瓶中添加液体，必须停止加热，冷却后进行，不得中断冷凝水。

④ 对于乙醚等易生成过氧化物的化合物，蒸馏前必须检验过氧化物，若含过氧化物，务必除去后方可蒸馏且不得蒸干，蒸馏硝基化合物也切忌蒸干，以防爆炸。

⑤ 当蒸馏易挥发和易燃的物质时，不得使用明火加热，否则容易引起火灾事故。

⑥ 停止蒸馏时应先停止加热，冷却后再关冷凝水。

⑦ 严格遵守实验室的各项规定（如：用电、用火等）。

2.3.2　水蒸气蒸馏

水蒸气蒸馏是用来分离和提纯液态或固态有机化合物的一种方法。其过程是在不溶或难溶于热水并有一定挥发性的有机化合物中加入水后加热，或通入水蒸气后在必要时加热，使其沸腾，然后冷却其蒸气使有机物和水同时被蒸馏出来。水蒸气蒸馏的优点在于所需要的有机物可在较低的温度下从混合物中蒸馏出来，通常用在下列几种情况。

① 某些高沸点的有机物，在常压下蒸馏虽可与副产品分离，但会发生分解。

② 混合物中含有大量树脂状杂质或不挥发性杂质，采用蒸馏、萃取等方法都难于分离的。

③ 从较多固体反应物中分离出被吸附的液体产物。

④ 要求除去易挥发的有机物。

当不溶或难溶有机物与水一起共热时整个系统的蒸气压，根据分压定律，应为各组分蒸气压之和。即 $p_总 = p_水 + p_{有机物}$，当总蒸气压（$p_总$）与大气压力相等时混合物沸腾。显然，混合物的沸腾温度（混合物的沸点）低于任何一个组分单独存在时的沸点，即有机物可在比其沸点低得多的温度，而且在低于水的正常沸点下安全地被蒸馏出来。

使用水蒸气蒸馏时，被提纯有机物应具备下列条件：

① 不溶或难溶于水；

② 共沸腾下，与水不发生化学反应；

③ 在水的正常沸点时必须具有一定的蒸气压（一般不小于 1333Pa）。

（1）仪器装置　图 2.8 是实验室常用的装置。包括水蒸气发生器、蒸馏部分、冷凝部分和接收器四个部分。

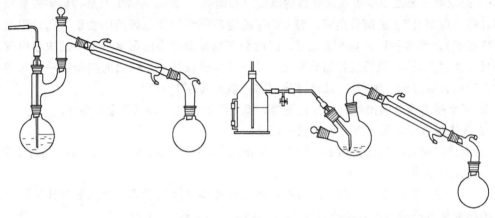

图 2.8　实验反应装置

① 水蒸气发生器：一般使用专用的金属制的水蒸气发生器，也可用 500mL 蒸馏烧瓶代替（配一根长 1m，直径约为 7mm 的玻璃管作安全管），水蒸气发生器导出管与 T 形管一端相连，T 形管的支管套上一短橡胶管。橡胶管用螺旋夹夹住，以便及时除去冷凝下来的水滴，T 形管的另一端与蒸馏部分的导管相连（这段水蒸气导管应尽可能短些，以减少水蒸气的冷凝）。

② 蒸馏部分：采用圆底烧瓶，配上克氏蒸馏头，这样可以避免蒸馏时液体的跳动引起液体从导出管冲出，以至于沾污馏出液。为了减少由反复换容器而造成的产物损失，常直接利用原来的反应器，进行水蒸气蒸馏。

③ 冷凝部分：一般选用直形冷凝管。

④ 接收部分：选择合适容量的圆底烧瓶或梨形瓶作接收器。

（2）操作要点

① 水蒸气发生器上必须装有安全管，安全管不宜太短，下端应插到接近底部，盛水量通常为发生器容量的一半，最多不超过 2/3。

② 水蒸气发生器与水蒸气导入管之间必须连接 T 形管，蒸气导管尽量短，以减少蒸气的冷凝。

③ 被蒸馏的物质一般不超过其容积的 1/3，水蒸气导入管不宜过细，一般选用内径大于或等于 7mm 的玻璃管。

（3）操作方法　将被蒸馏的物质加入烧瓶中，尽量不超过其容积的 1/3，仔细检查各接口处是否漏气，并将 T 形管上螺旋夹打开。开启冷凝水，然后开始加热水蒸气发生器，当T 形管的支管有蒸气冲出时，再逐渐旋紧 T 形管上的螺旋夹，水蒸气开始通向烧瓶。

① 如果水蒸气在烧瓶中冷凝过多，烧瓶内混合物体积增加，以至于超过烧瓶容积的 2/3 时，或者水蒸气蒸馏速度不快时，可对烧瓶进行加热，要注意烧瓶内崩跳现象，如果崩跳剧烈，则不应加热，以免发生意外。蒸馏速度每秒 2～3 滴。

② 欲中断或停止蒸馏一定要先旋开 T 形管上的螺旋夹，然后停止加热，最后再关冷凝水。否则烧瓶内混合物将倒吸到水蒸气发生器中。

③ 当馏出液澄清透明，不含有油珠状的有机物时，即可停止蒸馏。

（4）注意事项

① 蒸馏过程中，必须随时检查水蒸气发生器中的水位是否正常，安全管水位是否正常，有无倒吸现象，一旦发现不正常，应立即将 T 形管上螺旋夹打开，找出原因排除故障，然后逐渐旋紧 T 形管上的螺旋夹，继续进行蒸馏。

② 蒸馏过程中，必须随时观察烧瓶内混合物体积增加情况，混合物崩跳现象，蒸馏速度是否合适，是否有必要对烧瓶进行加热。

2.3.3　减压蒸馏

某些沸点较高的有机化合物在常压下加热还未达到沸点时便会发生分解、氧化或聚合，所以不能采用普通蒸馏，使用减压蒸馏可避免这种现象的发生。因为当蒸馏系统内的压力降低后，其沸点便降低，使得液体在较低的温度下汽化而逸出，继而冷凝成液体，然后收集在一容器中，这种在较低的压力下进行蒸馏的操作称减压蒸馏。减压蒸馏对于分离或提纯沸点较高或性质比较不稳定的液态有机化合物具有特别重要的意义。

人们通常把低于 1×10^{-5} Pa 的气态空间称为真空，欲使液体沸点下降得多就必须提高系统内的真空程度。实验室常用水喷射泵（水泵）或真空泵（油泵）来提高系统真空度。

在进行减压蒸馏前，应先从文献中查阅清楚欲蒸馏物质在选择压力下相应的沸点，一般来说，当系统内压力降低到 15×133.3 Pa 左右时，大多数高沸点有机物沸点随之下降 100～125℃ 左右；当系统内压力在 $10 \times 133.3 \sim 15 \times 133.3$ Pa 之间进行减压蒸馏时，大体上压力每相差 133.3 Pa，沸点相差约 1℃。

（1）减压蒸馏的装置　减压蒸馏主要仪器设备有蒸馏烧瓶、冷凝管、接收器、测压计、吸收装置、安全瓶和减压泵。

① 蒸馏部分：由蒸馏烧瓶、冷凝管、接收器三部分构成。蒸馏烧瓶采用圆底烧瓶。冷凝管一般选用直形冷凝管，如果蒸馏液体较少且沸点高或为低熔点固体可不用冷凝管。接收器一般选用多个梨形（圆形）烧瓶接在多头接液管上，见图 2-8。

② 测压计：测压计（压力计）有玻璃和金属的两种。常使用的是水银压力计（压差计），是将汞装入 U 形玻璃管中制成的，分为开口式和封闭式，开口式水银压力计的特点是管长必须超过 760mm，读数时必须配有大气压计，因为两管中汞柱高度的差值是大气压力与系统内压之差，所以蒸馏系统内的实际压力应为大气压力减去这一汞柱之差，其所量压力准确。封闭式水银压力计轻巧方便，两管中汞柱高度的差值即为系统内压，但不及开口式水银压力计所量压力准确，常用开口式水银压力计来校正。

金属制压力表，其所量压力的准确度完全由机械设备的精密度决定。一般的金属制压力表所量压力不太准确，然而它轻巧，不易损坏，使用安全，对测量压力准确度要求不太高时用其非常方便。

③ 吸收装置：只有使用真空泵（油泵）时采用此装置，其作用是吸收对真空泵有害的各种气体或蒸气，借以保护减压设备，一般由下述几部分组成：

捕集管——用来冷凝水蒸气和一些挥发性物质，捕集管外用冰-盐混合物冷却。

氢氧化钠吸收塔——用来吸收酸性蒸气。

硅胶（或用无水氯化钙）干燥塔——用来吸收经捕集管和氢氧化钠吸收塔后还未除净的残余水蒸气。

④ 安全瓶：一般用吸滤瓶，壁厚耐压，安全瓶与减压泵和测压计相连，并配有活塞用来调节系统压力及放气。

⑤ 减压泵：实验室常用的减压泵有水喷射泵（水泵）和真空泵（油泵）两种。若不需要很低的压力时可用水喷射泵（水泵），若要很低的压力时就要用真空泵（油泵）。

"粗"真空（系统压力大于 $10 \times 133.3 \mathrm{Pa}$），一般可用水喷射泵（水泵）获得。"次高"真空（系统压力小于 $10 \times 133.3 \mathrm{Pa}$，大于 $133.3 \times 10^{-3} \mathrm{Pa}$），可用油泵获得。"高"真空（系统压力小于 $133.3 \times 10^{-3} \mathrm{Pa}$），可用扩散泵获得。

（2）操作要点　装配时要注意仪器应安排得十分紧凑，既要做到系统通畅，又要做到不漏气，气密性好，所有橡胶管最好用厚壁的真空用的橡胶管，磨口处均匀地涂上一层真空脂。如能用水喷射泵（水泵）抽气的，则尽量使用水喷射泵。如蒸馏物中含有挥发性杂质，可先用水喷射泵减压抽除，然后改用真空泵（油泵）。

（3）操作方法

① 进行装配前，首先检查减压泵抽气时所能达到的最低压力（应低于蒸馏时的所需值），然后进行装配。装配完成后，开始抽气，检查系统能否达到所要求的压力，如果不能满足要求，说明漏气，则分段检查出漏气的部位（通常是接口部分），在解除真空后进行处理，直到系统能达到所要求的压力为止。

② 解除真空，装入待蒸馏液体，其量不得超过烧瓶容积的 $1/2$，然后开动减压泵抽气，调节安全瓶上的活塞达到所需压力。

③ 开启冷凝水，开始加热，液体沸腾时，应调节热源，控制蒸馏速度以每秒 $1 \sim 2$ 滴为宜。整个蒸馏过程中密切注意温度计和压力计的读数，并记录压力、相应的沸点等数据。当达到要求时，小心转动接液管，收集馏出液，直到蒸馏结束。

④ 蒸馏完毕，除去热源，待系统稍冷后，缓慢解除真空，关闭减压泵，最后关闭冷凝水，按从右往左，由上而下的顺序拆卸装置。

（4）注意事项

① 蒸馏液中含低沸点组分时，应先进行普通蒸馏再进行减压蒸馏。

② 减压系统中应选用耐压的玻璃仪器，切忌使用薄壁的甚至有裂纹的玻璃仪器，尤其不要使用平底瓶（如锥形瓶），否则易引起内向爆炸。

③ 蒸馏过程中若有堵塞或其他异常情况，必须先停止加热，稍冷后，缓慢解除真空后才能进行处理。

④ 抽气或解除真空时，一定要缓慢进行，否则汞柱急速变化，有冲破压力计的危险。

⑤ 解除真空时，一定要稍冷后进行，否则大量空气进入有可能引起残液的快速氧化或自燃，发生爆炸。

2.3.4　分馏

蒸馏可以分离两种或两种以上沸点相差较大（大于 30℃）的液体混合物，而对于沸点相差较小的或沸点接近的液体混合物仅用一次蒸馏不可能把它们分开。若要获得良好的分离效果，就得采用分馏。

分馏实际上就是使沸腾着的混合物蒸气通过分馏柱（工业上用分馏塔）进行一系列的热交换，由于柱外空气的冷却，蒸气中的高沸点组分被冷却为液体，回流入烧瓶中，上升的蒸气中含的低沸点组分的含量就相对增加，当上升的蒸气遇到回流的冷凝液，两者之间又进行热交换，使上升的蒸气中高沸点的组分又被冷凝，低沸点的组分仍继续上升，低沸点组分的含量又增加了，如此在分馏柱内反复进行着汽化、冷凝、回流等程序，当分馏柱的效率相当高且操作正确时，在分馏柱顶部出来的蒸气就接近于纯低沸点的组分。这样，最终便可将沸点不同的物质分离出来。实质上分馏过程与蒸馏相类似，不同在于多了一个分馏柱，使冷凝、蒸发的过程由一次变成多次，大大地提高了蒸馏的效率。因此，简单地说分馏就等于多次蒸馏。

在分馏过程中，有时可能得到与单纯化合物相似的混合物，它也具有固定的沸点和组成，这种混合物称为共沸混合物（或恒沸混合物），它的沸点（高于或低于其中的每一组分）称为共沸点，该混合物不能用分馏法进一步分离。分馏的效率与回流比有关。回流比是指在同一时间内冷凝的蒸气及重新流入柱内的冷凝液数量与柱顶馏出的蒸馏液数量之间的比值。一般来说，回流比越高分馏效率就越高，但回流比太高，则蒸馏液被馏出的量少，分馏速度慢。

（1）分馏装置　通常情况下的分馏装置与蒸馏装置所不同的地方就在于多了一个分馏柱。由于分馏柱构造上的差异使分馏装置有简单和精密之分。

（2）操作要点

① 正确安装，分馏柱用铁夹固定。

② 为尽量减少柱内热量的散失和由于外界温度影响造成柱温的波动，通常分馏柱外必须进行适当的保温，以便能始终维持温度平衡。对于比较长、绝热又差的分馏柱，则常常需要在柱外绕上电热丝以提供外加的热量。

③ 使用高效率的分馏柱，控制回流比，才可以获得较高的分馏效率。

（3）操作方法

① 将待分馏的混合物放入圆底烧瓶中，加入沸石。

② 选择合适的热源，开始加热。当液体一沸腾就及时调节热源，使蒸气慢慢升入分馏柱，约 10～15min 后蒸气到达柱顶，这时可观察到温度计的水银球上出现了液滴。

③ 调小热源，让蒸气仅到柱顶而不进入支管就全部冷凝回流到烧瓶中，维持 5min 左右，使填料完全湿润，开始正常地工作。

④ 调大热源，控制液体的馏出速度为每 2～3s1 滴，这样可得到较好的分馏效果。待温度计读数骤然下降，说明低沸点组分已蒸完，可继续升温，按沸点收集第二、第三种组分的馏出液，当欲收集的组分全部收集完后，停止加热。

（4）注意事项

① 参照普通蒸馏中的注意事项。

② 一定要缓慢进行，控制好恒定的分馏速度。

③ 要有足够量的液体回流，保证合适的回流比。

④ 尽量减少分馏柱的热量失散和波动。

实验 2-5　普通蒸馏

实验目的

(1) 了解普通蒸馏的原理和意义。

(2) 初步掌握蒸馏装置的装配和拆卸的规范操作。

实验原理

本实验利用乙醇（沸点：78.5℃）与水的沸点相差较大，用普通蒸馏法将大部分乙醇在 77～88℃蒸出，收集 78～80℃馏分得到 95％的乙醇。

仪器与试剂

直形冷凝管（300mm）	1只	蒸馏头	1只
圆底烧瓶（150mL）	1只	接液管	1只
锥形瓶（100mL）	2只	乙醇	60mL
温度计			

实验步骤

(1) 测乙醇水溶液相对密度　测定乙醇水溶液的相对密度 d_1，查乙醇相对密度与含量对照表找出乙醇水溶液的含量。

(2) 安装蒸馏装置并加料　根据乙醇水溶液的量选好合适的圆底烧瓶，将上面的乙醇水溶液倒入 150mL 圆底烧瓶里，加几粒沸石。通入冷却水（冷却水的流速不宜过大造成浪费，只要保证蒸气能够充分冷却即可）。

(3) 蒸馏并收集馏分　水浴加热，开始可以把水温调高点，边加热边注意观察圆底烧瓶里的现象和温度计水银柱上升的情况。加热一段时间后，液体沸腾，蒸气前沿逐渐上升，待达到温度计水银球时，温度计水银柱急剧上升，这时要适当调低温度，使温度略为下降，让水银球上的液滴和蒸气达到平衡，使蒸气不是立即冲出蒸馏烧瓶的支口，而是冷凝回流。此时，水银球上保持有液滴。待温度稳定后再稍调高水温进行蒸馏。控制流出液滴以每秒 1～2 滴为宜。

当温度计读数上升至 77℃时，换一个已称量过的干燥的锥形瓶。收集 77～88℃馏分，测定其相对密度 d_2。将蒸馏得到的 77～88℃馏分的乙醇依上法再蒸馏一次，收集 78～80℃的馏分，测定其相对密度 d_3，比较 d_1、d_2、d_3，说明其含量有何变化。称量收集乙醇量，计算乙醇的回收率。

(4) 用 95％工业乙醇做对比实验　用 80mL 95％工业乙醇进行蒸馏，观察温度计的变化与上面有何不同。操作同上，当瓶内只剩下少量液体约 0.5～1mL 时，水浴温度不变，温度计读数会突然下降，即可停止蒸馏，切不可待瓶内液体完全蒸干。计算回收率。

思考题

(1) 什么叫沸点？沸点和大气压有什么关系？文献上记载的某物质的沸点温度是否即为你所在地区该物质的沸点温度？

(2) 蒸馏时为什么蒸馏瓶所盛液体的量不应超过其容积的 2/3，也不少于 1/3？

(3) 蒸馏时加入沸石的作用是什么？如果蒸馏前忘记加沸石，能否立即将沸石加至将近沸腾的液体中？当重新进行蒸馏时，用过的沸石能否继续使用？

（4）为什么蒸馏时最好控制馏出液的速度为 1～2 滴/s？

（5）如果液体具有恒定的沸点，那么能否认为它是单纯物质？

（6）在进行蒸馏操作时应注意什么问题（从安全和效果两方面考虑）？

（7）在装置中，把温度计水银球插至液面上或者在蒸馏头支管上方是否正确？这样会发生什么问题？

（8）当加热后有馏液出来时，才发现冷凝管未通水，能否马上通水？如果不行，应怎么办？

实验 2-6　八角茴香的水蒸气蒸馏

实验目的

（1）了解水蒸气蒸馏原理。

（2）初步掌握水蒸气蒸馏装置的安装和操作。

（3）学习八角茴香的水蒸气蒸馏操作。

实验原理

八角茴香含有一种精油，称八角茴香油（茴油），它可由八角茴香果实或枝叶经水蒸气蒸馏而得，它是无色或淡黄色液体，有茴香气味，密度为 0.980～0.994g/cm³（15℃），折射率 1.553～1.560（20℃），溶于乙醇和乙醚。茴油中主要成分是茴香脑，可用作配制饮料、食品、烟草等的增香剂，也可用在医药方面。

仪器和药品

三颈瓶，蒸馏头，长颈烧瓶，接液管，直形冷凝管，T 形管，锥形瓶，螺旋夹，长玻璃管，八角茴香

实验步骤

（1）安装水蒸气蒸馏装置并加料　称取 15g 八角茴香并捣碎，加到 250mL 三口烧瓶中，并加水 30mL。在水蒸气发生器或 500mL 长颈烧瓶中加入约占其容量 3/4 的热水，并加入数片素烧瓷。

（2）蒸馏并收集馏分　装好装置，检查装置是否漏气，待装置不漏气后旋开 T 形管上的螺旋夹，加热至沸腾，当有大量水蒸气从 T 形管的支管逸出时，立即将螺旋夹旋紧。这时水蒸气进入三口烧瓶开始蒸馏（可以看到烧瓶中的物质有翻腾现象）。在蒸馏过程中，如由于水蒸气冷凝而使烧瓶内液体量增加，以至于超过烧瓶容积的 1/3 时，或者水蒸气蒸馏速度不快时，可用小火加热烧瓶或者先把烧瓶中混合物预热至接近沸腾，然后再通入蒸汽，但在加热过程中要注意瓶内溅跳现象，如果溅跳剧烈，则不应加热，以免发生意外。蒸馏速度以每秒 2～3 滴为宜。

在操作时，要随时注意安全管中的水柱是否发生不正常的上升现象，以及烧瓶中的溶液是否发生倒吸现象，蒸馏部分混合物溅飞是否厉害。一时发生不正常，应立即旋开螺旋夹，移去热源，找出原因加以排除，才能继续蒸馏。当馏出液澄清透明不再浑浊时（由于澄清透明而不浑浊，需很长时间，一般规定收集到 150mL 馏出液），即可停止蒸馏，这时应先旋开 T 形管上螺旋夹，再移去热源，冷却后，拆卸装置。

思考题

(1) 水蒸气蒸馏的基本原理是什么？有何意义？与一般蒸馏有何不同？

(2) 安全管和 T 形管各起什么作用？

(3) 如何判断水蒸气蒸馏的终点？

(4) 停止水蒸气蒸馏时，在操作的顺序上应注意些什么？为什么？

实验 2-7 苯乙酮的减压蒸馏

实验目的

(1) 了解减压蒸馏原理。

(2) 初步掌握减压蒸馏装置的安装与操作。

(3) 熟悉压力计的使用，掌握体系压力的测定和保护油泵的装置及安装。

(4) 学习苯乙酮的减压蒸馏操作。

实验原理

纯苯乙酮的沸点为 202.6℃，熔点为 20.5℃，折射率 n_D^{20} 1.5371，苯乙酮在近沸点较稳定，可用简单蒸馏法将其蒸出，其缺点是操作不便，安全性较差。采用减压蒸馏法，可使苯乙酮在较低的沸点蒸出，安全性好。本实验将体系压力减至 $(5\sim10)\times133$Pa，收集 80℃左右的馏分即可得纯净的苯乙酮。

仪器与试剂

直形冷凝管，双尾接液管，圆底烧瓶，苯乙酮（CP），克氏蒸馏头，抽气泵，电热套

实验步骤

(1) 安装减压蒸馏装置并检漏　装好仪器，磨口接口部分涂上凡士林或少量真空脂，检查气密性，试验装置内的压力能否达到预定要求。保证系统内的低压至少要达到约 10×133.3Pa。

(2) 蒸馏并收集馏分　在 100mL 圆底烧瓶中放 20mL 苯乙酮。旋紧毛细管上螺旋夹，开动抽气泵，逐渐关闭安全瓶上活塞，调节毛细管导入空气量，以能冒出一连串的小气泡为宜。从压力计上测系统真空度，小心地旋转安全瓶上活塞，使压力计上读数为 $(5\sim10)\times$133.3Pa 左右，用电热套加热；控制馏出速度每秒 1～2 滴，当系统达到稳定时，立即记下压力和温度值，作为第一组数据。然后移去热源，稍微打开安全瓶上活塞，调节压力到约 $(10\sim20)\times133.3$Pa，重新加热蒸馏，记下第二组数据。将上述数据填入表 2.2，并根据文献值找出相应压力下的沸点温度。

表 2.2　实验记录

编号	压力 /Pa	实际温度 /℃	文献温度 /℃
1			
2			

(3) 解除真空　蒸馏完毕，移去热源，冷却后慢慢旋开夹在毛细管上的橡胶管的螺旋夹，并渐渐打开安全瓶上的旋塞，平衡内外压力，使测压计的水银柱缓慢地恢复原状，若放开得太快，水银柱很快上升，有冲破测压计的可能，待内外压力平衡后，才可关闭抽气泵，

以免抽气泵中的油反吸入干燥塔中。最后拆除仪器。

思考题

(1) 物质沸点与外界压力有什么关系？减压蒸馏一般在什么情况下使用？

(2) 使用水泵抽气，是否也需要气体吸收装置？安全瓶是否可以省去？为什么？

(3) 怎样才能使装置严密不漏气？怎样检查装置的气密性？

(4) 减压蒸馏开始时，为什么要先抽气再加热？结束时为什么要先移开热源，停止抽气？顺序可否颠倒，为什么？

(5) 减压蒸馏装置应注意什么问题？

(6) 减压蒸馏时，为什么不能用火直接加热？

实验 2-8　丙酮和 1,2-二氯乙烷混合物的分馏

实验目的

(1) 了解分馏的原理和意义。

(2) 掌握分馏装置的安装和操作。

(3) 学习丙酮和 1,2-二氯乙烷混合物的分馏操作。

实验原理

1,2-二氯乙烷的沸点是 $83.5℃$，密度为 $1.256g/cm^3$（$20℃$）；丙酮的沸点是 $56℃$，密度为 $0.7899g/cm^3$（$20℃$）。本实验利用简单分馏对二者互溶液体进行蒸馏，可得到丙酮含量较高的馏分，与简单蒸馏比较，分离效果好。

仪器与试剂

圆底烧瓶（100mL），接引管，锥形瓶（50mL），分馏柱（300mm），直形冷凝管，丙酮，二氯乙烷

实验步骤

(1) 安装分馏装置并加料　量取丙酮 24mL 和 1,2-二氯乙烷 16mL，混合，加入几粒沸石，放在 100mL 圆底烧瓶里，安装好分馏装置（必要时石棉绳包裹分馏柱身）。

(2) 分馏并收集馏分　缓慢用水浴均匀加热，防止过热。约 5～10min 后液体开始沸腾，即见到一圈圈气液沿分馏柱慢慢上升，注意控制好温度，一定使蒸馏瓶内液体缓慢微沸，使蒸气慢慢上升，一般要控制到使蒸气到柱顶约 15～20min。待蒸气停止上升后，调节热源，提高温度，使蒸气上升到分馏柱顶部进入支管。开始有蒸馏液流出时，记录第一滴分馏液落到接收瓶时的温度；控制加热速度，当柱顶温度维持在 56℃ 时，收集 10mL 左右馏出液（分馏效果好，纯丙酮量可增加）。

随着温度上升，再分别收集 50～60℃、60～70℃、70～80℃、80～83℃ 的馏分，将不同馏分装在五只试管或小锥形瓶中，并经量筒量出体积（操作时要注意防火，应在离加热源较远的地方进行）。

(3) 测馏分的折射率并计算含量　用折光仪分别测定以上各馏分的折射率，并与事先绘制的丙酮和 1,2-二氯乙烷组成与折射率工作曲线对照，得到在该分馏条件下，各馏分所含丙酮（或 1,2-二氯乙烷）的质量分数及其体积量。

思考题

(1) 分馏和蒸馏在原理、装置、操作上有哪些不同？

(2) 分馏柱顶上温度计水银球位置偏高或偏低对温度计读数各有什么影响？

(3) 为什么分馏柱装上填料后效率会提高？分馏时，若给烧瓶加热太快，分离两种液体的能力会显著下降，为什么？

(4) 在分馏装置中分馏柱为什么要尽可能垂直？

实验 2-9　三组分混合物的分离

实验目的

(1) 熟悉多组分混合物分离的原理和方法。

(2) 初步掌握分液漏斗使用和萃取操作。

实验原理

甲苯为无色液体，其沸点为 110.6℃，密度 0.867g/cm³ (20℃)；苯胺为无色液体，沸点 184.4℃，密度 1.022g/cm³ (20℃)；苯甲酸为无色晶体，沸点 249℃，熔点 122.13℃。

甲苯不溶于水且比水轻。苯胺与盐酸反应得到的盐酸盐可溶于水中，加碱后又可与水分层。苯甲酸与碱反应得到的盐溶于水，加酸后又可析出。本实验利用上述性质，用萃取方法将它们从混合物中分离出来，进一步精制即得到纯产品。

仪器与药品

烧杯 (50mL，100mL)、锥形瓶 (50mL)、分液漏斗

甲苯、苯胺、苯甲酸、盐酸、饱和碳酸氢钠溶液、NaOH

实验步骤

(1) 取混合物 (大约 25mL) 放入烧杯中，充分搅拌下逐滴加入 4mol/L 盐酸，使混合物溶液 pH＝3，将其转移至分液漏斗中，静置，分层，水相 I 放锥形瓶中待处理。向分液漏斗中的有机相加入适量的水，洗去附着的酸，分离弃去洗涤液，边振荡边向有机相逐滴加入饱和碳酸氢钠溶液，使 pH＝8～9，静置，分层。将有机相分出，置于一干燥的锥形瓶中 (请问此是何物？该选用何种方法进一步精制)。被分出的水相 II 置于小烧杯中。

(2) 将置于小烧杯的水相 II 在不断搅拌下，滴加 4mol/L 盐酸，至溶液 pH＝3，此时有大量白色沉淀析出，过滤 (选择何法进行纯化，此是何化合物)。

(3) 将上述第一次置于锥形瓶待处理的水相 I，边振荡边加入 6mol/L 氢氧化钠，使溶液 pH＝10，静置，分层，弃去水层，将有机相置于锥形烧瓶中 (此是何化合物？如要进一步得到纯产品，该选用何法进一步精制)。

思考题

(1) 若用下列溶剂萃取水溶液，它们将在上层还是下层？①乙醚；②氯仿；③丙酮；④己烷；⑤苯。

(2) 在三组分混合物分离实验中，各组分的性质是什么？在萃取过程中发生的变化是什么？

2.4　色谱分离技术

色谱法是近代有机分析中应用最广泛的方法之一，它既可以用来分离复杂混合物中的各

种成分，又可以用来纯化和鉴定物质，尤其适用于少量物质的分离、纯化和鉴定。其分离效果远比萃取、蒸馏、分馏、重结晶好。

色谱法是一种物理的分离方法，其分离原理是利用混合物中各个组分的物理化学性质的差别，即在某一物质中的吸附或溶解性能（分配）的不同，或其他亲和性的差异。当混合物各个组分流过某一支持剂或吸附剂时，各组分由于其物理性质的不同而被该支持剂或吸附剂反复进行吸附或分配等作用而得到分离。流动的混合物溶液称为流动相，固定的物质（支持剂或吸附剂）称为固定相（可以是固体或液体）。按分离过程的原理，可分为吸附色谱、分配色谱、离子交换色谱等。按操作形式又可分为柱色谱、纸色谱、薄层色谱等。

2.4.1　柱色谱

柱色谱对于分离相当大量的混合物仍是最有用的一项技术。仪器装置如图 2.9 所示，它由一根带活塞的玻璃管（称为柱）直立放置并在管中装填经活化的吸附剂。

（1）吸附剂的选择与活化　常用的吸附剂有氧化铝、硅胶、氧化镁、碳酸钙和活性炭等。吸附剂一般要经过纯化和活化处理，颗粒大小应当均匀。对于吸附剂来说颗粒小，表面积大，吸附能力强，但颗粒小时，溶剂的流速就太慢，因此应根据实际需要而定。

柱色谱使用的氧化铝有酸性、中性和碱性三种。酸性氧化铝是用 1% 盐酸浸泡后，用蒸馏水洗至氧化铝的悬浮液 pH 值为 4，用于分离酸性物质；中性氧化铝的 pH 值约为 7.5，用于分离中性物质；碱性氧化铝的 pH 值为 10，用于胺或其他碱性化合物的分离。以上吸附剂通常采用灼烧使其活化。

（2）溶质的结构和吸附能力　化合物的吸附和它们的极性成正比，化合物分子中含有极性较大的基团时吸附性也较强。氧化铝对各种化合物的吸附性按以下次序递减：

酸和碱＞醇、胺、硫醇＞酯、醛、酮＞芳香族化合物＞卤代物＞醚＞烯＞饱和烃

（3）溶剂的选择　溶剂的选择是重要的一环，通常根据被分离物中各种成分的极性、溶解度和吸附剂活性等来考虑。要求：①溶剂较纯；②溶剂和氧化铝不能起化学反应；③溶剂的极性应比样品小；④溶剂对样品的溶解度不能太大，也不能太小；⑤有时可以使用混合溶剂。

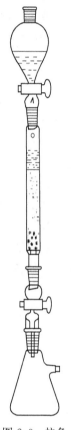

图 2.9　柱色谱分离装置

（4）洗脱剂的选择　样品吸附在氧化铝柱上后，用合适的溶剂进行洗脱，这种溶剂称为洗脱剂。如果原来用于溶解样品的溶剂冲洗柱不能达到分离的目的，可以改用其他溶剂，一般极性较强的溶剂影响样品和氧化铝之间的吸附，容易将样品洗脱下来，达不到分离的目的。因此常用一系列极性渐次增强的溶剂，即先使用极性最弱的溶剂，然后加入不同比例的极性溶剂配成洗脱溶剂。常用的洗脱溶剂的极性按如下次序递增。

己烷和石油醚＜环己烷＜四氯化碳＜三氯乙烯＜二硫化碳＜甲苯＜二氯甲烷＜氯仿＜乙醚＜乙酸乙酯＜丙酮＜丙醇＜乙醇＜甲醇＜水＜吡啶＜乙酸

2.4.1.1　操作步骤

（1）装柱　柱色谱的分离效果不仅依赖于吸附剂和洗脱剂的选择，且与吸附柱的大小和

吸附剂用量有关。根据经验规律要求柱中吸附剂用量为被分离样品量的 30～40 倍，若需要时可增至 100 倍，柱高与柱的直径之比一般为 8：1，表 2.3 列出了它们之间的相互关系。

表 2.3　色谱柱大小、吸附剂量及样品量

样品量/g	吸附剂量/g	柱的直径/cm	柱高/cm
0.01	0.3	3.5	30
0.10	3.0	7.5	60
1.00	30.0	16.0	130
10.00	300.0	35.0	280

选取色谱柱，先用洗液洗净，用水清洗后再用蒸馏水清洗，干燥。在玻璃管底铺一层玻璃丝或脱脂棉，轻轻塞紧，再在脱脂棉上盖一层厚约 0.5cm 的石英砂（或用一张比柱直径略小的滤纸代替），最后将氧化铝装入管内。装入的方法有湿法和干法两种：湿法是将备用的溶剂装入管内，约为柱高的 3/4，然后将氧化铝和溶剂调成糊状。慢慢地倒入管中，此时应将管的下端活塞打开，控制流出速度为每秒 1 滴。用木棒或套有橡胶管的玻璃棒轻轻敲击柱身，使装填紧密，当装入量约为柱的 3/4 时，再在上面加一层 0.5cm 的石英砂或一小圆滤纸（或玻璃丝、脱脂棉），以保证氧化铝上端顶部平整，不受流入溶剂干扰。干法是在管的上端放一干燥漏斗，使氧化铝均匀地经干燥漏斗成一细流慢慢装入管中，中间不应间断，时时轻轻敲打柱身，使装填均匀，全部加入后，再加入溶剂，使氧化铝全部润湿。

（2）加样　把分离的样品配制成适当浓度的溶液。将氧化铝上多余的溶剂放出，直到柱内液体表面到达氧化铝表面时，停止放出溶剂，沿管壁加入样品溶液，样品溶液加完后，开启下端活塞，使液体渐渐放出，当样品溶液的表面和氧化铝表面相齐时，即可用溶剂洗脱。

（3）洗脱和分离　继续不断加入洗脱剂，且保持一定高度的液面，洗脱后分别收集各个组分。如各组分有颜色，可在柱上直接观察到，较易收集；如各组分无颜色，则采用等分收集。每份洗脱剂的体积随所用氧化铝的量及样品的分离情况而定。一般用 50g 氧化铝，每份洗脱液为 50mL。

2.4.1.2　注意事项

（1）湿法装柱的整个过程中不能使氧化铝有裂缝和气泡，否则影响分离效果。

（2）加样时一定要沿壁加入，注意不要使溶液把氧化铝冲松浮起，否则易产生不规则色带。

（3）在洗脱的整个操作中勿使氧化铝表面的溶液流干，一旦流干再加溶剂，易使氧化铝柱产生气泡和裂缝，影响分离效果。

（4）要控制洗脱液的流出速度，一般不宜太快，太快了柱中交换来不及达到平衡而影响分离效果。

（5）由于氧化铝表面活性较大，有时可能促使某些成分破坏，所以尽量在一定时间内完成一个柱色谱的分离，以免样品在柱上停留的时间过长，发生变化。

2.4.2　纸色谱

纸色谱与吸附色谱分离原理不同。纸色谱不是以滤纸的吸附作用为主，而是以滤纸作为载体，根据各成分在两相溶剂中分配系数不同而互相分离的。例如，亲脂性较强的流动相在含水的滤纸上移动时，样品中各组分在滤纸上受到两相溶剂的影响，产生分配现象。亲脂性

较强的组分在流动相中分配较多，移动速度较快，有较高的 R_f 值。反之，亲水性较强的组分在固定相中分配较多，移动较慢，从而使样品得到分离。色谱用的滤纸要求厚薄均匀。

纸色谱和薄层色谱一样，主要用于分离和鉴定。纸色谱的优点是便于保存，对亲水较强的成分分离较好，如酚和氨基酸；其缺点是所费时间较长，一般要几小时至几十小时。滤纸越长，色谱分离越慢，因为溶剂上升速度随高度的增加而减慢，但分离效果好。

2.4.2.1　操作方法

（1）将滤纸切成纸条，大小可自行选择，一般约为 3cm×20cm、5cm×30cm 或 8cm×50cm。

（2）取少量试样完全溶解在溶剂中，配制成约 1% 的溶液。用铅笔在离滤纸底一端 2～3cm 处画线，即为点样位置。

（3）用内径约为 0.5mm 管口平整的毛细管吸取少量试样溶液，在滤纸上按照已写好的编号分别点样，控制点样直径为 2～3mm。每点一次样可用电吹风吹干或在红外灯下烘干。如有多种样品，则各点间距约为 2cm。

（4）在色谱缸中加入展开剂，将已点样的滤纸晾干后悬挂在色谱缸上饱和，将点有试样的一端放入展开剂液面下约 1cm 处，但试样斑点的位置必须在展开剂液面之上至少 1cm 处。

（5）当溶剂上升 15～20cm 时，即取出色谱滤纸，用铅笔描出溶剂前沿，干燥。如果化合物本身有颜色，就可直接观察到斑点。如本身无色，可在紫外灯下观察有无荧光斑点，用铅笔在滤纸上划出斑点位置，形状大小。通常可用显色剂喷雾显色，不同类型化合物可用不同的显色剂。

（6）在固定条件下，不同化合物在滤纸上按不同的速度移动，所以各个化合物的位置也各不相同。通常用 R_f 值表示移动的距离，其计算公式如下：

$$R_f = \frac{\text{溶质最高浓度中心至原点中心的距离}}{\text{溶剂前沿至原点中心的距离}}$$

当温度、滤纸质量和展开剂都相同时，一个化合物的 R_f 值是一个特定常数，由于影响因素较多，实验数据与文献记载不尽相同，因此在测定 R_f 值时，常采用标准样品在同一张滤纸上点样对照。

2.4.2.2　注意事项

（1）滤纸选择：滤纸应厚薄均匀，全纸平整无折痕，滤纸纤维松紧适宜。

（2）展开剂的选择：根据被分离物质的不同，选用合适的展开剂。

展开剂应对被分离物质有一定的溶解度，溶解度太大，被分离物质会随展开剂跑到前沿；溶解度太小，则会留在原点附近，使分离效果不好。选择展开剂应注意下列几点：

① 能溶于水的化合物　以吸附在滤纸上的水作固定相，以与水能混合的有机溶剂作展开剂（如醇类）；

② 难溶于水的极性化合物　以非水极性溶剂（如甲酰胺、N,N-二甲基甲酰胺等）作固定相，一不能与固定相混合的非极性溶剂（如环己烷、苯、四氯化碳、氯仿等）作展开剂；

③ 对不溶于水的非极性化合物　以非极性溶剂（如液体石蜡、α-溴萘等）作固定相，以极性溶剂（如水、含水乙醇、含水乙酸等）作展开剂。

2.4.3 薄层色谱

薄层色谱是在洗涤干净的玻璃板上均匀地涂上一层吸附剂或支持剂，干燥活化后，进行点样、展开、显色等操作。

薄层色谱（薄层层析）兼备了柱色谱和纸色谱的优点，是近年来发展起来的一种微量、快速而简单的色谱法，一方面适用于小量样品（小到几十微克，甚至 $0.01\mu g$）的分离，另一方面若在制作薄层板时，把吸附层加厚，将样品点成一条线，则可分离多达 $500mg$ 的样品，因此又可用来精制样品。此法特别适用于挥发性较小或在较高温度易发生变化而不能用气相色谱分析的物质。此外它既可用作反应的定性"追踪"，也可作为进行柱色谱分离前的一种"预试"。

2.4.3.1 仪器装置

薄层色谱装置如图 2.10 所示。薄层色谱所用仪器通常由下列部分组成：

① 展开室　通常选用密闭的容器，常用的有标本缸、广口瓶、大量筒及长方形玻璃缸；

② 色谱板　可根据需要选择大小合适的玻璃板；

③ 实验所用的色谱装置一般可自制一个直径为 3.5cm，高度为 8cm 的玻璃杯作展开室，用医用载玻片作色谱板。

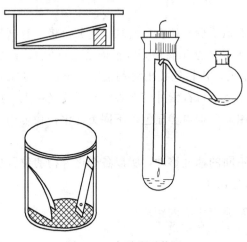

图 2.10　实验所需装置

2.4.3.2 操作要点

（1）吸附剂的选择　薄层色谱中常用的吸附剂（或载体）和柱色谱一样，常用的有氧化铝和硅胶，其颗粒大小一般以通过 200 目左右筛孔为宜。如果颗粒太大，展开时溶剂推进的速度太快，分离效果不好。如果颗粒太小，展开太慢，得到拖尾而不集中的斑点，分离效果也不好。

薄层色谱常用的硅胶可分为"硅胶 G""硅胶 H"——不含黏合剂，使用时必须加入适量的黏合剂，如羧甲基纤维素钠（简称 CMC）。硅胶 GF_{254} 与硅胶相似，氧化铝也可分"氧化铝 G"和"色谱用氧化铝"。

（2）薄层板的制备　在洗净干燥且平整的玻璃板上，铺上一层均匀的薄层吸附剂以制成薄层板。薄层板制备的好坏是薄层色谱成败的关键。为此，薄层必须尽量均匀且厚度（0.25～1mm）要固定。否则，在展开时溶剂前沿不齐，色谱结果也不易重复。

（3）薄层板的活化　由于薄层板的活性与含水量有关，且其活性随含水量的增加而下降，因此必须进行干燥。其中氧化铝薄层干燥后，在 200～220℃烘 4h，可得到约Ⅱ级活性薄层。150～160℃烘 4h 可得到Ⅲ～Ⅴ级活性的薄层。

2.4.3.3 操作步骤

（1）薄层板的制备　称取 0.5～0.6g CMC，加蒸馏水 50mL，加热至微沸，慢慢搅拌使其溶解，冷却后，加入 25g 硅胶或氧化铝，慢慢搅动均匀，然后调成糊状物，采用下面的涂布方法制成薄层板。

① 倾注法：将调好的糊状物倒在玻璃板上，用手左右摇晃，使表面均匀光滑（必要时可在平台处让一端触台面，另一端轻轻跌落数次并互换位置）。

② 浸入法：选一个比玻璃板长度高的色谱缸，置放糊状的吸附剂，然后取两块玻璃板叠放在一起，用拇指和食指捏住上端，垂直浸入糊状物中，然后以均匀速度垂直向上拉出，多余的糊状物令其自动滴完，待溶剂挥发后把玻璃板分开，平放。此法特别适用于与硅胶 G 混合的溶剂为易挥发溶剂的情况，如乙醇-氯仿（2:1），把铺好的色谱板放于已校正水平面的平板上晾干。

（2）薄层板的活化　把制成的薄层板先放于室温晾干后，置烘箱内加热活化，活化一般在烘箱内慢慢升温至 105～110℃，约 30～50min，然后将活化的薄层板立即放置在干燥器中保存备用。

（3）点样　在铺好的薄层板一端约 2.5cm 处，划一条线，作为起点线，在离顶端 1～1.5cm 处划一条线作为溶剂到达的前沿。

用毛细管吸取样品溶液（一般以氯仿、丙酮、甲醇、乙醇、苯、乙醚或四氯化碳等作溶剂配成 1% 的溶液），垂直地轻轻接触到薄层的起点线上，如溶液太稀，一次点样不够，待第一次点样干后，再点第二次、第三次。点的次数依样品溶液浓度而定，一般为 2～5 次。若为多处点样时，则各样品间的距离为 2cm 左右。

（4）展开　薄层的展开需在密闭的容器中进行。先将选择的展开剂放在展开室中，其高度为 0.5cm，并使展开室内空气饱和 5～10min，再将点好样的薄层板放入展开室展开。常用展开方式有三种：

① 上升法：用于含黏合剂的色谱板，将色谱板竖直置于盛有展开剂的容器中。

② 倾斜上行法：色谱板倾斜 15°，适用于无黏合剂的软板。含有黏合剂的色谱板可以倾斜 45°～60°。

③ 下行法：展开剂放在圆底烧瓶中，用滤纸或纱布等将展开剂吸到薄层的上端，使展开剂沿板下行，这种连续展开法适用于 R_f 值小的化合物。点样处的位置必须在展开剂液面之上。当展开剂上升至薄层的前沿时，取出薄层板放平晾干，如图 2.11 所示。根据 R_f 值的不同对各组分进行鉴定。

图 2.11　下行法

（5）显色　展开完毕，取出薄层板。如果化合物本身有颜色，就可直接观察它的斑点，用小针在薄层上划出观察到斑点的位置。也可在溶剂蒸发前用显色剂喷雾显色。不同类型的化合物需选用不同的显色剂。凡可用于纸色谱的显色剂都可用于薄层色谱，薄层色谱还可使用腐蚀性的显色剂如浓硫酸、浓盐酸和浓磷酸等。可将薄层板除去溶剂后，放在含有少量碘的密闭容器中显色来检查色点，许多化合物都能和碘成棕色斑点。表 2.4 列出了一些常用的显色剂。

表 2.4　常用的显色剂

显色剂	配制方法	能被检出对象
浓硫酸	98% H_2SO_4	大多数有机化合物在加热后可显出黑色斑点
碘蒸气	将薄层板放入缸内被碘蒸气饱和数分钟	很多有机化合物显黄棕色
碘的氯仿溶液	0.5% 碘的氯仿溶液	很多有机化合物显黄棕色
磷钼酸乙醇溶液	5% 磷钼酸乙醇溶液，喷后于 120℃ 烘数分钟	还原性物质显蓝色

显色剂	配制方法	能被检出对象
铁氰化钾-三氯化铁药品	1%铁氰化钾,2%三氯化铁使用前等量混合	还原性物质显蓝色,再喷 2mol/L 盐酸,蓝色加深,检验酚、胺、还原性物质
四氯邻苯二甲酸酐	2%溶液,溶剂:丙酮-氯仿(10+1)	芳烃
硝酸铈铵	含 6%硝酸铈铵的 2mol/L 硝酸溶液	薄层板在 105℃烘 5min 之后,喷显色剂,多元醇在黄色底色上有棕黄色斑点
香兰素-硫酸	3g 香兰素溶于 100mL 乙醇中,再加入 0.5mL 浓硫酸	高级醇及酮呈绿色
茚三酮	0.3g 茚三酮溶于 100mL 乙醇,喷后于 110℃热至斑点出现	氨基酸、胺、氨基糖

2.4.3.4 注意事项

(1) 在制糊状物时,搅拌一定要均匀,切勿剧烈搅拌,以免产生大量气泡,致使薄层板出现小坑,使薄层板展开不均匀,影响实验效果。

(2) 点样时,所有样品不能太少也不能太多,一般以样品斑点直径不超过 0.5cm 为宜。因为若样品太少,有的成分不易显出,若量过多时易造成斑点过大,互相交叉或拖尾,不能得到很好的分离。

(3) 用显色剂显色时,对于未知样品,显色剂是否合适,可先取样品溶液一滴,点在滤纸上,然后滴加显色剂,观察是否有色点产生。

(4) 用碘薰法显色时,当碘蒸气挥发后,棕色斑点容易消失(自容器取出后,呈现的斑点一般于 2~3s 内消失),所以显色后,应立即用铅笔或小针标出斑点的位置。

实验 2-10 荧光黄和碱性湖蓝的分离

实验目的

(1) 熟悉有机化合物混合物分离的原理和方法。

(2) 初步掌握柱色谱分离操作。

实验原理

柱色谱法是提纯少量物质的有效方法。常见的有吸附色谱、分配色谱和离子交换色谱。吸附色谱常用氧化铝和硅胶作为吸附剂,填装在柱中的吸附剂将混合物中各组分从溶液中吸附到其表面上,而后用溶剂洗脱。溶剂流经吸附剂时发生无数次吸附和脱附的过程,由于各组分被吸附的程度不同,吸附强的组分移动的很慢留在柱的上端,吸附弱的组分移动的快在柱子的下端,从而达到分离的目的。

(1) 吸附剂 常用的吸附剂有氧化铝、硅胶、氧化镁、磷酸钙和活性炭等。吸附剂一般要经过纯化和活性处理,颗粒大小应当均匀。对吸附剂来说粒子小、表面积大,吸附能力就高,但是颗粒小时,溶剂的流速就太慢,因此应根据实际分离需要而定。通常使用的吸附剂颗粒大小以 100~150 目为宜。供柱色谱使用的氧化铝有酸性、中性和碱性 3 种。酸性氧化铝是用 1%盐酸浸泡后,用蒸馏水洗至氧化铝的悬浮液 pH 值为 4,适用于分离有机酸类化合物。中性氧化铝 pH 值约为 7.5,适用于醛、酮、醌以及酯类化合物的分离。碱性氧化铝 pH 值为 10,适用于碱类化合物以及烃类化合物的分离。

吸附剂的活性取决于含水量的多少，最活泼的吸附剂含少量的水，氧化铝的活性分为Ⅰ～Ⅴ五级，Ⅰ级的吸附作用太强，分离速度太慢，Ⅴ级的吸附作用太弱，分离效果不好。所以，一般使用Ⅱ或Ⅲ级。多数吸附剂都容易吸水，使其活性下降，在使用时一般需经过加热活化，吸附剂活性与含水量的关系如表 2.5 所示。

表 2.5　吸附剂活性与含水量的关系

活性等级	Ⅰ	Ⅱ	Ⅲ	Ⅳ	Ⅴ
氧化铝加水量/%	0	3	6	10	15
硅胶加水量/%	0	5	15	25	38

（2）溶质的结构与吸附能力的关系　化合物的吸附性与它们的极性成正比，化合物分子中含有极性较大的基团时，吸附性也较强，氧化铝对各种化合物的吸附性按以下次序递减：

酸和碱＞醇、胺、硫醇＞酯、醛、酮＞芳香族化合物＞卤代物、醚＞烯＞饱和烃

非极性物质与吸附剂之间的作用主要依靠诱导力，作用力较弱。极性物质与氧化铝作用类型有偶极-偶极、氢键配位作用以及盐的形成等作用。几种作用力的强度按照下列次序递减：

盐的形成＞配位作用＞氢键作用力＞偶极-偶极作用力＞诱导力

（3）洗脱剂　样品吸附在氧化铝上后，用适合的溶剂进行洗脱，这种溶剂称为洗脱剂。洗脱剂的选择通常是使用薄层色谱法进行探索，这样就只需很少的时间就能完成对溶剂的选择试验，然后将薄层色谱法找到的最佳溶剂或混合溶剂用于柱色谱。

色谱分离的展开首先使用非极性溶剂，用来洗脱出极性较小的组分。然后用极性稍大的溶剂将极性较大的化合物洗脱下来。通常使用混合溶剂，在非极性溶剂中加入不同比例的极性溶剂，这样使极性不会剧烈增加，防止柱上"色带"很快洗脱下来。

（4）装柱　装柱是柱色谱之中最关键的操作，装柱的好坏直接影响分离效果。装柱前应将柱子洗涤干净，然后进行干燥，固定在铁架台上。装柱分为湿法和干法装柱，本次采用湿法装柱。

（5）待分离样品　荧光黄为橙红色，一般是二钠盐，稀的水溶液带有荧光黄色，其结构式如图 2.12 所示。

碱性湖蓝 BB 又称为亚甲基蓝，深绿色、有铜光的结晶，其稀的水溶液为蓝色，其结构式如图 2.13 所示。

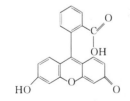

图 2.12　荧光黄结构式　　　　　　　图 2.13　碱性湖蓝 BB 结构式

因为中性氧化铝适用于醛、酮、醌类化合物的分离，因此吸附剂一般选择 100～200 目的中性氧化铝。

实验试剂

中性氧化铝（100～200 目），95%乙醇，蒸馏水，含有荧光黄和碱性湖蓝 BB 的 95%乙

醇溶液。

实验装置

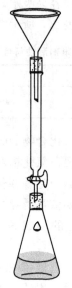

图 2.14　实验装置

实验步骤

实验装置如图 2.14 所示，首先向柱色谱中加入 95％乙醇（约为预加吸附剂柱高的 3/4 处），将适量的吸附剂（这里用中性氧化铝）加入到烧杯之中，然后加入乙醇将吸附剂调成糊状，使用玻璃漏斗将吸附剂加入到柱中，使用乙醇将黏在壁面的吸附剂洗下去。打开旋塞使洗脱剂流出，在洗脱剂流出的时候不断用洗耳球敲打壁身，使得装填更加紧密，注意在吸附剂流出时不能使洗脱剂低于吸附剂面。

当洗脱剂刚好流到吸附剂面时，立即沿着壁面加入 1mL 配好的含有荧光黄和碱性湖蓝 BB 的 95％乙醇溶液（取上清液），当液面再次接近吸附剂面时，加入 0.5mL 乙醇（沿着壁面加）洗涤壁面上的混合溶液，如此反复操作 3～4 次，直至洗净壁面为止。在色谱柱上滴加乙醇作为洗脱剂进行洗脱，而且控制流速一如之前。

碱性湖蓝 BB 由于极性小，因此首先向下移动，而极性较大的荧光黄则留在吸附剂的最上层。当碱性湖蓝 BB 快要流出时，换一个接收瓶接收碱性湖蓝 BB，直到流出液为无色为止。此时换极性更大的洗脱剂去洗脱荧光黄，而且要更换另外一个接收瓶来接收荧光黄，直到无色再停止接收。

实验现象

在装填过程中，吸附剂不断下降而且越来越紧密，在加入待分离物质后上层为蓝色，随着洗脱剂的加入碱性湖蓝 BB 逐渐下降，而且呈圆柱形下降，荧光黄停留在最上面并未移动。待蓝色色带完全接收以后将洗脱剂换成水，随着水的加入荧光黄开始向下移动，而且也是呈圆柱形下降，待黄色物质接收完全之后两种物质被分开。

思考题

（1）柱色谱中为什么极性大的组分用极性大的溶剂洗脱？

（2）柱中若留有空气或装填不均，对分离效果有什么影响？如何避免？

（3）试解释为什么荧光黄比碱性湖蓝 BB 在色谱柱上吸附得更加牢固（如图 2.15 所示）？

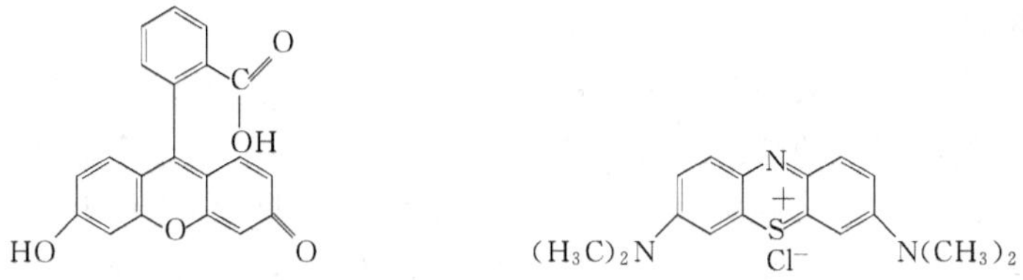

（a）　荧光黄　　　　　　　　　　　　　　　（b）　碱性湖蓝 BB

图 2.15　荧光黄与碱性湖蓝 BB

2.5　萃取

萃取也是分离和提纯有机化合物常用的操作之一。应用萃取可以从固体或液体混合物中提取出所需的物质，也可以用来洗去混合物中少量的杂质。通常称前者为"抽提"或"萃取"，后者为："洗涤"。萃取是利用物质在两种不互溶（或微溶）溶剂中分配特性的不同来达到分离、提纯或纯化目的的一种操作。萃取常用分液漏斗进行，分液漏斗的使用是基本操作之一。

2.5.1　萃取的原理

设溶液由有机化合物 X 溶解于溶剂 A 构成。要从其中萃取 X，我们可选择一种对 X 溶解性极好，而与溶剂 A 不相混溶和不起化学反应的溶剂 B。把溶液放入分液漏斗中，加入溶剂 B，充分振荡，静置后，由于 A 和 B 不相混溶，故分成两层，利用分液漏斗进行分离。此过程中 X 在 B、A 两相间的浓度比，在一定温度下，为一常数，叫做分配系数，以 K 表示，这种关系叫作分配定律。

$$K = c_A / c_B$$

式中，c_B 为 X 在溶剂 B 中的浓度；c_A 为 X 在溶剂 A 中的浓度。

假设：V_A 为原溶液的体积（mL），m_0 为萃取前溶质 X 的总量（g），m_1、m_2、…、m_n 分别为萃取一次、二次、…、n 次后 A 溶液中溶质的剩余量（g），V_B 为每次萃取溶剂的体积（mL）。

第一次萃取后：$\dfrac{(m_0 - m_1)/V_B}{m_1/V_A} = K$　　$m_1 = m_0 \left(\dfrac{V_A}{KV_B + V_A} \right)$

第二次萃取后：$\dfrac{(m_1 - m_2)/V_B}{m_2/V_A} = K$　　$m_2 = m_1 \left(\dfrac{V_A}{KV_B + V_A} \right)$

第 n 次萃取后：$m_n = m_0 \left(\dfrac{V_A}{KV_B + V_A} \right)^n$

例如：100mL 水中含有溶质的量为 4g，在 15℃时用 100mL 苯来萃取（$K = 3$）。如果用 100mL 苯一次萃取，可提出 3.0g 溶质。如果用 100mL 苯分三次，每次以 33.3mL 萃取，则可提出 3.5g 溶质。由此可见，将 100mL 苯分三次连续萃取要比一次萃取有效得多。

依照分配定律，要节省溶剂而提高提取的效率，用一定分量的溶剂一次加入溶液中萃取，则不如把这个分量的溶剂分成几份作多次萃取的效果好。

2.5.2 液体中物质的萃取

2.5.2.1 仪器装置

最常用的萃取器皿为分液漏斗，常见的有圆球形、圆筒形和梨形三种，如图 2.16 所示。分液漏斗从圆球形到长的梨形，其漏斗越长，振摇后两相分层所需时间越长。因此，当两相密度相近时，采用圆球形分液漏斗较合适。一般常用梨形分液漏斗。

无论选用何种形状的分液漏斗，加入全部液体的总体积不得超过其容量的 3/4。盛有液体的分液漏斗，应妥善放置，否则玻璃塞及活塞易脱落，而使液体倾洒，造成不应有的损失。正确的放置方法通常有两种：一种是将其放在用棉绳或塑料膜缠扎好的铁圈上，铁圈则牢固地被固定在铁架台的适当高度，如图 2.17 所示；另一种是在漏斗颈上配一塞子，然后用万能夹牢固地将其夹住并固定在铁架台的适当高度。但不论如何放置，从漏斗口接收放出液体的容器内壁都应贴紧漏斗颈。

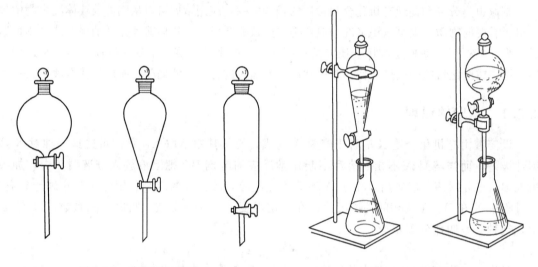

图 2.16　分液漏斗装置　　　　　　　　　　　　图 2.17　分液装置

2.5.2.2 操作要点

（1）选择容积较液体体积大 1～2 倍的分液漏斗，检查玻璃塞和活塞芯是否与分液漏斗配套，如不配套，往往漏液或根本无法操作。待确认可以使用后方可使用。

（2）将活塞芯擦干，并在上面薄薄地涂上一层润滑脂，如凡士林（注意：不要涂进活塞孔里），将塞芯塞进活塞，旋转数圈使润滑脂均匀分布（呈透明状）后将活塞关闭好，再在塞芯的凹槽处套上一直径合适的橡胶圈，以防活塞芯在操作过程中因松动漏液或因脱落使液体流失造成实验的失败。

（3）需要干燥的分液漏斗时，要特别注意拔出活塞芯，检查活塞是否洁净、干燥，不合要求者，经洗净干燥后方可使用。

2.5.2.3 操作方法

（1）如图 2.18 所示操作，将含有机化合物的溶液和萃取剂（一般为溶液体积的 1/3），依次自上而下倒入分液漏斗中，装入量约占分液漏斗体积的 1/3，塞上玻璃塞。注意：玻璃塞上如有侧槽必须将其与漏斗上端口径的小孔错开！

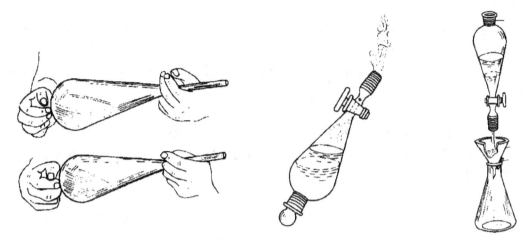

图 2.18　操作示意图

（2）取下漏斗，用右手握住漏斗上口径，并用手掌顶住塞子，左手握住漏斗活塞处，用拇指和食指压紧活塞，并能将其自由地旋转。

（3）将漏斗稍倾后（下部支管朝上），由外向里或由里向外振摇，以使两液相之间的接触面增加，提高萃取效率。在开始时摇振要慢，每摇几次以后，就要将漏斗上口向下倾斜，下部支管朝向斜上方的无人处，左手仍握在支管处，食拇两指慢慢打开活塞，使过量的蒸气逸出，这个过程称为"放气"。这对低沸点溶剂如乙醚或者酸性溶液用碳酸氢钠或碳酸钠水溶液萃取放出二氧化碳来说尤为重要，否则漏斗内压力将大大超过正常值，玻璃塞或活塞就可能被冲脱使漏斗内液体损失。待压力减小后，关闭活塞。振摇和放气重复几次，至漏斗内超压很小，再剧烈振摇 2～3min，最后将漏斗静置。

（4）移开玻璃塞或旋转带侧槽的玻璃塞使侧槽对准上口径的小孔。待两相液体分层明显、界面清晰时，缓缓旋转活塞，放出下层液体，收集在大小适当的小口容器（如锥形瓶）中，下层液体接近放完时要放慢速度，放完后要迅速关闭活塞。

（5）取下漏斗，打开玻璃塞，将上层液体由上口倒出，收集在另一容器中。一般宜用小口容器，大小也应当事先选择好。

（6）萃取次数一般为 3～5 次，在完成每次萃取后一定不要丢弃任何一层液体，一旦搞错还有挽回的机会。如要确认何层为所需液体，可参照溶剂的密度，也可将两层液体取出少许，试验其在两种溶剂中的溶解性质。

（7）萃取过程中可能会产生两种问题：第一，萃取时剧烈的摇振会产生乳化现象，使两相界面不清，难以分离。这种现象往往是因为存在浓碱溶液，或溶液中存在少量轻质沉淀，或两液相的相对密度相差较小，或两溶剂易生成部分互溶。破坏乳化现象的方法是较长时间静置，或加入少量电解质（如氯化钠），或加入少量稀酸（对碱性溶液而言），或加热破乳，还可以滴加乙醇。第二，在界面上出现未知组成的泡沫状的固态物质，遇此问题可在分层前过滤除去，即在接收液体的瓶上置一漏斗，漏斗中松松地放少量脱脂棉，将液体过滤。

（8）若萃取溶剂为易生成过氧化物的化合物（如醚类）且萃取后为进一步纯化需蒸去此溶剂，则在使用前，应检查溶剂中是否含过氧化物，如含有，除去后方可使用。

（9）若使用低沸点、易燃的溶剂，操作时附近的火都应熄灭，并且当实验室中操作者较多时，要注意排风，保持空气流通。

（10）上层液一定要从分液漏斗上口倒出，切不可从下面活塞放出，以免被残留在漏斗颈下的第一种液体所沾污。

（11）分液时一定要尽可能分离干净，有时在两相间可能出现的一些絮状物应与弃去的液体层放在一起。

（12）以下任一操作环节都可能造成实验失败。

① 分液漏斗不配套或活塞润滑脂未涂好造成漏液或无法操作。

② 对溶剂和溶液体积估计不准，使分液漏斗装得过满，摇振时不能充分接触，妨碍该化合物对溶剂的分配过程，降低萃取效果。

③ 忘了把玻璃活塞关好就将溶液倒入，待发现后已大部分流失。

④ 摇振时，上口气孔未封闭，至使溶液漏出，或者不经常开启活塞放气，使漏斗内压力增大，溶液自玻璃塞缝隙渗出，甚至冲掉塞子。溶液漏失，漏斗损坏，严重时会产生爆炸事故。

⑤ 静置时间不够，两液分层不清晰时分出下层，不但没有达到萃取目的，反而使杂质混入。

⑥ 放气时，尾部不要对着人，以免有害气体对人造成伤害。

2.5.3　固体物质的萃取

固体物质的萃取，通常是采用下列两种方法。

（1）长期浸出法。依靠溶剂对固体物质长期的浸润溶解而将其中所需要的成分溶解出来，此法虽不要任何特殊器皿，但效率不高，而且只有在所选用的溶剂对待浸出组分有很大溶解度时才比较有效，否则要用大量溶剂。

（2）采用索氏提取器，如图2.19所示，也叫脂肪提取器。萃取溶剂在烧瓶中被加热成蒸气，通过蒸气导管在冷凝管冷却成液体聚集在提取器中，与滤纸套内固体物质接触进行萃取，当液面超过虹吸管的最高处时，与溶于其中的萃取物一起流回烧瓶。这一操作连续进行，自动地将固体中的可溶物质富集到烧瓶中，因而效率高且节约溶剂。下面主要介绍索氏提取法。

2.5.3.1　仪器装置

索氏提取装置下部为圆底烧瓶，放置萃取剂，中间为提取器，放被萃取的固体物质，上部为冷凝器。提取器上有蒸气上升管和虹吸管。

2.5.3.2　装配要点

（1）按由下而上的顺序，先调节好热源的高度，以此为基准，然后用万能夹固定住圆底烧瓶。

（2）装上提取器，在上面放置球形冷凝管并用万能夹夹住，调整角度，使圆底烧瓶、提取器、冷凝管在同一条直线上且垂直于实验台面。

图2.19　索氏提取器

（3）滤纸套大小既要紧贴器壁，又要能方便取放，其高度不得超过虹吸管，纸套上面可折成凹形，以保证回流液均匀浸润被萃取物。

2.5.3.3　操作方法

（1）研细固体物质，以增加液体浸浴的面积，然后将固体物质放在滤纸套内，置于提取器中。

（2）通冷凝水，选择适当的热浴进行加热。当溶剂沸腾时，蒸气通过玻管上升，在冷凝管内冷却为液体，滴入提取器中。

（3）当液面超过虹吸管的最高处时，即虹吸流回烧瓶，因而萃取出溶于溶剂的部分物质。就这样利用回流、溶解和虹吸作用使固体中的可溶物质富集到烧瓶中。然后用其他方法将萃取到的物质从溶液中分离出来。

2.5.3.4　注意事项

（1）用滤纸研细固体物质时要严谨，防止漏出堵塞虹吸管。

（2）在圆底烧瓶内加入沸石。

2.6　鉴别结构的波谱方法

有机化合物光谱解析实验是有机化合物波谱解析课的重要组成部分，内容包括紫外-可见光谱法、红外光谱法、核磁共振波谱法及质谱法等演示实验。其主要目的是使学生掌握紫外可见分光光度计、红外波谱仪、核磁共振波谱仪及质谱仪等有机分析仪器的实验基础知识和基本操作技能，加深学生对课堂上所学的紫外-可见光谱法、红外光谱法、核磁共振波谱法及质谱法在有机分子结构分析中的应用等理论知识的理解并使其掌握得更加牢固。使学生具有一定分析问题和解决问题的能力，为后续课程和将来从事药学科研工作奠定良好的基础。

通过有机化合物波谱解析实验，学生可了解紫外-可见光谱仪的工作原理及构造，掌握有机化合物的紫外-可见光谱测定，通过最大吸收峰位及强度判断共轭体系的类型；溶剂的性质对吸收光谱的影响。掌握有机化合物的红外光谱测定技术及解析方法。了解傅里叶变换红外光谱仪的性能指标及检查方法、工作原理及构造。掌握有机化合物的核磁共振氢谱和碳谱的解析方法；熟悉质子化学位移、积分、偶合常数的测量；了解核磁共振 ^{1}H-NMR 谱、^{13}C-NMR谱、DEPT 谱、HHCOSY 谱、HMQC 谱、HMBC 谱的测定技术；ARX-300MHz 超导核磁共振波谱仪的构造及工作原理。掌握有机化合物的基本裂解规律，推断化合物的分子量（分子式）及其可能裂解途径；了解气相色谱-质谱联用仪的基本构造、工作原理和测试方法；了解气相色谱-质谱联用技术对混合组分的分离和鉴定的方法等。

2.6.1　紫外-可见光光谱法

紫外-可见光光谱法是研究物质在紫外-可见区（200～800nm）分子吸收光谱的分析方法。就其能级跃迁类型，紫外-可见吸收光谱属于电子光谱，是由分子的外层电子跃迁产生的，主要适用于研究具有不饱和双键系统的分子。紫外-可见光光谱与红外光谱不同，它的谱形简单，吸收峰宽且呈带状；而红外光谱吸收峰较尖且数目较多。紫外-可见光光谱主要反映分子中不饱和基团的性质，而不是反映整个分子的结构；红外光谱则不仅能反映分子中功能基团的存在，而且与整个分子的结构有关。因此从两张完全相同的红外光谱基本上可以确定它们是来自同一种化合物，而紫外-可见光光谱却相反。如结构简单的异丙叉丙酮和结构复杂的甾体化合物睾丸酮，因两者都具有 α,β-不饱和酮体系，所以紫外-可见光光谱很相似，但它们却是两个完全不同的化合物。我们能够根据最大吸收峰位及强度判断共轭体系的类型。紫外-可见光光谱不仅能识别分子中的不饱和系统，而且还可以测定不饱和化合物的含量。定性分析主要根据吸收光谱图上的特征吸收，如最大吸收波长、强度和吸收系数，定量分析主要根据 Beer 定律，即物质在一定波长处的吸收度与浓度之间有线性关系。

2.6.2 红外光谱法

红外吸收光谱系指 $2.5\sim25\mu m$（$4000\sim400cm^{-1}$）的红外光与物质的分子相互作用时，在其能量与分子的振-转能量差相当的情况下，能引起分子由低能态过渡到高能态，即所谓的能级跃迁，结果某些特定波长的红外光被物质的分子吸收。那么记录在不同的波长处物质对红外光的吸收强度，就得到了物质的红外吸收光谱。由于不同物质具有不同的分子结构，就会吸收不同波长的红外光而产生相应的红外吸收光谱。由特征吸收峰的位置、数目、相对强度和形状（峰宽）等参数，来推断物质中存在哪些基团，用于物质的定性鉴别和结构分析；由特征吸收峰的强度，根据 Lamber-Beer 定律进行定量分析。

2.6.3 核磁共振波谱法

在合适频率的射频作用下，引起有磁矩的原子核发生核自旋能级跃迁的现象，称为核磁共振（nuclear magnetic resonance，NMR）。根据核磁共振原理，在核磁共振仪上测得的图谱，称为核磁共振波谱（NMR spectrum）。利用核磁共振波谱进行结构鉴定的方法，称为核磁共振波谱法（NMR spectroscopy）。核磁共振波谱法在有机药物的结构鉴定中，起着举足轻重的作用。

（1）质子核磁共振谱（^{1}H-NMR）：^{1}H-NMR 谱是目前研究最充分的波谱，已得到许多规律用于分子结构的研究。从常规 ^{1}H-NMR 谱中可以得到三方面的结构信息：①从化学位移可判断分子中存在质子的类型（如：—CH_3，—CH_2—，CH、=CH 、Ar—H、—OH、—CHO…）及质子的化学环境和磁环境。②从积分值可以确定每种基团中质子的相对数目。③从耦合裂分情况可判断质子与质子之间的关系。

（2）碳核磁共振谱（^{13}C-NMR）：目前常规的 ^{13}C-NMR 谱是采用全氢去偶脉冲序列而测定的全氢去偶谱，该谱图较氢偶合谱不但被检测灵敏度大大提高，一般情况下每个碳原子对应一个谱峰，谱图相对简化便于解析。^{13}C-NMR 谱与 ^{1}H-NMR 谱相比，最大的优点是化学位移分布范围宽，一般有机化合物化学位移范围可达 $0\sim200ppm$，相对不太复杂的不对称分子，常可检测到每个碳原子的吸收峰（包括季碳），从而得到丰富的碳骨架信息，对于含碳架较多的有机化合物，具有很好的鉴定意义。

2.6.4 质谱法

质谱分析是先将物质离子化，按离子的质荷比分离，然后测量各种离子谱峰的强度而实现分析目的的一种分析方法。质量是物质的固有特征之一，不同的物质有不同的质量谱即质谱，利用这一性质可以进行定性分析；谱峰的强度也与它代表的化合物含量有关，利用这一点，可以进行定量分析。

有机质谱学是一门有机化合物分子结构鉴定和测定的科学。在有机化合物的质谱中，能给出有机分子的分子量；分子离子和碎片离子以及碎片离子和碎片离子的相互关系；各种离子的元素组成以及有机分子的裂解方式及其与分子结构的关系。目前，质谱已成为鉴定有机物结构的重要方法。

实验 2-11　紫外-可见光光谱法

实验目的

（1）掌握有机化合物的紫外-可见光光谱测定，通过最大吸收峰位及强度判断共轭体系的类型。

（2）了解溶剂极性及体系 pH 值的大小对吸收光谱的影响。

（3）熟悉紫外-可见分光光度仪的性能指标检查、工作原理及构造。

仪器与试剂

仪器：日本岛津 2201 型紫外-可见分光光度仪、钬玻璃、石英吸收池。

试剂：异丙叉丙酮、阿司匹林、重铬酸钾、溶剂（正己烷、甲醇、重蒸水）0.1mol NaOH、0.1mol HCl、0.005mol/L 硫酸溶液。

实验步骤

使用紫外-可见分光光度仪前应对其性能进行检查。

① 波长。选择合适的实验参数，以空气为空白，将钬玻璃放入样品光路中，绘制钬玻璃的紫外光谱。操作方法及条件按《中华人民共和国药典 2015 年版》（简称中国药典）第四部通则 0401 紫外-可见分光光度法中的规定执行。

② 吸收度。取在 120℃ 干燥至恒重的基准重铬酸钾约 60mg，用 0.005mol/L 硫酸溶液溶解并稀释至 1000mL，在规定的波长处测定并计算其吸收系数，并与规定的吸收系数比较，应符合《中国药典 2015 年版》第四部通则 0401 紫外-可见分光光度法中的规定。

③ 溶剂剂性对吸收峰位的影响。配制适当浓度的异丙叉丙酮溶液，其溶剂为正己烷、甲醇、重蒸水，分别绘制它们的紫外图谱。比较正己烷、甲醇、重蒸水三种不同溶剂绘制的紫外图谱，观察溶剂极性大小对不同跃迁类型吸收峰的移动方向的影响。

④ 体系 pH 值的大小对吸收峰的影响。配制适当浓度的阿司匹林溶液，其溶剂为 0.1mol/L NaOH、0.1mol/L HCl 和重蒸水，分别绘制它们的紫外图谱。观察碱、酸性和中性三种不同 pH 值的溶剂对阿司匹林吸收峰位和形状的影响。

注意事项

有机化合物的紫外-可见光光谱是用样品溶液绘制的，为了清楚地表征样品的结构特征所涉及的吸收带的位置、强度和形状，应选择合适的溶剂，配成适当的浓度。一般样品溶液的浓度范围约 $10 \sim 20 \mu g/mL$，长共轭体系的样品浓度小于 $10 \mu g/mL$，只含有生色团和助色团的化合物其浓度范围在 $100 \mu g/mL$ 以上，适合的样品溶液的吸收度在 $0.3 \sim 0.7$ 之间，从而为样品的定性和定量及结构分析提供了准确可靠的数据。对溶剂的要求：①不与样品发生化学反应；②是样品的良好溶剂；③不吸收绘制样品光谱所用波长的辐射。

思考题

(1) 紫外-可见光光谱是怎样产生的？它与红外光谱有何区别？

(2) 紫外-可见光光谱有什么特征？哪些常数可作为鉴定物质的定性指标？

(3) 什么是选择吸收？它与分子结构有什么关系？

(4) 简述日本岛津 2201 型紫外-可见分光光度仪的构造及工作原理。

实验 2-12　紫外-可见光光谱法表征共轭有机化合物

实验目的

(1) 掌握有机化合物的紫外-可见光光谱测定，通过最大吸收峰位及强度判断共轭体系的类型；

(2) 了解溶剂极性及体系 pH 值的大小对吸收光谱的影响；

(3) 熟悉紫外-可见分光光度计的性能指标检查、工作原理及构造。

仪器和试剂

仪器：紫外-可见分光光度计，分析天平，石英比色皿，容量瓶，移液管，玻璃棒等。

试剂：阿司匹林、水杨酸、苯甲酸分别配成 1mg/mL 的标准溶液，作为储备液。未知液浓度约为（40～60μg/mL）。乙醇，石油醚，蒸馏水，0.1mol/L NaOH 溶液，0.1mol/L HCl 溶液。

实验步骤

(1) 溶液的配制　配制阿司匹林、水杨酸、苯甲酸 1mg/mL 的标准溶液 100mL。

(2) 石英比色皿配套性检查　石英比色皿在波长 220nm 处盛蒸馏水，以在一号格的比色皿为参比，调节其透射率 T 为 100%，测量第二个比色皿的透射率，透射率的偏差小于 0.5% 的比色皿可以配套使用。记录校正值。

(3) 溶剂剂性对吸收峰位的影响　配制适当浓度的水杨酸溶液，其溶剂为石油醚、乙醇和蒸馏水，分别绘制它们的紫外图谱。比较石油醚、乙醇和蒸馏水三种不同溶剂绘制的紫外图谱，观察溶剂极性大小对不同跃迁类型吸收峰的移动方向。

(4) 体系 pH 值的大小对吸收峰的影响　配制适当浓度的阿司匹林溶液，其溶剂为 0.1mol/L NaOH 和 0.1mol/L HCl 和蒸馏水，分别绘制它们的紫外图谱。观察碱性、酸性和中性三种不同 pH 的溶剂对阿司匹林吸收峰位和形状的影响。

(5) 有机物的定性分析　选用苯甲酸试样溶液，以蒸馏水为参比，用 1cm 的石英比色皿，在波长 200～350nm 范围内，每隔 2nm 测量一次。以吸光度为纵坐标，波长为横坐标，绘制吸收曲线。根据所得到的吸收曲线对照标准谱图，确定被测物质的名称，并依据吸收曲线确定波长。

实验结果与分析

根据上述实验结果，结合课堂所学理论知识进行实验分析。

思考题

(1) 可见-紫外吸收光谱是怎样产生的？它与红外光谱有何区别？

(2) 分子中哪类电子的跃迁将会产生紫外吸收光谱？

(3) 为什么溶剂极性增大，n→π* 跃迁产生的吸收带发生紫移，而 π→π* 跃迁产生的吸收带则发生红移？

实验 2-13　红外光谱法

实验目的

(1) 掌握有机化合物红外光谱的测定技术和解析方法。

(2) 熟悉有机化合物红外光谱的样品制备技术及傅里叶红外光谱仪器的构造和工作原理，了解红外光谱仪器性能指标的检查。

仪器及试剂

仪器：BRUKER IFS 55 傅里叶变换红外光谱仪、红外专用压片机、压片模具、玛瑙研钵

试剂：聚苯乙烯薄膜、红外标准物质阿司匹林（纯度＞98％）分析纯 KBr 粉末、苯甲酸、苯甲酸钠、甘氨酸

实验过程

(1) 红外光谱仪的性能检查　选择合适的实验测定参数，以空气为背景进行空白测定，然后放聚苯乙烯薄膜于样品光路上，绘制聚苯乙烯薄膜的红外吸收光谱。

(2) 阿司匹林红外光谱的测定

① 试样制备（采用压片法）　称取干燥的阿司匹林试样约 1mg 置于玛瑙研钵中，加入干燥的 KBr 粉末约 200mg，研磨混匀。将研磨好的物料加到红外专用压片模具（ϕ13mm）中铺匀，合上模具，置压片机上加压至 10tons（见附录）左右，约 2～3min。取出装入样品架上待测。

② 图谱绘制　计算机所采用的是 OS/2 操作系统、OPUS 红外应用软件，选择测定（MEAS IFS）快捷键，进入测定（measurement）操作界面，选择 align mode 选项，调制干涉光，在实验参数选择确定的条件下，选择背景测定（background measurement）选项，消除混有杂质的 KBr 的红外吸收，然后插入样品制片，选择样品测定（sample measurement）选项，进行样品测定。在几秒钟内产生了以波数为横坐标、透射率为总坐标的阿斯匹林的红外图谱，为了使图谱更清晰、更真实，去除样品吸附中来自环境中的游离的水分和二氧化碳等因素，运用计算机的平滑、校正等处理图谱技术，保证图谱的真实性。然后选择峰的标识快捷键，在图谱上标出一些特征峰的位置，选择绘图快捷键，给出打印图谱的指令，片刻打印机打出图谱。

③ 图谱解析　根据图谱中的特征峰对阿司匹林的结构式进行分析。

注意事项

(1) 试样纯度应在 98％以上，不纯会给解析图谱带来困难，有时会造成误诊，事先应尽量采用各种分离手段来制纯样品，样品应干燥。

(2) 试样的制备可根据样品的状态而定。

① 对于固体样品，通常采用压片法，个别采用糊法。

② 对于液体样品，不易挥发的、黏度大的，可用液膜法直接涂在空白片上绘制图谱；易挥发的可采用夹片法，把液体样品适量均匀地涂在两个 KBr 片之间，使成（1～50）×10^{-4} cm 厚的液层，再将两个 KBr 片放于支架中绘制图谱。

（3）在压片制样过程中，物料必须磨细并混合均匀，加入模具中需均匀平整，否则不易获得透明均匀的片子。溴化钾极易受潮，因此制样操作应在低湿度环境中或在红外灯下进行。

（4）空白片通常采用 KBr 为分散剂，当被测样品为盐酸盐类物质时，应采用 KCl，避免发生离子交换现象，使指纹区图谱发生改变。

思考题

（1）傅里叶变换红外光谱仪与色散型红外分光计相比在性能上有何特点？

（2）在压片操作中应注意什么？

（3）怎样才能获得一张满意的红外图谱？

（4）绘制并解析苯甲酸、苯甲酸钠、甘氨酸的红外图谱。

实验 2-14   核磁共振波谱法

实验目的

（1）掌握有机化合物的 ^{1}H-NMR 谱、^{13}C-NMR 谱测定技术。

（2）熟悉并掌握及 ^{1}H-NMR 谱和 ^{13}C-NMR 谱的解析方法及在有机化合物结构鉴定中的应用。

（3）了解 DEPT、HHCOSY、NOESY、HMQC、HMBC 等核磁共振谱所给出的结构信息及在有机化合物结构鉴定中的应用。

（4）了解 AVANCE-600MHz 超导核磁共振波谱仪的构造及工作原理。

实验方法

以阿魏酸为例，进行核磁共振波谱的测定和解析。阿魏酸存在于阿魏、川芎、当归和升麻等多种中草药中，结构式如图 2.20 所示。

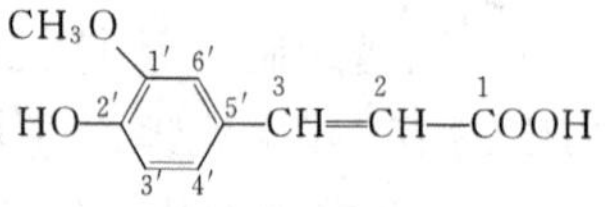

图 2.20   阿魏酸

将样品阿魏酸溶解于 DMSO-d_6 中，以 TMS 为内标测试其 ^{1}H-NMR 和 ^{13}C-NMR 谱图，并进行解析。

仪器与试剂

仪器：Bruker AVANCE-600MHz 超导核磁共振波谱仪

试剂：阿魏酸（纯度＞99%），氘代二甲基亚砜（DMSO-d_6）（含 0.1% 内标物 TMS）

实验步骤

（1）介绍 AVANCE-600MHz 超导核磁共振波谱仪的构造及工作原理。

（2）试样的制备

将约 5mg 阿魏酸溶解在 0.5mL DMSO-d_6 溶剂中制成溶液，装于 5mm 样品管中待测定。

（3）测试步骤

^{1}H-NMR 测试：放置样品→匀场→建立新文件→设定 ^{1}H-NMR 谱采样脉冲程序及参数→采样-设定谱图处理参数→处理谱图→绘图

^{13}C-NMR 测试：放置样品→匀场→建立新文件→设定 ^{13}C-NMR 谱采样脉冲程序及参数→采样-设定谱图处理参数→处理谱图→绘图

（4）谱图解析

根据阿魏酸的 ^{1}H-NMR 图谱及相关数据分析其质子归属、自族类型及分裂情况、化学位移；根据阿魏酸的 ^{13}C-NMR 图谱及相关数据分析其碳归属。

注意事项

（1）严禁携带铁磁性物质如手表、手机、磁卡、钥匙、金属首饰等进入磁体周围区域；带心脏起搏器和金属支架的病人不得进入核磁共振实验室。

（2）在更换样品时，听到磁体中有气流声时才可放样，不要操之过急，以免样品管跌碎在样品腔中损坏检测器（探头）。

思考题

（1）在 ^{1}H-NMR 和 ^{13}C-NMR 谱中，影响化学位移的因素有哪些？

（2）比较 ^{13}C-NMR 谱和 DEPT-90、DEPT-135 谱可得到什么结果？

（3）2D-NMR 谱 HHCOSY、HMQC、HMBC 分别给出了哪些相关信息？

（4）简述 ARX-300MHz 超导核磁共振波谱仪的构造及工作原理。

实验 2-15　质谱法

实验目的

（1）掌握有机化合物的基本裂解规律，确定化合物的分子量、分子式、分子离子、碎片离子，推断分子离子和碎片离子的裂解途径。

（2）熟悉质谱的直接进样测定纯物质和气相色谱进样测定混合物质的测试技术及工作原理，了解气相色谱质谱仪器的基本构造。

仪器及试剂

仪器：GC-MS QP5050A 气相色谱质谱联用仪

试剂：非那西丁标准品（北京药品生物制品检定所）甲苯、氯苯、溴苯的氯仿混合溶液

实验方法

（1）直接进样法对非那西丁的质谱测定

① 仪器条件

DI 程序升温：80℃/min～280℃（10min）；离子源：EI（70ev）；质量扫描范围：33～700amu；扫描速率：1000amu/s；检测器温度：230℃；检测电压：1.00kV。

② 图谱绘制

取适量的非那西丁试样，采取直接进样方式送入质谱仪，在上述仪器条件下进行测定，得到质谱图。

③ 解析图谱

由质谱的基本裂解规律：σ 断裂、α-H 断裂、β-H 断裂、r-H 诱导的重排反应、r_d 置换反应、r_e 消除反应，推断分子离子的 M/Z179，主要碎片离子 M/Z137、108、80、43 可能的裂解途径。

（2）气相色谱进样法对混合物甲苯、氯苯、溴苯进行质谱测定

① 仪器条件　气相色谱条件：DB-5MS（0.25×0.25×30）；柱温：50℃（5min）－10℃/min～150℃；气化室温度：200℃；气化室的模式：分流（10：1）；进样体积：

$1\mu L$；载气：He；柱子流速：$1mL/min$；溶剂：氯仿溶剂；切割时间：$3.2min$；开始时间：$3.4min$。

质谱条件：EI（70eV）；质量扫描范围：$33\sim700amu$；扫描速率：$1000amu/s$；检测器温度：230℃；检测电压：$1.00kV$。

② 图谱绘制　用微量进样器取$1\mu L$供试液，在上述色谱条件下进样，获得气相色谱总离子流图，对每个成分作质谱图。

③ 解析图谱　根据特征离子及同位素的离子丰度判断每个组分；另外，可根据质谱的谱库检索功能检索各个组分来鉴定未知混合物。

注意事项

（1）对于直接进样样品，样品的性质不同，采取的进样方式不同。对于纯物质，熔点、气化点在280℃以下，分子量在700以下可采取直接进样方式。对于混合物，要求具有挥发性，如挥发油可进行气相色谱进样，需要筛选色谱条件来达到色谱分离质谱鉴定的目的。

（2）真空系统是维持质谱正常运转的前提，在离子源内分子的电离是一个单分子反应，因此需要样品的用量要小。

思考题

（1）为什么质谱仪需要高真空系统？

（2）如何利用质谱确定有机化合物的分子量？质核比最大者是否就是化合物的分子量？

（3）分子离子峰的强弱与化合物的结构有何关系？

（4）简述 GC-MS QP5050A 气相色谱质谱联用仪的构造及工作原理。

实验 2-16　苯胺的波谱综合分析

实验目的

（1）熟悉运用波谱方法分析有机化合物结构。

（2）初步掌握常用波谱分析仪器的使用方法。

实验原理

利用核磁、红外、紫外、质谱等确定有机化合物的组成、结构。

仪器与药品

仪器：核磁共振波谱仪、红外光谱仪、紫外光谱仪、高分辨质谱仪

药品：苯胺

实验步骤

按照核磁共振波谱仪、红外光谱仪、高分辨质谱仪的操作方法进行。

注意事项

苯胺是有机物苯衍生的一种芳香族化学物质。苯胺又称阿尼林油、胺基苯。苯胺是最重要的胺类物质之一。主要用于制造染料、药物、树脂，还可以用作橡胶硫化促进剂等。它本身也可作为黑色染料使用。其衍生物甲基橙可作为酸碱滴定用的指示剂。硝基苯铁粉还原法、苯酚胺化法、硝基苯催化加氢法都可以用来制取苯胺。

苯胺的物理性质：无色或微黄色油状液体，有强烈气味。苯胺是最重要的芳香族胺之一，有腐鱼味，燃烧的火焰会生烟。熔点（℃）：-6.2。相对密度（水＝1）：1.02。沸点

（℃）：184.4。相对蒸气密度（空气＝1）：3.22。分子式：C_6H_7N。分子量：93.12（图 2.21）。

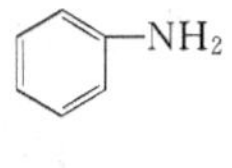

苯胺的化学性质：显碱性，$pK_b > 4.6$ 的溶液中主要以苯胺分子的形式存在，易与卤化物发生酰化作用，还能发生重氮化反应。能与盐酸化合生成盐酸盐，与硫酸化合生成硫酸盐。与酸类、卤素、醇类、胺类发生强烈反应，会引起火灾。属于高级急性毒性物质。

图 2.21　苯胺

急性毒性：大鼠口服 $LD_{50} = 250mg/kg$；小鼠口服 $LD_{50} = 464mg/kg$。

爆炸物危险特性：与空气混合可爆；与氧化物反应剧烈。

可燃性危险特性：明火、高温、强氧化剂可燃；高热分解有毒气体。不慎引燃可用泡沫、二氧化碳、干粉灭火器灭火。

实验 2-17　乙酰乙酸乙酯的合成及其波谱分析

实验目的

（1）了解酯缩合反应制备 α-酮酸酯的原理及方法。

（2）掌握无水反应的操作要点。

（3）掌握蒸馏、减压蒸馏等基本操作。

实验原理（半微量实验）

含有 α-氢的酯在碱性催化剂的作用下，能与另一分子的酯发生克莱森酯缩合反应，生成 β-酮酸酯，乙酰乙酸乙酯就是通过这个反应来制备的。本实验是以无水乙酸乙酯和金属钠为原料，以过量的乙酸乙酯为溶剂，通过酯缩合反应制得乙酰乙酸乙酯。

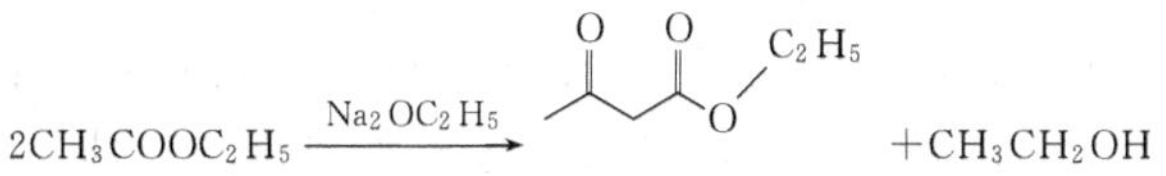

$$2CH_3COOC_2H_5 \xrightarrow{Na_2OC_2H_5} \text{（乙酰乙酸乙酯）} + CH_3CH_2OH$$

反应机理为：利用乙酸乙酯中含有的少量乙醇与钠生成乙醇钠。

$$2C_2H_5OH + 2Na \longrightarrow 2C_2H_5ONa + H_2\uparrow$$

随着反应的进行不断地生成乙醇，反应就不断地进行，直至钠消耗完。将乙醇钠酸化即得乙酰乙酸乙酯。金属钠极易与水反应，并放出氢气和大量热，易导致燃烧和爆炸，故反应所用仪器必须是干燥的，试剂必须是无水的。

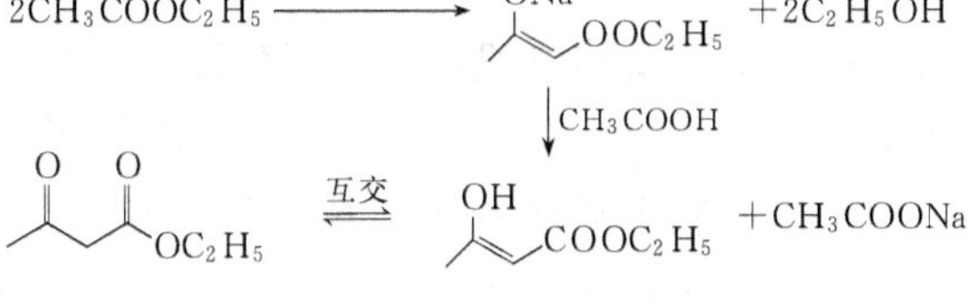

$$2CH_3COOC_2H_5 \xrightarrow{Na_2OC_2H_5} \text{（ONa）} + 2C_2H_5OH$$

$$\downarrow CH_3COOH$$

$$\text{（酮式）} \underset{\text{互变}}{\rightleftharpoons} \text{（烯醇式）} + CH_3COONa$$

实验装置

乙酰乙酸乙酯合成的实验装置包括反应装置和减压蒸馏装置（见图 2.22）。反应装置的回流冷凝管上须加干燥管。减压蒸馏装置包括蒸馏、抽气、测压和保护四部分。蒸馏部分由圆底烧瓶、克氏蒸馏头、冷凝管、接引管和接收器组成。在克氏蒸馏头带有支管一侧的上口插温度计，另一口则插一根末端拉成毛细管的厚壁玻璃管，毛细管下端离瓶底约 1～2mm。在减压蒸馏中，毛细管主要起到搅动作用，防止爆沸，保持沸腾平稳。在减压蒸馏装置中，接引管一定要带有支管，该支管与抽气系统连接。在蒸馏过程中若要收集不同馏分，则可用带支管的多头接引管。根据馏程范围可转动多头接引管集取不同馏分。接收器可用圆底烧瓶、吸滤瓶等耐压容器，但不可用锥形瓶。

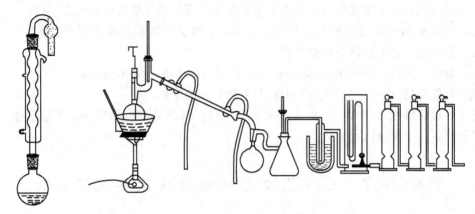

图 2.22　反应装置和减压蒸馏装置

实验室里常用的抽气减压设备是水泵或油泵。水泵常因其结构、水压和水温等因素，不易得到较高的真空度。油泵可获得较高的真空度，好的油泵可达到 13.3Pa 的真空度。油泵的结构较为精密，如果有挥发性有机溶剂、水或酸性蒸气进入，会损坏油泵的机械结构和降低真空泵油的质量。若有机溶剂被真空泵油吸收，增加了蒸气压，从而降低抽真空的效能；若水蒸气被吸入，能使油因乳化而品质变坏；若有酸性蒸气被吸入，能腐蚀机械部件。因此使用油泵时必须十分注意。

测量减压系统的压力，可用水银 U 形压力计。

保护系统是由安全瓶（通常用吸滤瓶）、冷阱和两个（或两个以上）吸收塔组成。安全瓶的瓶口上装有两孔橡皮塞，一孔通过玻璃管和橡皮管依次与冷阱、水银压力计及吸收塔、油泵相连接，一孔接二通活塞。安全瓶的支口与接引管上部的支管通过橡皮管连接。

试剂和器材

试剂：乙酸乙酯、金属钠、乙酸、碳酸钠、无水碳酸钠、氯化钠、氯化钙、无水硫酸镁

器材：圆底烧瓶（50mL）、球形冷凝管、干燥管、分液漏斗、克氏蒸馏烧瓶（50mL）、温度计、真空接受管、直形冷凝管、减压系统装置、水浴装置。

实验步骤

将所用的玻璃仪器烘干，在乙酸乙酯中加入无水碳酸钾，进行干燥。

在 50mL 圆底烧瓶中，加入 9.8mL（0.1mol）干燥的乙酸乙酯，小心称取 1g（0.044mol）金属钠块，快速切成小的钠丝后立即加入烧瓶中，安装好反应装置。水浴加热，反应开始时反应液呈黄色。若反应太剧烈可暂时移去热水浴，以保持反应液缓缓回流为宜。反应 1.5～2h 后，金属钠全部作用完毕，停止加热。此时反应混合物变为橘红色并有黄白色固体生成。反应液冷至室温，边振荡烧瓶，边小心地滴加 30%乙酸，使呈弱酸性（约 10mL30%的乙酸），此时固体溶解，反应液分层。用分液漏斗分出酯层，水层用 3mL 乙酸乙酯萃取二次，萃取液与酯层合并。有机层用 5mL5%的碳酸钠溶液洗涤至中性（洗涤 2～3 次）。再用无水硫酸镁干燥酯层。

干燥后的液体倒入 50mL 克氏蒸馏烧瓶中，安装好减压蒸馏装置，先在常压下水浴加热

蒸去乙酸乙酯（回收），用水泵将残留的乙酸乙酯抽尽。再用油泵减压蒸出乙酰乙酸乙酯。真空度在 15mmHg（1mmHg＝133.3Pa）以下则可用水浴加热蒸馏。产量约 1.5～2.5g。

乙酰乙酸乙酯的沸点与压力的关系如表 2.6 所示。

表 2.6　乙酰乙酸乙酯的沸点与压力的关系

压力/mmHg	8	12.5	14	18	29	55	80
沸点/℃	66	71	74	79	88	94	100

乙酰乙酸乙酯常压的沸点为 180.4℃，折射率 $n_D^{20}1.4194$，$d_4^{20}1.028$。

注意事项

称取金属钠时要小心，不要碰到水，擦干煤油，切除氧化膜后快速地切成小的钠丝，立即加入烧瓶。

反应不要太激烈，保持平稳回流。

结果与讨论

用波谱法测定乙酰乙酸乙酯互变异构体。

思考题

(1) 所用仪器未经干燥处理，对反应有什么影响？为什么？

(2) 为什么最后一步要用减压蒸馏？

(3) 用 30％乙酸中和时要注意什么问题？乙酸浓度过高、用量过多对结果有何影响？

实验 2-18　波谱法测定乙酰乙酸乙酯互变异构体

实验目的

(1) 掌握紫外吸收光谱的原理，了解溶剂对紫外光谱的影响。

(2) 进一步熟悉紫外分光光度计的使用方法。

(3) 进一步熟悉核磁共振谱仪的操作和谱图解析。学习核磁共振氢谱定量方法。

实验原理

乙酰乙酸乙酯有酮式和烯醇式两种互变异构体：

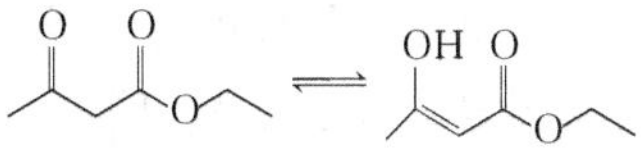

一般情况下两者共存，但温度、溶剂等条件不同时两种互变异构体的相对比例有很大差别。表 2.7 是 18℃时在不同溶剂中烯醇式的含量。

表 2.7　不同溶剂中乙酰乙酸乙酯的烯醇式的含量（18℃）

溶剂	烯醇式含量/%	溶剂	烯醇式含量/%
水	0.4	乙酸乙酯	12.9
50％甲醇	0.25	苯	16.2
乙醇	10.52	乙醚	27.1
戊醇	15.33	二硫化碳	32.4
氯仿	8.2	己烷	46.4

由表可见，当溶剂为水时，溶液中几乎不含丙烯醇式。这是因为水分子中的-OH基团能与酮式中的碳氧双键形成氢键，使其稳定性大大增加，反应式中的平衡向左移动。在非极性溶剂中，烯醇式因能形成分子内氢键而稳定，相对含量较高。

由于乙酰乙酸乙酯的酮式和烯醇式的结构不同，它们的紫外、红外吸收光谱和核磁共振谱均有差异，因此可用波谱方法测定它们。本实验用紫外吸收光谱和核磁共振氢谱测定乙酰乙酸乙酯。

① 乙酰乙酸乙酯的紫外吸收光谱　酮式结构中是两个孤立的碳氧双键，它们的 $n \rightarrow \pi^*$ 跃迁能产生两个R吸收带；而烯醇式结构中碳碳双键和碳氧双键处于共轭状态，有共轭的 $n \rightarrow \pi^*$ 和 $\pi \rightarrow \pi^*$ 跃迁，能产生K带和R带。分别用水和正己烷作溶剂测定乙酰乙酸乙酯，得到两张不同的紫外光谱，前者是酮式的紫外光谱，而后者是烯醇式的紫外光谱。

② 乙酰乙酸乙酯的 ^{1}H-NMR　酮式和烯醇式的结构中部分的H的化学环境完全不同，因此相应的H的化学位移也不同，表2.8是酮式和烯醇式中对应的H的化学位移值。

表 2.8　乙酰乙酸乙酯 NMR 中各种 H 的化学位移

峰号	a(δ)	b(δ)	c(δ)	d(δ)	e(δ)
酮式	1.3	4.2	3.3	2.2	无
烯醇式	1.3	4.2	4.9	2.0	12.2

注：a～e分别表示不同化学环境的H。

若分别选择代表酮式和烯醇式的H，利用它们的积分曲线高度比（即峰面积），还可以计算出一个确定体系中的两种互变异构体的相对含量。例如，选择c氢的面积来定量。酮式中c氢的化学位移 $\delta_c = 3.3$，氢核的个数为2，烯醇式中的 $\delta_c = 4.9$，氢核的个数为1，则：

$$烯醇式(\%) = (A_{4.9}/1)/[(A_{3.3}/2)+(A_{4.9}/1)]$$

式中，$A_{3.3}$ 和 $A_{4.9}$ 分别表示化学位移3.3和4.9处的积分曲线高度。

这种方法还可以用于二元或多元组分的定量分析，方法的关键是要找到分开的代表各个组分的吸收峰，并准确测量它们的积分曲线高度比。

仪器和试剂

仪器：TU-1800PC紫外及可见分光光度计或其他型号的紫外光谱仪。

PMX60si型核磁共振谱仪或其他核磁共振谱仪。

试剂：乙酰乙酸乙酯样品、去离子水、分析纯的正己烷；分别以四氯化碳和重水为溶剂配制好的乙酰乙酸乙酯样品（核磁共振测定用 ϕ5mm样品管）、石英比色皿、混合标样管等。

实验方法

乙酰乙酸乙酯的紫外光谱测定：

① 仪器使用方法：参照相关章节开启仪器，并进入"WinUV"窗口。选择"光谱测量"方式，打开"光谱测量"工作窗口。设定波长扫描范围为开始波长400nm，结束波长200nm；扫描速度：中速；测定方式：Abs（即吸光度）等。

② 以正己烷为溶剂测定乙酰乙酸乙酯：将装有正己烷的石英比色皿插入样品池架，单击命令条上的"base line"键，作基线校正。然后，取出比色皿，用样品勺蘸取少量的乙酰乙酸乙酯样品加入，搅拌均匀。重新将比色皿插入样品池架。单击命令条上的"start"键，采集样品的光谱图。

③ 以水为溶剂测定乙酰乙酸乙酯：按照②中的步骤，以去离子水为溶剂进行测定。

④ 谱图处理和打印：在所采集的两张紫外光谱图上标注最大吸收波长并设置打印格式。做法为选择菜单［数据处理］→［峰值检出］（或单击相应的工具按钮），弹出峰值检出对话框，同时显示当前通道的谱图及峰和谷的波长值。可在对话框的"坐标""页面设置"等栏目中设置想要的谱图格式。需要打印时，按对话框中的"打印"即可。乙酰乙酸乙酯的 ^{1}H-NMR 测定用混合标样管检查仪器状态。设定扫描范围为 $0\sim1200$Hz，依次测定以四氯化碳和重水为溶剂的两个乙酰乙酸乙酯样品。需绘制核磁共振谱峰的曲线和积分曲线。

数据处理

(1) 乙酰乙酸乙酯的紫外吸收光谱分别列出以水和正己烷为溶剂时吸收峰的最大吸收波长（λ_{max}）。根据紫外光谱的基本原理，推测它们是何种电子跃迁产生的吸收带。

(2) 乙酰乙酸乙酯的 ^{1}H-NMR 的数据处理。根据化学位移、峰裂分情况对所测得的核磁共振氢谱中的各种吸收峰进行归属，按酮式和烯醇式分别进行。分别测量酮式和烯醇式各峰的积分曲线高度，并转换成整数比，与理论值进行比较，讨论其误差情况，并计算烯醇式的百分含量。

注意事项

(1) 在测定样品的紫外吸收光谱之前，必须对空白样品（即纯溶剂）进行基线校正，以消除溶剂吸收紫外光的影响。

(2) 若改变溶剂进行测定时，必须用该溶剂重新作基线校正。

(3) ^{1}H-NMR 定量分析的依据是吸收峰的面积（即积分曲线高度）与对应的 H 数目成正比。因此，积分曲线绘制质量是 ^{1}H-NMR 定量分析的关键。

思考题

(1) 如果样品的摩尔吸光系数 $\varepsilon\approx10^4$，欲使测得的紫外光谱吸光度 A 落在 $0.5\sim1$ 范围内，样品溶液的浓度约为多少？

(2) 测定乙酰乙酸乙酯的 ^{1}H-NMR 时，为什么要将扫描范围设定为 $0\sim1200$Hz？

(3) 试比较用四氯化碳和重水为溶剂测得的两张核磁共振谱图，指出它们的差别，并说明原因。

(4) 根据核磁共振定量分析的原理，自己设计一个定量分析乙酰乙酸乙酯中烯醇式含量的方法（须列出计算公式）。

实验 2-19　酸含量的测定

实验目的

(1) 熟悉紫外光谱法测定有机化合物含量的方法。

(2) 掌握苯甲酸含量的测定方法。

(3) 熟练掌握标准曲线的绘制。

实验原理

苯甲酸具有苯环和羧酸结构，对紫外有很强的吸收。苯甲酸含量的测定方法比较多，紫外法是一种比较传统的方法，设备简单，测量实验数据比较快速，结果较为准确。

仪器与试剂

仪器：250mL 容量瓶、100mL 容量瓶、紫外-可见分光光度计、移液管（收量管）。

试剂：苯甲酸、蒸馏水。

实验过程

（1）苯甲酸标准溶液的配制　准确吸取 1mg/mL 的苯甲酸标准储备液 25.00mL，在 250mL 容量瓶中定容（此溶液的浓度为 $100\mu g/mL$）。再分别准确移取 1mL、2mL、4mL、6mL、8mL、10mL 上述溶液，在 100mL 容量瓶中定容（浓度分别为 $1\mu g/mL$、$2\mu g/mL$、$4\mu g/mL$、$6\mu g/mL$、$8\mu g/mL$、$10\mu g/mL$）。

（2）标准曲线的绘制　在选定的测量波长 $\lambda_{max}=227nm$ 处，以蒸馏水为参比，用 1cm 的比色皿盛溶液，准确测定以上配制好的各个苯甲酸标准溶液的吸光度 A，每个标准溶液读三次取其平均值。以浓度 c 作横坐标，吸光度 A 作纵坐标，绘制标准曲线。

准确移取 10.00mL 苯甲酸未知液，在 100mL 容量瓶中定容，于最大吸收波长处分别测定以上溶液的吸光度。由标准曲线上查得未知液的浓度。

注意事项

有机化合物的紫外光谱是用样品溶液绘制的，为了清楚地表征样品的结构特征所涉及到的吸收带的位置、强度和形状，应选择合适的溶剂，配成适当的浓度。一般样品溶液的浓度范围约 $10\sim20\mu g/mL$，长共轭体系的样品浓度小于 $10\mu g/mL$，只含有生色团和助色团的化合物其浓度范围在 $100\mu g/mL$ 以上，适合的样品溶液的吸收度在 $0.3\sim0.7$ 之间，从而为样品的定性和定量及结构分析提供准确可靠的数据。

对溶剂的要求：不与样品发生化学反应；是样品的良好溶剂；不吸收绘制样品光谱所用波长的辐射。

结果与分析

（1）测定波长的确定

数据填入表 2.9。

仪器型号_____比色皿厚度_____

表 2.9　测定波长

波长/nm												
A												

（2）标准曲线的绘制及样品测定

数据填入表 2.10。

表 2.10　标准曲线的绘制

溶液名称	苯甲酸标准溶液					试液
吸取体积/mL	1.00	2.00	3.00	4.00	5.00	10.00
浓度/($\mu g/mL$)						c_x
吸光度 A						

数据处理

（1）测定波长的确定　根据上述数据绘制吸收曲线，确定最大吸收波长即为测定波长。

（2）标准曲线的绘制及样品测定

① 以吸光度为纵坐标，含苯甲酸量（μg）为横坐标，绘制标准曲线。

② 通过标准曲线查得试样吸光度相应的含苯甲酸量 $x(\mu g)$。

③ 试样的原始浓度计算。

思考题

(1) 可见-紫外吸收光谱是怎样产生的？它与红外光谱有何区别？

(2) 可见-紫外吸收光谱有什么特征？哪些常数可作为鉴定物质的定性指标？

(3) 什么是选择吸收？它与分子结构有什么关系？

(4) 简述紫外-可见分光光度仪的构造及工作原理。

实验 2-20　高效液相色谱-紫外法测定水中的苯酚含量

实验目的

(1) 熟悉高效液相色谱仪的结构。

(2) 掌握苯酚的高效液相色谱-紫外测定法。

(3) 熟练掌握高效液相色谱仪的操作。

实验原理

苯酚是最简单的酚，为无色固体，有特殊气味，显酸性。苯酚是有机化工工业的基本原料，可通过多种途径对环境水体造成污染，给人类、鱼类以及农作物带来严重危害。根据国家环保部门有关规定，工作场所苯酚的最高允许质量浓度为 $5 \times 10^{-6} \mu g/L$，饮用水中为 $2 \mu g/L$，地面水中为 $0.1 mg/L$。苯酚的测量方法有多种，如溴化容量法、比色法、高效液相色谱法等。但前两种方法分析速度较慢、精度较低，高效液相色谱法是近年来发展起来的一种新技术，具有分析速度快、检测灵敏度高、操作简便、样品用量少等特点。

仪器和试剂

仪器：高效液相色谱仪，紫外检测器，C_{18} 色谱柱、容量瓶（100mL、50mL）。

试剂：苯酚（分析纯），甲醇（色谱纯），二次蒸馏水。

检测条件：色谱柱为 C_{18} 柱；流动相为甲醇：二次蒸馏水＝80∶20（体积比）；检测波长为 270nm；流速为 1.0mL/min；进样量为 20μL。

实验步骤

(1) 标准曲线的制备　称取纯苯酚 600mg 于 100mL 容量瓶中，用适量甲醇溶解，用甲醇稀释至刻度。分别吸取该溶液 0mL、1.0mL、2.0mL、3.0mL、4.0mL、5.0mL 于 50mL 的容量瓶中，用甲醇稀释至刻度。得到标准系列溶液。分别采用高效液相色谱-紫外法测定标准溶液，记录色谱峰面积，以浓度为横坐标、峰面积为纵坐标绘制标准曲线。

(2) 样品分析　将水样经过滤膜（0.45μm 滤膜）处理后，测定其峰面积值，根据标准曲线进行定量。

实验数据

(1) 标准曲线的绘制

数据填入表 2.11。

表 2.11　标准曲线的绘制

苯酚体积 V/mL	0.0	1.0	2.0	3.0	4.0	5.0
苯酚浓度 c/(mg/mL)						
峰面积 A/au						

（2）样品分析数据

数据填入表 2.12。

表 2.12 样品分析数据

样品	水样 1			水样 2		
	1	2	3	1	2	3
峰面积 A/au						
浓度 c/(mg/mL)						

思考题

（1）如何判断第一个色谱峰就是苯酚的峰？

（2）简述三种定量方法的优缺点。

实验 2-21　水中挥发酚类的测定

实验目的

（1）掌握用蒸馏法预处理水样的方法和用分光光度测定挥发酚的实验技术。

（2）在预习报告中简单阐述测定方法及原理，并分析影响实验测定准确度的因素。

实验原理

挥发酚类通常是指沸点在 230℃ 以下的酚类，属一元酚，是高毒物质。生活饮用水和 Ⅰ、Ⅱ 类地表水水质限值均为 0.002mg/L，污染中最高容许排放浓度为 0.5mg/L（一、二级标准）。测定挥发酚类的方法有 4-氨基安替比林分光光度法、溴化滴定法、气相色谱法等。

仪器与试剂

仪器：500mL 全玻璃蒸馏器，冷凝器，50mL 具塞比色管，分光光度计。

试剂：

① 无酚水　于 1L 中加入 0.2g 经 200℃ 活化 0.5h 的活性炭粉末，充分振摇后，放置过夜。用双层中速滤纸过滤，滤出液储于硬质玻璃瓶中备用。或加氢氧化钠使水呈强碱性，并滴加高锰酸钾溶液至紫红色，移入蒸馏瓶中加热蒸馏，收集馏出液备用。

② 硫酸铜溶液　称取 50g 硫酸铜（$CuSO_4 \cdot 5H_2O$）溶于水，稀释至 500mL。

③ 磷酸溶液　量取 10mL 85% 的磷酸用水稀释至 100mL。

④ 甲基橙指示剂溶液　称取 0.05g 甲基橙溶于 100mL 水中。

⑤ 苯酚标准储备液　称取 1.00g 无色苯酚溶于水，移入 1000mL 容量瓶中，稀释至标线，置于冰箱内备用。该溶液按下述方法标定：

吸取 10.00mL 苯酚标准储备液于 250mL 碘量瓶中，加 100mL 水和 10.00mL 0.1000mol/L 溴酸钾-溴化钾溶液，立即加入 5mL 浓盐酸，盖好瓶塞，轻轻摇匀，于暗处放置 10min。加入 1g 碘化钾，密塞，轻轻摇匀，于暗处放置 5min 后，用 0.125mol/L 硫代硫酸钠标准溶液滴定至淡黄色，加 1mL 淀粉溶液，继续滴定至蓝色刚好褪去，记录用量。以水代替苯酚储备液做空白试验，记录硫代硫酸钠标准溶液用量。苯酚储备液浓度按下式计算：

$$苯酚(mg/L) = \frac{(V_1 - V_2)c \times 15.68}{V}$$

式中　V_1——空白试验消耗硫代硫酸钠标准溶液量，mL；

V_2——滴定苯酚标准储备液时消耗硫代硫酸钠标准溶液量，mL；

V——取苯酚标准储备液体积，mL；

c——硫代硫酸钠标准溶液浓度，mol/L；

15.68——苯酚摩尔（$1/6C_6H_5OH$）质量，g/mol。

⑥ 苯酚标准中间液　取适量苯酚储备液，用水稀释至每毫升含 0.010mg 苯酚。使用时当天配制。

⑦ 溴酸钾-溴化钾标准参考溶液 $[c(1/6KBrO_3)=0.1mol/L]$　称取 2.784g 溴酸钾（$KBrO_3$）溶于水，加入 10g 溴化钾（KBr），使其溶解，移入 1000mL 容量瓶中，稀释至标线。

⑧ 碘酸钾标准溶液 $[c(1/6KIO_3)=0.250mol/L]$　称取预先经 180℃烘干的碘酸钾 0.8917g 溶于水，移入 1000mL 容量瓶中，稀释至标线。

⑨ 硫代硫酸钠标准溶液　称取 6.2g 硫代硫酸钠（$Na_2S_2O_3 \cdot 5H_2O$）溶于煮沸放冷的水中，加入 0.2g 碳酸钠，稀释至 1000mL，临用前，用下述方法标定：

吸取 20.00mL 碘酸钾溶液于 250mL 碘量瓶中，加水稀释至 100mL，加 1g 碘化钾，再加 5mL（1+5）硫酸，加塞，轻轻摇匀。置暗处放置 5min，用硫代硫酸钠溶液滴定至淡黄色，加 1mL 淀粉溶液，继续滴定至蓝色刚好褪去，记录硫代硫酸钠溶液用量。按下式计算硫代硫酸钠溶液浓度（mol/L）：

$$c_{(Na_2S_2O_3 \cdot 5H_2O)} = 0.0250xV_4/V_3$$

式中，V_3 为硫代硫酸钠标准溶液消耗量，mL；V_4 为移取碘酸钾标准溶液量，mL；0.0250 为碘酸钾标准溶液浓度，mol/L。

⑩ 淀粉溶液　称取 1g 可溶性淀粉，用少量水调成糊状，加沸水至 100mL，冷后，置冰箱内保存。

⑪ 缓冲溶液（pH 值约为 10）　称取 2g 氯化铵（NH_4Cl）溶于 100mL 氨水中，加塞，置于冰箱中保存。

⑫ 2%（m/V）4-氨基安替比林溶液　称取 4-氨基安替比林（$C_{11}H_{13}N_3O$）2g 溶于水，稀释至 100mL，置于冰箱内保存。可使用一周。

注：固体试剂易潮解、氧化，宜保存在干燥器中。

⑬ 8%（m/V）铁氰化钾溶液　称取 8g 铁氰化钾 $\{K_3[Fe(CN)_6]\}$ 溶于水，稀释至 100mL，置于冰箱内保存。可使用一周。

测定步骤

(1) 水样预处理

① 量取 250mL 水样置于蒸馏瓶中，加数粒小玻璃珠以防暴沸，再加 2 滴甲基橙指示液，用磷酸溶液调节 pH 值至 4（溶液呈橙红色），加 5.0mL 硫酸铜溶液（如采样时已加过硫酸铜，则补加适量）。如加入硫酸铜溶液后产生较多量的黑色硫化铜沉淀，则应摇匀后放置片刻，待沉淀后，再滴加硫酸铜溶液，至不再产生沉淀为止。

② 连接冷凝器，加热蒸馏，至蒸馏出约 225mL 时，停止加热，放冷。向蒸馏瓶中加 25mL 水，继续蒸馏至馏出液为 250mL 为止。

蒸馏过程中，如发现甲基橙的红色褪去，应在蒸馏结束后，再加 1 滴甲基橙指示液。如发现蒸馏后残液不呈酸性，则应重新取样，增加磷酸加入量，进行蒸馏。

(2) 标准曲线的绘制　于一组 8 支 50mL 比色管中，分别加入 0mL、0.50mL、

1.00mL、3.00mL、5.00mL、7.00mL、10.00mL、12.50mL 苯酚标准中间液，加水至 50mL 标线。加 0.5mL 缓冲溶液，混匀，此时 pH 值为 10.0±0.2，加 4-氨基安替比林溶液 1.0mL，混匀。再加 1.0mL 铁氰化钾溶液，充分混匀，放置 10min 后立即于 510nm 波长处，用 20mm 比色皿，以水为参比，测量吸光度。经空白校正后，绘制吸光度对苯酚含量 (mg) 的标准曲线。

(3) 水样的测定　分取适量馏出液于 50mL 比色管中，稀释至 50mL 标线。用与绘制标准曲线相同步骤测定吸光度，计算减去空白试验后的吸光度。空白试验是以水代替水样，经蒸馏后，按与水样相同的步骤测定。水样中挥发酚类的含量按下式计算：

$$挥发酚类(以苯酚计, mg/L) = 1000xm/V$$

式中，m 为水样吸光度经空白校正后从标准曲线上查得的苯酚含量，mg；V 为移取馏出液体积，mL。

注意事项

(1) 如水样含挥发酚浓度较高，移取适量水样并加至 250mL 进行蒸馏，在计算时应乘以稀释倍数。如水样中挥发酚类浓度低于 0.5mg/L 时，采用 4-氨基安替比林萃取分光光度法。

(2) 当水样中含游离氯等氧化剂，硫化物、油类、芳香胺类及甲醛、亚硫酸钠等还原剂时，应在蒸馏前先做适当的预处理。

结果处理

(1) 绘制吸光度-苯酚含量 (mg) 标准曲线，计算所取水样中挥发酚类含量 (以苯酚计，mg/L)。

(2) 根据实验情况，分析影响测定结果准确度的因素。

第 3 章　有机化合物的制备与反应

3.1 烯烃

分子中含有一个碳碳双键的烃称为烯烃，碳碳双键是烯烃的官能团，碳碳双键由两对共用电子构成。烯烃常见的包括链状烯烃、环状烯烃、二烯烃、多烯烃等。在烯烃中，最简单的链状烯烃是乙烯，最简单的环状烯烃是环丙烯。

烯烃的物理性质与烷烃相似，它们一般是无色的，其沸点和相对密度等也随着分子量的增加而递增。在常温下，2～4 个碳原子的烯烃是气体，5 个碳以上的是液体，高级烯烃是固体。

烯烃可以发生双键的加成反应、取代反应、氧化反应（与双键相连的碳原子上有活泼氢）、环氧化反应、聚合反应、周环反应、催化氢化反应等。共轭二烯烃还可以发生 1,4-共轭加成反应，其中比较典型的有 Diels-Alder 反应、1,3-偶极环加成反应等。其中比较重要的烯烃有乙烯、丙烯、丁烯、1,3-丁二烯、环戊二烯等。

烯烃的制备方法较多，在实验室和工业上主要采用以下方法制备。

（1）石油裂解气　利用石油某一馏分或天然气（除含有甲烷外，还有较多的乙烷、丙烷等）为原料，与水蒸气混合，在高温经过快速裂解，然后冷却生成低级烃的混合物，最后经过分离得到乙烯和丙烯。目前，工业上利用热裂解大规模生产乙烯和丙烯，乙烯的产量被认为是衡量一个国家石油化工发展水平的标志。从裂解气的 C_4 馏分提取物可以制备 1,3-丁二烯。

（2）炼厂气　乙烯和丙烯还可以通过从炼油厂炼制石油时所得到的炼厂气分离得到。

（3）醇脱水　在浓硫酸等催化下可以中等及以上产率得到相应烯烃。如 2-甲基-2-丁醇在浓硫酸催化下，小于 100℃ 就可以 70％ 收率得到相应烯烃。

（4）卤代烷脱卤化氢　卤代烷在碱性条件下脱掉一分子卤化氢得到相应烯烃。

（5）卤代烃与烯烃或衍生物的偶联反应　即乙酸钯等催化的 Heck 反应，目前这种方法已经成为有机合成中构建碳碳键的最有效方法之一，也是目前众多钯催化反应的基础。因为在碳碳键偶联反应方面的突出贡献，美国化学家 Heck 与发现构建碳碳键其他方法的两位日本化学家 Negishi 和 Suzuki 荣获 2010 年诺贝尔化学奖。

（6）Witting 反应和烯烃的复分解反应　也是合成烯烃的有效方法。

实验 3-1　环己烯的制备

实验目的

（1）了解碳碳双键的制备方法，熟悉醇脱水和卤代烷脱卤化氢两种方法。

（2）掌握单分子消除反应 E_1 和双分子消除反应 E_2 的反应机理。

（3）掌握分液漏斗的使用及操作。

（4）学习有机物的分离和结构鉴定。

实验原理

环己烯，双键 C 原子以 sp^2 杂化轨道形成 σ 键，其他 C 原子以 sp^3 杂化轨道形成 σ 键。是无色透明液体，有特殊刺激性气味。不溶于水，溶于乙醇、醚。主要用于有机合成、油类萃取及用作溶剂。由环己醇与硫酸反应制得。

反应机理如下：

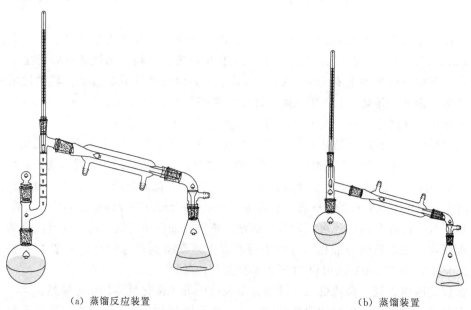

醇的脱水可以用氧化铝或者分子筛在高温（350～400℃）下进行催化脱水，也可以用酸催化脱水，常用的脱水剂有硫酸、磷酸、对甲苯磺酸等。在实验室中小量制备常常采用后者。由于高浓度的酸会导致烯烃的聚合、醇分子间的脱水及碳骨架的重排，因此，醇在酸催化下的脱水常伴有烯烃的聚合物和醚等副产物的存在。

实验装置

（a）蒸馏反应装置　　　　　　　　　　　　（b）蒸馏装置

图 3.1　实验装置

仪器与试剂

仪器：圆底烧瓶、分馏柱、直形冷凝管、接引弯管、水浴装置、沸石锥形瓶、分液漏斗、温度计。

试剂：环己醇、浓硫酸、氯化钠、无水氯化钙、5％碳酸钠水溶液。

实验内容

实验装置如图 3.1 所示，在 50mL 干燥的圆底烧瓶中加入环己醇（10g，10.4mL，0.10mol）、浓硫酸（0.8mL）和几粒沸石，充分摇振使之混合均匀。烧瓶上装一短的分馏柱，接上冷凝管，接收瓶浸在冷水中冷却。将烧瓶在电热套上缓缓加热至沸，控制分馏柱顶部的溜出温度不超过 90℃，当烧瓶中只剩下少量残液并出现阵阵白雾时，即可停止蒸馏。

约需 1h。

　　馏出液用氯化钠饱和，然后加入 2～3mL 5% 的碳酸钠溶液中和微量的酸。将液体转入分液漏斗中，摇振后静置分层，分出有机相，用约 1g 无水氯化钙干燥。待溶液清亮透明后，滤入蒸馏瓶中，加入几粒沸石用水浴蒸馏，收集 80～85℃ 的馏分。若蒸出产品浑浊，必须重新干燥后再蒸馏，产量约 5g。

　　纯粹环己烯的沸点为 82.98℃，折射率 n_D^{20} 1.4465。

思考题

　　(1) 在粗制环己烯中，加入食盐使水层饱和的目的何在？

　　(2) 在蒸馏终止前，出现的阵阵白雾是什么？

　　(3) 写出无水氯化钙吸水后的化学反应方程式，为什么蒸馏前一定要将它过滤掉？

3.2 卤代烃

　　在卤代烃中，只有氯甲烷、氯乙烷、溴甲烷、氯乙烯和溴乙烯是气体，其余均为无色液体或固体。卤代烃的沸点随着分子中碳原子数的增加而升高。碘代烷和溴代烷，尤其是碘代烷，长期放置因分解产生游离碘和溴而有颜色。很多卤代烃有不愉快的气味，卤代烷蒸气有毒。氯乙烯对眼睛有刺激性，是一种致癌物，苄基型和烯丙基型卤代烃常具有催泪性。

　　卤代烃均不溶于水，而溶于乙醇、乙醚、苯和烃等有机溶剂。某些卤代烃本身就是很好的有机溶剂，如二氯甲烷、氯仿、四氯化碳等。

　　在卤代烃分子中，随着卤原子数目的增多，化合物的可燃性降低。例如，甲烷可以作为燃料，氯甲烷有可燃性，二氯甲烷则不可燃，而四氯化碳可以作为灭火剂；氯乙烯、偏二氯乙烯可燃，四氯乙烯则不可燃。某一些含氯和溴的烃或其衍生物还可以作为阻燃剂，如含氯量 70% 的氯化石蜡主要用作合成树脂的阻燃剂，以及不燃性涂料的添加剂。

　　卤代烃分子中，由于卤原子的电负性比碳原子大，碳卤键是极性共价键，比较容易断裂，使卤代烷能够发生多种化学反应而转变为其他有机化合物，故卤代烷是重要的有机合成原料。卤代烷烃由于卤原子的电负性大的特点，导致其可以发生如下化学反应：

　　(1) 亲核取代反应，包括水解反应，如卤代烷与强碱的水溶液共热，卤原子被羟基取代生成醇；与醇钠作用，卤代烷与醇钠在相应醇溶液中反应，卤原子被烷氧基取代生成醚；与氰化钠（钾）作用，卤原子被氰基取代生成腈；与胺作用，卤原子被氨基取代生成伯胺；卤原子交换反应，在丙酮中，氯代烷和溴代烷分别与碘化钠反应生成碘代烷；与硝酸银的乙醇溶液作用，生成卤化银沉淀。

　　(2) 消除反应，包括伯卤代烷在浓碱的醇溶液条件下脱卤化氢生成烯烃，这是一种制备烯烃的方法，产物主要按照 Saytzeff 规则进行；脱卤素，连二卤代烷与锌粉在乙酸或乙醇中反应，或与碘化钠的丙酮溶液反应，脱去卤素生成烯烃。

　　(3) 与金属反应，卤代烷能够与很多活泼金属如锂、钠、镁等，生成金属化合物，用 R-M 表示，其中最著名的属于卤代烷与金属镁反应生成的格氏试剂。再就是金属锂试剂，金属锂试剂可以采用金属锂与卤代烷在惰性溶剂（如戊烷、石油醚、乙醚等）中反应生成。烷基锂也能够与二氧化碳、醛、酮、酯以及含有活泼氢的化合物等反应。现在还发展了一类多种金属的卤代试剂，如烷基铜锂等。

实验 3-2 溴乙烷的制备

实验目的

(1) 学习由醇制备溴乙烷的原理和方法。

(2) 进一步巩固分液漏斗的使用及蒸馏操作。

反应原理

主反应：

$$NaBr + H_2SO_4 \longrightarrow NaHSO_4 + HBr$$

$$HBr + C_2H_5OH \longrightarrow C_2H_5Br + H_2O$$

副反应：

$$H_2SO_4 + 2HBr \longrightarrow SO_2 + Br_2 + 2H_2O$$

$$2C_2H_5OH \longrightarrow C_2H_5OC_2H_5 + H_2O \quad (H_2SO_4 \; \Delta)$$

$$C_2H_5OH \longrightarrow C_2H_4 + H_2O \quad (H_2SO_4 \; \Delta)$$

试剂及仪器

试剂：乙醇（95%）4.8g 6.2mL（0.10mol），溴化钠（无水）8.2g（0.08mol），浓硫酸（$d=1.84$）11mL（0.2mol），饱和亚硫酸钠溶液。

仪器：50mL圆底烧瓶，蒸馏头，直形冷凝管，接引管，接收器，石棉网，分液漏斗，小锥形瓶，温度计，烧杯，胶头滴管。

实验步骤

在50mL圆底烧瓶中加入5mL乙醇及4mL水，在不断振荡和冷却下，缓慢加入10mL浓硫酸，混合物冷却到室温，在搅拌下加入研细的7.7g溴化钠和几粒沸石，小心摇动烧瓶使其均匀，将烧瓶与直形冷凝管相连，冷凝管下接接收器。溴乙烷沸点很低，极易挥发。为了避免损失，在接收器中加入冷水及3mL饱和亚硫酸氢钠溶液，放在冰水浴中冷却，并使接引管的末端刚好浸没水溶液中。开始小火加热，使反应液微微沸腾，使反应平稳进行，直到无溴乙烷流出为止。

将接收器中的液体倒入分液漏斗，静止分层后，将下面的粗溴乙烷转移至干燥的锥形瓶中。在冰水冷却下，小心加入3mL浓硫酸，边加边摇动锥形瓶进行冷却。用干燥的分液漏斗分出下层浓硫酸。将上层溴乙烷从分液漏斗上口倒入50mL烧瓶中，加入几粒沸石进行蒸馏。由于溴乙烷沸点很低，接收器要在冰水中冷却。接受36～40℃的馏分。产量约5g。

注意事项

(1) 加入浓硫酸需小心飞溅，用冰水浴冷却，并不断振摇以使原料混匀；溴化钠需研细，分批加入以免结块。

(2) 反应初期会有大量气泡产生，可采取间歇式加热方法，保持微沸，使其平稳进行。暂停加热时要防止接引管处倒吸。

(3) 反应结束，先提起接引管防止倒吸，再撤去火源。趁热将反应瓶内的残渣倒掉，以免结块后不易倒出。

(4) 分液漏斗的使用场合和使用时的注意事项见第1章。

(5) 产品经浓硫酸除水后不必再进行干燥处理，所以要用干燥的分液漏斗。

思考题

(1) 在本实验中，哪一种原料是过量的，为什么？根据哪种原料计算产率？

(2) 浓硫酸洗涤的目的何在？

实验 3-3　正溴丁烷的制备

实验目的

(1) 掌握由醇制备卤代烃的原理和方法。

(2) 巩固回流、蒸馏等基本实验技术。

(3) 学习有机物的提纯和结构鉴定。

实验原理

卤代烷可通过多种方法和试剂进行制备。烷烃的自由基卤化和烯烃与氢卤酸的亲电加成反应，因产生异构体的混合物而难以分离。实验室制备卤代烷最常用的方法是将结构对应的醇通过亲核取代反应转变为卤代烷，常用的试剂有氢卤酸、三卤化磷和氯化亚砜。

反应式：

$$n\text{-}C_4H_9OH + NaBr + H_2SO_4 \xrightarrow{\triangle} n\text{-}C_4H_9Br + NaHSO_4 + H_2O$$

反应机理：

$$CH_3CH_2CH_2CH_2\overset{\frown}{OH} + H^+ \longrightarrow CH_3CH_2CH_2CH_2\overset{+}{\underset{\frown}{O}}H_2 \overset{Br^-}{\longrightarrow} CH_3CH_2CH_2CH_2Br + H_2O$$

实验装置

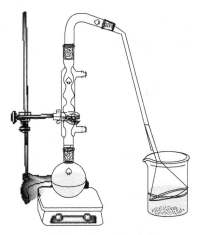

（a）气体吸收的回流反应装置

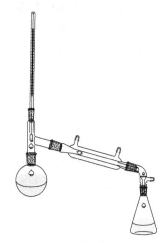

（b）蒸馏装置

图 3.2　实验装置

仪器与试剂

仪器：圆底烧瓶、回流冷凝管、气体吸收装置、分液漏斗、蒸馏装置。

试剂：正丁醇、无水溴化钠、浓硫酸、饱和碳酸氢钠、5%氢氧化钠溶液、无水氯化钙。

实验内容

实验装置如图 3.2 所示，在 50mL 圆底烧瓶上安装回流冷凝管，冷凝管的上口接一气体吸收装置，用 5% 的氢氧化钠溶液作吸收剂。在圆底烧瓶中加入 7mL 水，并小心地加入

10mL 浓硫酸，混合均匀后冷至室温。再依次加入 6.0mL 正丁醇和 9g 溴化钠，充分振摇后加入一粒沸石，连上气体吸收装置。将烧瓶置于石棉网上用小火加热至沸，使反应物保持沸腾而又平稳地回流，并经常摇动烧瓶使反应完成，约需 1.5h。待反应液冷却后，移去回流冷凝管，改为蒸馏装置，将所有正溴丁烷蒸出。

将馏出液移至分液漏斗中，加入 7mL 水洗涤。粗产物转入另一干燥的分液漏斗中，用 7mL 浓硫酸洗涤。尽量分去硫酸层。有机相依次用 7mL 水、7mL 饱和碳酸氢钠溶液和 7mL 水洗涤后，再用 1g 无水氯化钙干燥 1~2h。将干燥好的正溴丁烷溶液过滤到蒸馏烧瓶中，蒸馏，收集 99~103℃的馏分，产量约 5g。

纯粹正溴丁烷为无色透明液体，沸点 101.6℃。

注意事项

（1）浓硫酸能溶解存在于粗产物中少量未反应的正丁醇和副产物正丁醚等杂质。在以后的蒸馏中，由于正丁醇和正溴丁烷能形成共沸物（沸点 98.6℃，含正丁醇 13%）而难以除去。

（2）加硫酸时要慢，并及时振摇，以免局部过热造成炭化。

（3）粗产品纯化时接收器应干燥洁净。

（4）粗正溴丁烷是否蒸完的判断方法。

思考题

（1）本实验中浓硫酸的作用是什么？硫酸的用量过大或过小有什么影响？

（2）反应后的粗产物中含有哪些杂质？各步洗涤的目的何在？

（3）用分液漏斗洗涤产物时，正溴丁烷时而在上层，时而在下层，如不知道产物的密度时，可用什么简便的方法加以判断？

（4）为什么用饱和碳酸氢钠溶液洗涤前先要用水洗涤一次？

（5）液漏斗洗涤产物时，为什么摇动后要及时放气？应该如何操作？

实验 3-4 1,2-二溴乙烷的合成

实验目的

（1）学习以醇为原料通过烯烃制备邻二卤代烃的实验原理和过程。

（2）进一步巩固蒸馏的基本操作和分液漏斗的使用方法。

实验原理

$$CH_3CH_2OH \longrightarrow CH_2=CH_2+H_2O$$
$$CH_2=CH_2+Br_2 \longrightarrow BrCH_2CH_2Br$$

仪器与药品

仪器：100mL 三颈烧瓶、直形冷凝管、接收弯头、具支试管、三角瓶、温度计、恒压滴液滴斗、蒸馏头、分液漏斗、250mL 抽滤瓶、锥形瓶。

药品：乙醇（95%）、液溴、粗砂、浓硫酸（$d=1.84$）、10%氢氧化钠、无水氯化钙。

实验步骤

在 250mL 三颈烧瓶 A（乙烯发生器）一边侧口插上温度计（接近瓶底），中间装上恒压滴液漏斗，另一侧口通过乙烯出口管与安全瓶 B（250mL 抽滤瓶）相连，瓶内装有少量水，

插入安全管。安全瓶 B 与洗瓶 C（150mL 三角瓶或用抽滤瓶）相连，洗瓶 C 内盛有 10％氢氧化钠溶液以便吸收反应中产生的二氧化硫，洗瓶 C 与盛有 3mL 液溴的反应管 D（具支试管）连接（管内盛有 2～3mL 水以减少溴的挥发），试管置于盛有冷水的烧杯中，反应管 D 同时连接盛有碱液的小三角瓶，以吸收溴的蒸气。装置要严密，各瓶塞必须用橡胶塞，切不可漏气。

为了避免反应物发生泡沫而影响反应进行，向三角瓶内加入 7g 粗砂。在冰浴冷却下，将 30mL 浓硫酸慢慢加入 15mL 95％乙醇中，摇匀，然后取出 10mL 混合液加入三颈烧瓶 A 中，剩余部分倒入恒压滴液漏斗，关好活塞。加热前，先将 C 与 D 连接处断开，在石棉网上加热，待温度升到约 120℃时，此时体系内大部分空气已排除，然后连接 C 与 D。当 A 内反应温度升至 160～180℃，即有乙烯产生，调节火焰，使反应温度保持在 180℃左右，使气泡迅速通过安全瓶 B 的液层，但并不汇集成连续的气泡流。然后从滴液漏斗中慢慢滴加乙醇-硫酸的混合液，保持乙烯气体均匀地通入反应管 D 中，产生的乙烯与溴作用，当反应管中溴液褪色或接近无色，反应即可结束，反应时间约 0.5h。先拆下反应管 D，然后停止加热。

将粗品移入分液漏斗，分别用水、10％氢氧化钠溶液各 10mL 洗涤至完全褪色，再用水洗涤二次，每次 10mL，产品用无水氯化钙干燥。然后蒸馏收集 129～133℃馏分，产量 7～8g。

纯 1,2-二溴乙烷为无色液体，bp 为 131.3℃，n_D^{20} 1.5387。

注意事项

（1）安全管不要贴底部。若安全管水柱突然上升，表示体系发生了堵塞，必须立即排除故障。

（2）反应过程中，硫酸既是脱水剂，又是氧化剂，因此反应过程中，伴有乙醇被硫酸氧化的副产物二氧化硫和二氧化碳产生，二氧化硫与溴发生反应：$Br_2 + SO_2 + 2H_2O \longrightarrow 2HBr + H_2SO_4$。故生成的乙烯先要经过氢氧化钠溶液洗涤，以除去这些酸性气体杂质。

（3）液溴相对密度为 3.119，通常用水覆盖。液溴对皮肤有强烈的腐蚀性，蒸气有毒，故取溴时需在通风橱内小心进行。

（4）溴和乙烯发生反应时放热，如不冷却，会导致溴大量逸出，影响产量。

（5）仪器装置不可漏气！这是本实验成败的重要因素。

（6）粗砂需经水洗，酸洗（用 HCl），然后烘干备用。

（7）若不褪色，可加数毫升饱和亚硫酸氢钠溶液洗涤。

思考题

（1）影响 1,2-二溴乙烷产率的因素有哪些？试从装置和操作两方面加以说明。

（2）本实验装置的恒压漏斗、安全管、洗气瓶和吸收瓶各有什么用处？

（3）若无恒压漏斗，可用平衡管，如何安装？

实验 3-5　叔丁基氯的制备

实验目的

（1）学习叔丁醇与浓盐酸反应制备叔丁基氯的原理和方法。

（2）进一步巩固萃取提纯的操作技术。

实验原理

叔丁基氯是一种化学物质，分子式为 C_4H_9Cl，易发生单分子亲核取代反应；在碱性条件下易消除氯化氢成烯；与镁、锂等反应生成叔丁基金属化合物。通常由叔丁醇与浓盐酸反应或异丁烯与氯化氢加成制取。本实验采用叔丁醇与浓盐酸反应制备叔丁基氯，其反应式为：

$$(CH_3)_3COH + HCl(浓) \longrightarrow (CH_3)_3CCl + H_2O$$

实验装置

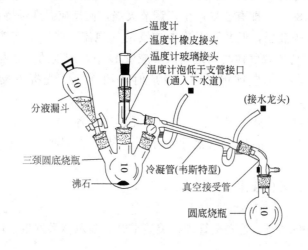

图 3.3　反应装置

仪器与试剂

仪器：分液漏斗、蒸馏瓶、铁架台、烧杯、水浴装置、铁夹、冷凝管、温度计。

试剂：叔丁醇、浓盐酸、5%碳酸氢钠溶液、无水氯化钙。

实验步骤

按照图 3.3 组装实验装置，在 100mL 分液漏斗中，加入 4.8mL 叔丁醇和 12.5mL 浓盐酸。先勿塞住漏斗，轻轻旋摇 1min，然后将漏斗塞紧，翻转后摇振 2～3min。注意及时打开活塞放气，以免漏斗内压力过大，使反应物喷出。静置分层后分出有机相，依次用等体积的水、5%碳酸氢钠溶液、水洗涤。产物经无水氯化钙干燥后，滤入蒸馏瓶中，在水浴上蒸馏。接收瓶用冰水浴冷却，收集 48～52℃ 馏分，产量约 3.5g。

叔丁醇与浓盐酸混合后反应，看到溶液为白色油状物质；叔丁基氯溶液与加了溴百里酚蓝丙酮溶液混合后颜色由蓝变为淡绿，再到黄绿，最后变为黄色。

注意事项

（1）叔丁醇的熔点为 25℃，如果呈块状，需在温水中温热融化后使用。

（2）用碳酸氢钠溶液洗涤时，要小心操作，注意及时放气。

思考题

（1）洗涤粗产物时，如果碳酸氢钠溶液浓度过高、洗涤时间过长有什么不好？

（2）本实验中未反应的叔丁醇如何除去？

实验 3-6　溴苯的制备

实验目的

（1）学习苯和液溴反应合成溴苯的原理和方法。

（2）进一步熟悉金属催化的芳香烃取代反应及其操作。

实验原理

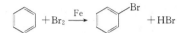

实验装置

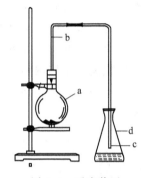

图 3.4　反应装置

仪器与试剂

仪器：圆底烧瓶、锥形瓶、铁架台、导管、烧杯、单孔塞。

试剂：苯、液溴、铁屑、水、$AgNO_3$ 溶液。

实验步骤

实验装置如图 3.4 所示，把苯和少量液溴放在圆底烧瓶中，同时加入少量铁屑作催化剂。用带导管的瓶塞塞紧瓶（跟瓶口垂直的一段导管可以兼起冷凝器的作用）。在常温时，很快就会看到，在导管口附近出现白雾（由溴化氢遇水蒸气形成）。反应完毕后，向锥形瓶内的液体里滴入 $AgNO_3$ 溶液，有浅黄色溴化银沉淀生成。把烧瓶里的液体倒在盛有冷水的烧杯里，烧杯底部有褐色不溶于水的液体。不溶于水的液体是溴苯，它是密度比水大的无色液体，由于溶解了溴而显褐色。

注意事项

（1）为防止溴的挥发，先加入苯后加入溴，然后加入铁屑。

（2）实验中只能用液溴，不可使用溴水。

（3）吸收 HBr 的导管不能伸入水中，否则会发生倒吸。

思考题

（1）将反应的混合物倒入水中的现象是什么？

（2）如何除去溴苯中的溴？

（3）生成的 HBr 中常混有溴蒸气，此时用 $AgNO_3$ 溶液对 HBr 的检验结果是否可靠？为什么？如何除去混在 HBr 中的溴蒸气？

（4）试剂的加入顺序是怎样的？各试剂在反应中起的作用是什么？

实验 3-7　卤代烃 SN_1/SN_2 反应活性的比较

实验目的

(1) 进一步熟悉卤代烃的取代反应机理。

(2) 学习如何比较卤代烃 SN_1/SN_2 活性的原理和方法。

实验原理

卤代烃的亲核取代反应通式为：$RX + :Nu \longrightarrow RNu + X^-$，$Nu = HO^-$、$RO^-$、$CN^-$、$NH_3$、$-ONO_2$，$:Nu$ 为亲核试剂。由亲核试剂进攻引起的取代反应称为亲核取代反应（用 SN 表示）。卤代烷的亲核取代反应是一类重要反应，由于这类反应可用于各种官能团的转变以及碳碳键的形成，在有机合成中具有广泛的用途，因此，对其反应历程的研究也就比较充分。在亲核取代反应中，研究的最多的是卤代烷的水解，在反应的动力学、立体化学，以及卤代物的结构、溶剂等对反应速率的影响等方面都有不少的资料。化学动力学的研究及许多实验表明，卤代烷的亲核取代反应是按两种历程进行的。即双分子亲核取代反应（SN_2 反应）和单分子亲核取代反应（SN_1 反应）。卤代烃的亲核取代反应机制：SN_1 和 SN_2 反应，是有机化学中的一个重要概念。

$$RX \xrightarrow{AgNO_3} R^+ + X^- \longrightarrow AgX \downarrow + NO_3^-$$

$$RX + NaI \xrightarrow{\text{丙酮}} RI + NaX \downarrow (X = I^- \text{ 或 } Br^-)$$

仪器与试剂

仪器：试管、滴管、水浴装置。

试剂：正氯丁烷、二级氯丁烷、三级氯丁烷、氯化苄、烯丙基氯、丙烯基氯、正溴丁烷、溴苯、硝酸银乙醇溶液、碘化钠丙酮溶液。

实验步骤

(1) SN_1 反应——1％的硝酸银乙醇溶液试验　硝基负离子是一个很弱的亲核试剂，因此很少有发生 SN_2 反应的机会。在 SN_1 反应过程中，由于卤代烃的离解，生成卤化银沉淀，因而我们可以从卤代银沉淀生成的快慢来判断在 SN_1 反应中卤代烃的相对活泼性。

根据试验结果，排出在 SN_1 反应中卤代烃的相对活泼性次序。

(2) SN_2 反应——15％的碘化钠丙酮溶液试验　碘负离子对于 SN_2 反应是一个好的亲核试剂，丙酮是偶极非质子溶剂，这些都有利于 SN_2 反应的进行，碘化钠或碘化钾溶于丙酮，而钠和钾的氯化物、溴化物在丙酮中的溶解度极小，因而我们可以从钠或钾的氯化物、溴化物沉淀析出的快慢来判断在 SN_2 反应中卤代烃的相对活泼性。

取 8 支洗净、用蒸馏水冲洗过的干燥试管，并给每个试管标上号，用滴管在每支试管中分别加入 4～5 滴上述的 8 个试样，然后在每支试管中分别加入 2mL 15％的碘化钠丙酮溶液，仔细观察并记录生成沉淀的时间。5min 过后，将未出现沉淀的试管浸入 50℃ 水浴中加热 7min 左右，观察是否有沉淀生成。

根据实验结果排出在 SN_2 反应中，卤代烃的相对活泼性次序。

注意事项

(1) 试管洗净后，一定要用蒸馏水冲洗一、二遍，否则自来水中有微量的离子会与硝酸银溶液反应而生成沉淀影响试验结果。

（2）三级卤代丁烷很难发生 SN_2 反应，但在长时间加热条件下，我们也可以观察到有 NaX（X＝Cl⁻ 或 Br⁻）沉淀生成，而且比二级卤代丁烷还快。实验中认为这可能是在长时间加热条件下，三级卤代烷发生了消除反应，脱去一分子 HCl 或 HBr，从而导致不溶于丙酮的 NaCl 或 NaBr 沉淀析出。

思考题

（1）实验中为何选用 1％的硝酸银乙醇溶液以及 15％碘化钠丙酮溶液作为鉴别卤代烃在 SN_1 和 SN_2 反应中活泼性强弱的试剂？

（2）烃基相同时，卤素作为离去基团的活泼性次序是什么？

实验 3-8　对氯甲苯的制备

实验目的

（1）了解应用 Sandmeyer 反应制备对氯甲苯的方法和原理。

（2）进一步熟练掌握水蒸气蒸馏的安装和操作。

实验原理

对氯甲苯是制造氰戊菊酯、多效唑、烯效唑和氟乐灵、禾草丹、杀草隆等农药的中间体；也可以制造对氯苯甲醛，用作染料和医药中间体；制造对氯苯甲酰氯，是医药消炎通的中间体；制造对氯苯甲酸，作为染料和纺织整理剂的原料。合成反应式如下：

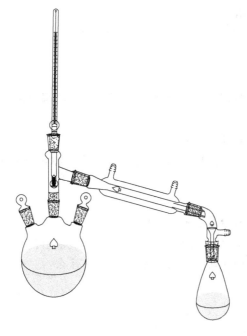

实验装置

图 3.5　反应装置

仪器及试剂

仪器：烧杯、冷凝管、温度计、滴液漏斗、三颈瓶、圆底烧瓶、水浴锅、油浴锅、玻璃棒、滴液漏斗、锥形瓶。

试剂：对甲苯胺、亚硝酸钠、结晶硫酸铜、亚硫酸氢钠、精盐、氢氧化钠、浓盐酸、苯、淀粉-碘化钾试纸、去离子水、无水氯化钙。

实验步骤

（1）氯化亚铜的制备　在 250mL 的圆底烧瓶中放置 15g 结晶硫酸铜（$CuSO_4 \cdot 5H_2O$）、4.5g 精盐和 50mL 水，加热使固体溶解。趁热（60～70℃）在摇振下加入 3.5g 亚硫酸氢钠和 2.3g 氢氧化钠及 25mL 水配成的溶液。溶液由原来的蓝绿色变为浅绿色或无色，并析出白色粉状固体，置于冷水浴中冷却。尽量倒去上层溶液，再用去离子水洗涤两次，得到白色粉末状的氯化亚铜。倒入 25mL 冷的浓盐酸，使沉淀溶解，塞紧瓶塞，置冰水浴中冷却备用。

（2）重氮盐溶液的制备　在烧杯中放置 15mL 浓盐酸、15mL 水及 5.4g 对甲苯胺，加热使对苯甲胺溶解。稍冷后，冰盐浴并不断搅拌使成糊状，控制温度在 5℃以下。再在搅拌下，由滴液漏斗加入 3.8g 亚硝酸钠溶于 10mL 水的溶液，控制滴加速度，使温度始终保持在 5℃以下。必要时可在反应液中加一小块冰，防止温度上升。当 85%～90% 的亚硝酸钠溶液加入后，取一两滴反应液在淀粉-碘化钾试纸上检验。若立即出现深蓝色，表示亚硝酸钠已适量，不必再加，搅拌片刻。重氮化反应越到最后越慢，最后每加一滴亚硝酸钠溶液后，需要等几分钟再检验。

（3）对氯甲苯的制备　反应装置如图 3.5 所示，将制备好的对甲苯胺重氮盐溶液缓慢倒入冷的氯化亚铜盐溶液中，边加边振摇烧瓶，不久析出重氮盐-氯化亚铜橙色复合物。加完后，在室温下放置 15min～0.5h。然后用水浴慢慢加热到 50～60℃。分解复合物，直至不再有氮气逸出。将产物进行水蒸气蒸馏蒸出对氯甲苯。分出油层，水层每次用 10mL 乙醚萃取两次，萃取液与油层合并，依次用 10% 氢氧化钠溶液、去离子水、浓硫酸、去离子水各 5mL 洗涤。醚层经无水氯化钙干燥后在水浴上蒸去乙醚，然后蒸馏收集 158～162℃ 的馏分，产量约 4g。

注意事项

（1）加入亚硫酸氢钠溶液时一定要振摇，否则形成的褐色沉淀易结块，影响氯化亚铜的质量。

（2）制备重氮盐时一定要保持好温度。

（3）分解重氮盐 CuCl 复合物时易在室温多放置，加热分解时间太长会增加副反应的发生。

思考题

（1）重氮化反应在有机合成中有何用途？

（2）为什么不直接将甲苯氯化而要用本实验的方法来制备对氯甲苯？

（3）在分离纯化过程中，碱洗、酸洗是为了除去什么？

3.3 醇和酚

醇和酚的分子中都含有羟基官能团，羟基与饱和碳原子相连的成为醇，而与芳环相连的称为酚。醇和酚的制备方法较多，下面主要介绍几种比较常见的工业制法和实验室制法。

醇可以采用以下方法合成。

（1）由合成气合成 在工业上甲醇几乎全部由合成气（一氧化碳和氢气）制备，即采用一氧化碳加氢的方法制备。

（2）羰基合成 烯烃与一氧化碳和氢气在催化剂作用下，加热加压生成醛，然后将醛还原成醇。

（3）由烯烃合成 例如乙醇和异丙醇等可以由乙烯和丙烯等直接水合或间接水合制备。

（4）卤代烃的水解 活泼的卤代烃与碱的水溶液共热，卤原子被羟基取代生成醇。

（5）由格氏试剂制备 格氏试剂与环氧化物、醛、酮或羧酸衍生物作用，可以生产各种结构的醇。

（6）醛、酮、羧酸衍生物的还原 醛酮、羧酸衍生物等利用催化加氢还原、金属氢化物或溶解金属还原，可以得到相应的醇。

（7）其他合成方法 在实验室中，醇也可以通过烯烃的羟汞化-脱汞化反应或硼氢化-氧化反应来制备。

酚可以采用以下方法合成。

（1）异丙苯氧化 苯与丙烯反应得到异丙苯，异丙苯经过空气氧化生成氢过氧化异丙苯，后者在强酸或强酸性离子交换树脂作用下，重排成苯酚和丙酮。此法是目前工业上合成苯酚的主要方法，其优点是原料价廉易得，污染小，可以连续性生产，产品纯度高，且副产物丙酮也是重要的化工原料。另外，此法在工业上可以用来制备 2-萘酚和间苯二酚等，如以丁烯代替丙烯与苯反应的话，还可以制备苯酚和丁酮。

（2）碱熔法 芳磺酸盐和氢氧化钠（钾）在高温下作用，磺酸基被羟基取代的反应称为碱熔法，目前在工业上仍然采用碱熔法制备某一些酚及其衍生物。

（3）卤代芳烃的水解 工业上利用此法主要生产邻、对位硝基酚和氯代酚。

实验 3-9 2-甲基-2-己醇的制备

实验目的

（1）了解 Grignard 试剂的制备、应用和进行 Grignard 反应的条件。

（2）学习电动搅拌机的安装和使用方法。

（3）巩固回流、萃取、蒸馏等操作技能。

实验原理

醇的实验室制备可以用格氏试剂与羰基化合物反应来制备，尤其是对一些结构上比较复杂的醇，用格氏试剂制备更有它的独到之处。卤代烷烃与金属镁在无水乙醚中反应生成烃基卤化镁（又称 Grignard 试剂）；Grignard 试剂能与羰基化合物等发生亲核加成反应，其加成产物用水分解可得到醇类化合物。

反应式

$$n\text{-}C_4H_9Br + Mg \xrightarrow{\text{无水乙醚}} n\text{-}C_4H_9MgBr \xrightarrow[\text{无水乙醚}]{\overset{\displaystyle O}{\underset{\displaystyle }{CH_3\overset{\|}{C}CH_3}}}$$

$$n\text{-}C_4H_9\underset{\underset{OMgBr}{|}}{C}(CH_3)_2 \xrightarrow{H^+,H_2O} n\text{-}C_4H_9\underset{\underset{OH}{|}}{-}C(CH_3)_2$$

实验装置

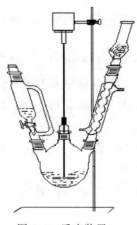

图 3.6 反应装置

仪器与试剂

仪器：三颈瓶、恒压滴液漏斗、干燥管、冷凝管、蒸馏装置、水浴装置。

试剂：3.1g（0.13mol）镁条，17g（13.5mL，约 0.13mol）正溴丁烷，7.9g（10mL，0.14mol）丙酮，无水乙醚（自制），乙醚，10％硫酸溶液，5％碳酸钠溶液，碘片，无水碳酸钾。

实验步骤

按实验装置图 3.6 装配仪器（所有仪器必须干燥）。向三颈瓶内投入 3.1g 镁条、15mL 无水乙醚及一小粒碘片；在恒压滴液漏斗中混合 13.5mL 正溴丁烷和 15mL 无水乙醚。先向瓶内滴入约 5mL 混合液，数分钟后溶液呈微沸状态，碘的颜色消失。若不发生反应，可用温水浴加热。反应开始比较剧烈，必要时可用冷水浴冷却。待反应缓和后，至冷凝管上端加入 25mL 无水乙醚。开动搅拌（用手帮助旋动搅拌棒的同时启动调速旋钮，至合适转速），并滴入其余的正溴丁烷-无水乙醚混合液，控制滴加速度维持反应液呈微沸状态。滴加完毕后，在热水浴上回流 20min，使镁条几乎作用完全。

将上面制好的 Grignard 试剂在冰水浴冷却和搅拌下，自恒压滴液漏斗中滴入 10mL 丙酮和 15mL 无水乙醚的混合液，控制滴加速度，勿使反应过于猛烈。加完后，在室温下继续搅拌 15min（溶液中可能有白色黏稠状固体析出）。将反应瓶在冰水浴冷却和搅拌下，自恒压滴液漏斗中分批加入 100mL10％硫酸溶液，分解上述加成产物（开始滴入宜慢，以后可逐渐加快）。待分解完全后，将溶液倒入分液漏斗中，分出醚层。水层每次用 25mL 乙醚萃取两次，合并醚层，用 30mL5％碳酸钠溶液洗涤一次，分液后，用无水碳酸钾干燥。装配蒸馏装置。将干燥后的粗产物醚溶液分批加入小烧瓶中，用温水浴蒸去乙醚，再在石棉网上直接加热蒸出产品，收集 137～141℃馏分。

注意事项

（1）严格按操作规程装配实验装置，电动搅拌棒必须垂直且转动顺畅。

（2）Grignard 试剂的制备所需仪器必须干燥。

（3）反应的全过程应控制好滴加速度，使反应平稳进行。

（4）干燥剂用量合理，且将产物醚溶液干燥完全。

思考题

（1）实验中正溴丁烷如一次加入有什么不好？

（2）本实验可能的副反应如何避免？

（3）实验在将 Grignard 试剂加成物水解前的各步中，为什么使用的药品仪器均要绝对干燥，采取了什么措施？

实验 3-10　苯乙醇的合成

实验目的

（1）学习用硼氢化钠还原酮制备醇的原理和方法。

（2）掌握减压蒸馏、萃取及低沸物的蒸馏等基本操作。

实验原理

苯乙醇为具有玫瑰香气的芳香类化合物，广泛存在于许多天然的精油中。在食用香料中有广泛的应用。苯乙醇主要通过有机合成或从天然产物中萃取获得。本实验采用硼氢化钠为还原剂还原苯乙酮的方法来合成苯乙醇。反应式如下：

$$\text{PhCOCH}_3 + \text{NaBH}_4 \xrightarrow{\text{CH}_3\text{CH}_2\text{OH}} \left[\text{PhCH(CH}_3)\text{O}^- \right]_4 \text{B}^- \text{Na}^+ \xrightarrow{\text{H}_2\text{O/HCl}} \text{PhCH(OH)CH}_3 + \text{H}_3\text{BO}_3$$

实验装置

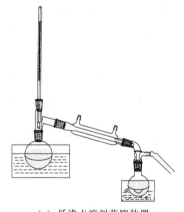

（a）低沸点溶剂蒸馏装置

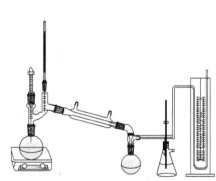

（b）减压蒸馏装置

图 3.7　实验装置

仪器与试剂

仪器：圆底烧瓶（19#，1×100mL）、电加热磁力搅拌器、滴液漏斗、水浴装置、蒸馏装置（1 套）、分液漏斗、减压蒸馏装置（1 套）。

试剂：苯乙酮、95％乙醇、硼氢化钠、3mol/L 盐酸、乙醚、无水硫酸镁、无水碳酸钾。

实验步骤

反应装置如图 3.7 所示，在 100mL 圆底烧瓶中加入 15mL95％乙醇和 0.1g 硼氢化钠搅匀，在搅拌过程中将 8mL 苯乙酮滴加到圆底烧瓶中，控制温度在 48～50℃，滴加完毕后室温放置 15min。然后继续在搅拌下滴入 6mL 的 3mol/L 盐酸。

在水浴上蒸出大部分乙醇后，溶液分层，加入 10mL 乙醚萃取，水层再用入 10mL 乙醚萃取，合并有机相，用无水硫酸镁干燥，将干燥的有机相滤入搭置好的蒸馏装置的圆底烧瓶中，并加入 0.6g 无水碳酸钾，在水浴上除去乙醚后，改为减压蒸馏装置，收集 102～104℃ (19mmHg) 的馏分，产量 4～5g。纯粹苯乙醇的沸点为 203.6℃。

注意事项

(1) 滴加苯乙酮时要使反应温度控制在 48～50℃。

(2) 反应过程中有氢气产生，严禁明火。

(3) 有机层如未洗到中性，在蒸馏过程中产物将会分解。

思考题

(1) 加碳酸钾的作用是什么？

(2) 滴加苯乙酮时为什么要将反应体系控制在 48～50℃？

实验 3-11　邻叔丁基对苯二酚的制备

实验目的

(1) 学习制备邻叔丁基对苯二酚的原理与方法。

(2) 熟练电动搅拌、回流、重结晶等实验操作。

实验原理

邻叔丁基对苯二酚（TBHQ）是一种新颖的食用抗氧剂，对植物性油脂抗氧化性有特效，同时还兼有良好的抗细菌、霉菌、酵母菌的能力。

TBHQ 的制备一般以对苯二酚为原料，在酸性催化剂作用下与异丁烯、叔丁醇或甲基叔丁基醚进行烷基化反应，反应混合物经进一步处理得到纯的 TBHQ。反应常用的催化剂有液体催化剂及固体催化剂。常用的液体催化剂有浓硫酸、磷酸、苯磺酸等，反应一般在水与有机溶剂组成的混合溶剂中进行。常用的固体催化剂有强酸型离子交换树脂（如 Amberlyst-15、拜耳 K-1481）、沸石和活性白土，反应需在环烷烃、芳香烃、脂肪酮等溶剂中进行。

本实验以对苯二酚、叔丁醇为原料，以磷酸作催化剂，在二甲苯溶剂中反应制得 TBHQ，其反应式为：

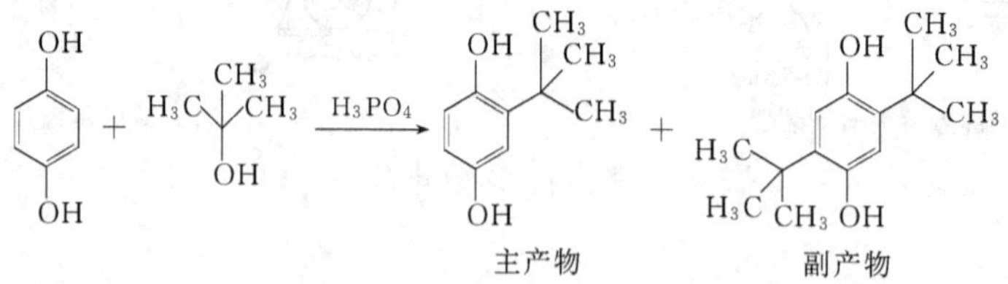

对苯二酚烷基化是芳环上的亲电取代反应，叔丁基是推电子基团，上一个叔丁基后，芳环进一步活化，很容易再上另一个叔丁基。由于位阻的关系，本反应的主要副产物是 2,5-二叔丁基对苯二酚，2、6 位与 2、3 位的二叔丁基对苯二酚很少。反应中，叔丁醇要慢慢滴加，以使对苯二酚保持相对过量，减少副反应。

反应实际上是分两步进行的，第一步是生成溶于水的中间产物醚类，反应很快。第二步是中间产物进行重排，生成邻叔丁基对苯二酚。这步反应则比较困难，需在高温下反应较长时间才能使中间产物充分转化，是整个合成反应的控制步骤。

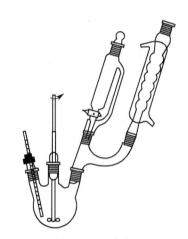

实验装置

图 3.8　实验装置

仪器与试剂

仪器：三颈瓶，二口连接管，温度计（200℃），回流冷凝管，滴液漏斗，烧杯，锥形瓶，布氏漏斗，吸滤瓶，表面皿，电动搅拌器。

试剂：叔丁醇，对苯二酚，85％磷酸，二甲苯。

实验步骤

按图 3.8 所示组装实验仪器，在 150mL 三颈瓶上安装二口连接管，再装上搅拌器、温度计、回流冷凝管。依次向三颈瓶中加入 5.5g 对苯二酚、5.0mL85％磷酸、20.0mL 二甲苯，启动搅拌。缓慢加热到 100～110℃，慢慢滴加 7.5mL 叔丁醇和 5mL 二甲苯的溶液。滴加过程中温度保持在 100～110℃，并开始计时，约 30～60min 滴加完毕。滴加完后，继续加热升温至 135～140℃，恒温加热回流 2.5h（从开始滴加叔丁醇时计时）。缓慢降温至120℃左右，待无回流液时，停止搅拌，将反应液趁热迅速倒入盛有 50mL 热水的烧杯中，用少量热水清洗三颈瓶中的残余反应液，并将其并入烧杯中。将烧杯冷却 30min 左右，使之结晶完全。抽滤，得白色粗品。滤液经分离回收二甲苯和磷酸。用 25mL 二甲苯重晶，活性炭脱色。重结晶产品在红外灯下干燥，称量，计算产率。

注意事项

本实验以二甲苯作溶剂，可达到两个目的。一是控制叔丁醇局部浓度不至于过高，减少副产物二叔丁基对苯二酚的生成；二是考虑到二叔丁基对苯二酚溶于冷的二甲苯，加入二甲苯可去除产品中的二叔丁基对苯二酚，对产品起到初步的净化作用。

思考题

（1）傅氏反应常用的催化剂有哪些？

（2）本实验以二甲苯作为溶剂有何好处？

实验 3-12　间硝基苯酚的制备

实验目的

(1) 了解应用 Sandmeyer 反应制备对氯甲苯的方法和原理。

(2) 进一步熟练掌握水蒸气蒸馏的安装和操作。

实验原理

温热重氮盐的水溶液时，大多数重氮盐发生水解，生成相应的酚并释放出氮气。

$$ArN_2^+ X^- \longrightarrow Ar^+ + N_2 + X^-$$

$$Ar^+ + H_2O \longrightarrow ArOH + H^+$$

这是重氮盐的制备要严格控制反应温度并不能长期存放的主要原因，但却为制备间取代的酚类——这些不能通过亲电取代反应直接合成的化合物提供了一条间接的途径。当以制备酚为目的时，重氮化通常在硫酸中进行，这是因为使用盐酸时，重氮基被氯原子取代将成为重要的副反应。

$$ArN_2^+ Cl^- \longrightarrow ArCl + N_2$$

水解反应需要在强酸性介质中进行，以避免重氮盐与酚之间的偶联，并根据不同的芳胺采取适当的分解温度。反应式如下：

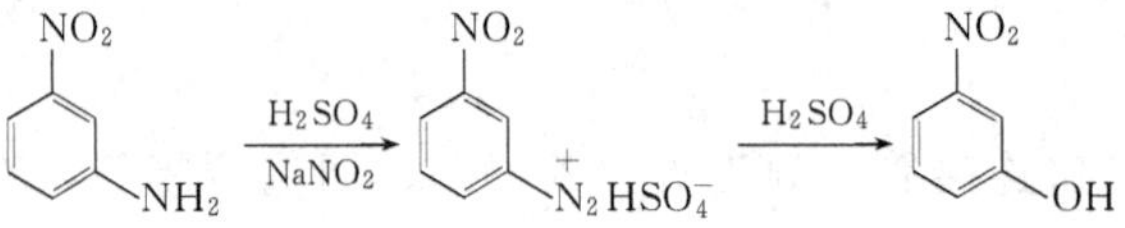

仪器及试剂

仪器：烧杯、滴液漏斗、减压抽滤装置、圆底烧瓶、磁力搅拌器、水浴装置、锥形瓶、布氏漏斗、电炉。

试剂：间硝基苯胺、亚硝酸钠、浓硫酸、氯化钠、盐酸。

实验步骤

(1) 重氮盐溶液的制备　在 250mL 烧杯中，将 18mL 浓硫酸溶于水配制成稀硫酸溶液，加入 7g 研成粉状的间硝基苯胺和 20～25g 碎冰，充分搅拌，至芳胺变成糊状的硫酸盐。将烧杯置于冰盐浴中冷至 0～5℃，在充分搅拌下，由滴液漏斗滴加 3.4g 亚硝酸钠溶于 10mL 水的溶液。控制滴加速度，使温度始终保持在 5℃ 以下，约 5min 加完。必要时可向反应液中加入小冰块，以防止温度上升。滴加完毕后，继续搅拌 10min。然后取一滴反应液，用淀粉-碘化钾试纸进行亚硝酸实验，若试纸变蓝，表明亚硝酸钠已经过量，必要时，可补加 0.5g 亚硝酸钠的溶液。然后将反应物在冰盐浴中放置 5～10min，部分重氮盐以晶体形式析出，倾倒出大部分上层清液于锥形瓶中，立即进行下一步实验。

(2) 间硝基苯酚的制备　在 500mL 圆底烧瓶中，放置 25mL 水，在摇荡下小心加入 33mL 浓硫酸。将配制好的稀硫酸在石棉网上加热至沸腾，分批加入倾倒入锥形瓶中的重氮盐溶液，加入速度保持反应液剧烈地沸腾，约 15min。然后再分批加入留在烧杯中的重氮盐晶体。控制加入速度，以免因氮气迅速释放产生大量泡沫而使反应物溢出。此时的反应液呈深褐色，部分间硝基苯酚呈黑色油状物析出。加完后，继续煮沸 15min。稍冷后，将反应混合物倾入用冰水浴冷却的烧杯中，并充分搅拌，使产物形成小而均匀的晶体。减压抽滤析出的晶体，用少量冰水洗涤几次，压干，湿的褐色粗产物约 4～5g。粗产物用 15％的盐酸重结晶，并加适量的活性炭脱色。干燥后得到淡黄色的间硝基苯酚结晶。产量 2.5～3g，熔点 96℃。

注意事项

（1）亚硝酸钠的加入速度不宜过慢，以防止重氮盐与未反应的芳胺发生偶联生成黄色不溶性的重氮氨基化合物。

（2）游离亚硝酸的存在表明芳胺硫酸盐已充分重氮化。重氮化反应通常使用比计算量多 3％～5％的亚硝酸钠，过量的亚硝酸易导致重氮基被—NO_2 取代和间硝基苯酚被氧化等副反应的发生。

思考题

（1）写出由硝基苯为原料制备间硝基苯酚的合成路线，为什么间硝基苯酚不能由苯酚硝化来制备？

（2）邻和对硝基苯胺与氢氧化钠溶液一起煮沸后可生成对应的硝基酚，而间硝基苯胺却不发生类似的反应，试解释之？

3.4　醚

醚类物质，除 2～3 个碳原子的醚是气体外，其余的醚在常温下通常为无色液体，有特殊气味。醚分子间不能形成氢键，故沸点较低。但是醚可以与水形成氢键，故有一定的水溶性。醚可以分为脂肪醚、芳香醚，还有环状醚如环氧化合物、冠醚等。

醚的化学性质相对不活泼，遇碱、氧化剂和还原剂等一般均不发生化学反应；常温下与金属钠也不反应，因而可以用金属钠干燥乙醚。但是醚具有碱性，遇酸可以形成盐，甚至发生醚键的断裂。五元环以上环状醚的性质与普通的醚基本相似，但是小环醚由于存在较大的环张力，其性质与一般醚差别较大，易与亲核试剂作用发生开环反应。

醚的合成方法比较多，下面主要介绍几种实验室和工业上的制备方法。

（1）工业上，乙醚可以由乙醇经过浓硫酸脱水制取。

（2）乙烯在催化剂的作用下与空气中的氧气反应，是工业上制取环氧化合物的主要方法。该方法只适合于乙烯氧化制取环氧乙烷。

（3）Williamson 合成法，醇钠与卤代烃反应合成醚，可以利用合成脂肪醚、环状醚及芳香醚。该反应选用伯卤代烷效果较好，仲卤代烷的消除产物较多，而叔卤代烷在强碱性条件下只能得到烯烃，因此在合成混合醚时，必须选择适当的原料组合。也可以使用磺酸酯或者硫酸酯类化合物代替卤代烷进行反应。Williamson 合成法也可以用于环状醚和芳香醚的合成。在合成苯甲醚（茴香醚）的时候，一般需要使用剧毒的硫酸二甲酯，现在可以利用无毒的碳酸二甲酯代替硫酸二甲酯合成茴香醚。环状醚也可以利用分子内的 Williamson 合成法制备，卤代醇在碱性条件下可能会发生水解副反应，但是水解生成二醇的反应速率较慢，另外 Williamson 反应也可能发生在分子间，所以反应应在稀释的条件下进行，可以避免或减少副反应的发生。

（4）不饱和烃与醇的反应制备，醇在酸的催化下，可以与烯烃发生亲电加成反应形成醚，该反应是可逆的。醇也可以在碱催化下与炔烃发生亲核加成反应形成烯基醚。

实验 3-13 乙醚的制备

实验目的

（1）学习形成碳氧碳键的制备方法，熟悉醇分子间脱水反应的原理。

（2）学习低级醇制备相应的简单醚的操作，巩固萃取、低沸点溶剂的蒸馏等基本实验技术。

实验原理

简单醚的制备是通过酸催化下醇的分子间脱水反应制备的。乙醚是无色透明液体。有特殊刺激气味，易挥发，在空气中易氧化成过氧化物、醛和乙酸。当乙醚中含有过氧化物时，将蒸发后残留的过氧化物加热到100℃能引起强烈爆炸。

主反应：

$$C_2H_5OH + H_2SO_4 \xrightleftharpoons{100\sim130℃} C_2H_5OSO_2OH + H_2O$$

$$C_2H_5OSO_2OH + C_2H_5OH \xrightleftharpoons{135\sim145℃} C_2H_5OC_2H_5 + H_2SO_4$$

副反应：

$$CH_3CH_2OH \begin{cases} \xrightarrow{170℃} H_2C{=}CH_2 + H_2O \\ \xrightarrow{[O]} CH_3CHO + SO_2 + H_2O \end{cases}$$

$$CH_3CH_2OH \xrightarrow{H_2SO_4} CH_3COOH + SO_2 + H_2O$$

实验装置

 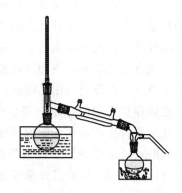

（a）乙醚制备反应装置　　　　　　　　　　（b）低沸点溶剂蒸馏装置

图 3.9　实验装置

仪器与试剂

仪器：三颈瓶、圆底烧瓶、直形冷凝管、蒸馏装置、恒压滴液漏斗、分液漏斗。

试剂：乙醇（95%）、浓硫酸、饱和食盐水、无水氯化钙、5%氢氧化钠溶液、饱和氯化钙。

实验内容

乙醚制备装置见图 3.9(a)，在 100mL 三颈瓶中加入 13mL 乙醇，三颈瓶浸入到冰水浴中，缓慢加入 12.5mL 浓硫酸，混合均匀，加入沸石。恒压滴液漏斗的末端浸入液面以下距瓶底约 0.5～1.0cm 处，接收瓶应浸入冰水浴中冷却，接引弯管支口接橡胶管通水槽。在滴液漏斗中加入 25mL 乙醇，加入使反应瓶中的温度上升到 140℃，开始缓慢滴加乙醇，控制滴加速度和馏出液速度大致相等，并保持反应温度在 140℃ 左右，大概 30～40min 滴加完毕，加完后继续加热数 10min，温度上升到 160℃时，停止加热。

将馏出液转入分液漏斗，如图 3.9(b) 所示，依次用 8mL 5%氢氧化钠溶液、8mL 饱和氯化钠和 8mL 饱和氯化钙各洗涤一次，再用 8mL 饱和氯化钙洗涤后，分出醚层，用 1～2g 无水氯化钙干燥 30min，瓶中乙醚澄清，将乙醚滤入低沸点溶剂蒸馏装置的圆底烧瓶中，用热水浴（约 60℃）进行蒸馏，收集 33～38℃ 馏分，产量约 8～10g。纯粹乙醚的沸点 34.5℃。

注意事项

(1) 乙醇的滴入速度与乙醚的馏出速度相等，若滴加速度过快，乙醇未及时作用就被蒸出，反应液的温度降低，乙醚的产量也会降低。

(2) 用氢氧化钠洗涤后，直接用氯化钙溶液洗涤时，将发生氢氧化钙的沉淀析出，故在氯化钙洗涤前先用饱和氯化钠溶液洗涤。饱和氯化钙洗涤的同时可以除去未反应的乙醇，因为氯化钙能够与乙醇作用生成配合物（$CaCl_2 \cdot C_2H_5OH$）。

(3) 乙醚是低沸点、易燃溶液，在蒸馏过程中不能见明火。

思考题

(1) 制备乙醚时，为什么要将滴液漏斗的末端浸入到反应液中？

(2) 反应温度过低、过高或乙醇滴入速度过快有什么不好？

(3) 反应中可能产生的副产物是什么？各步洗涤的目的是什么？

(4) 蒸馏和使用乙醚时注意的事项是什么？为什么？

实验 3-14　正丁醚的制备

实验目的

(1) 了解醚的制备方法，熟悉 Williamson 反应的原理。

(2) 学习分水器的实验操作，巩固萃取、蒸馏等基本实验技术。

(3) 掌握醇分子间脱水制备醚的反应原理和实验方法。

实验原理

醇分子间脱水生成醚是制备简单醚常用的方法。用硫酸作为催化剂，在不同温度下正丁醇和硫酸作用生成的产物不同，主要是正丁醚和丁烯，反应要严格控制温度。正丁醚，又名二丁醚。透明液体，具有类似水果的气味，微有刺激性。主要作为溶剂、电子级清洗剂、有机合成上游原料。

主反应：

$$CH_3CH_2CH_2CH_2OH + H_2SO_4 \overset{135℃}{\rightleftharpoons} CH_3CH_2CH_2CH_2OCH_2CH_2CH_2CH_3 + H_2O$$

副反应：

$$CH_3CH_2CH_2CH_2OH + H_2SO_4 \xrightarrow{>140℃} CH_3CH_2CH=CH_2 + CH_3CH=CHCH_3 + H_2O$$

实验装置

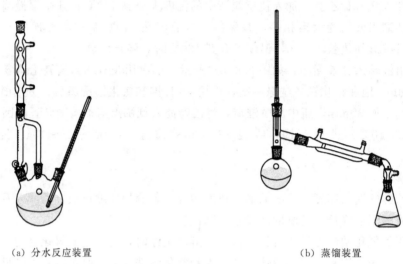

（a）分水反应装置 　　　　　　　　　　　　　　　　（b）蒸馏装置

图 3.10　实验装置

仪器与试剂

仪器：三颈瓶、圆底烧瓶、回流冷凝管、分水器、蒸馏装置、分液漏斗。

试剂：正丁醇（新蒸）、浓硫酸（新蒸）、无水氯化钙、5％氢氧化钠溶液、饱和氯化钙。

实验内容

将 16mL 正丁醇、2.5mL 浓硫酸和沸石加入到 50mL 的三颈瓶中，摇匀后按图 3.10（a）装置仪器。分水器内加水至支管后放去约 1.5mL 水。开始小火加热，保持瓶内液体微沸回流，随着反应进行，回流液经冷凝管收集到分水器中，分液后水层在下层，上层有机相积至分水器支管时又流回烧瓶。当烧瓶内反应物温度上升到 135℃ 左右，分水器被水充满时，即可停止反应，大约 1.5h。时间过长温度过高，则反应液变黑并有较多的副产物生成。

将冷却后的反应液倒入盛有 25mL 水的分液漏斗中［图 3.10（b）］，充分振摇，静置分层后弃去水层，有机层依次用 13mL 水、10mL5 ％的氢氧化钠溶液、10mL 水和 10mL 饱和氯化钙溶液洗涤，然后用 1g 无水氯化钙干燥。干燥后的产物滤入 25mL 干燥蒸馏烧瓶中，蒸馏收集 140～144℃ 的馏分，产量 3～4g。

注意事项

（1）加料时，正丁醇和浓硫酸应充分摇匀，否则硫酸局部过浓，加热后易使溶液变黑。

（2）按反应式计算，生成的水的量约为 1.5mL，实际分出的水的体积略大于计算量，因为有单分子脱水的副产物生成。

（3）正丁醚制备实验的较宜温度是 130～145℃，但开始回流时很难达到这一温度，这是因为正丁醚、正丁醇和水之间可以形成共沸物。正丁醚和水形成的共沸物（沸点 94.1℃，含水 33.4％），正丁醚和正丁醇形成共沸物（沸点 117.6℃，含正丁醇 82.5％），正丁醚还能和正丁醇、水形成三元共沸物（沸点 90.6℃，含水 29.9％，正丁醇 34.6％），正丁醇和水形成共沸物（沸点 93℃，含水 44.5％）。故反应温度应控制在 90～100℃ 之间比较合适，而实际操作时的温度在 100～115℃ 之间。

（4）在碱洗过程中，不要太过剧烈地摇动分液漏斗，否则生成乳浊液使分离困难。

思考题

（1）如何知道反应已经完成？

（2）使用分水器的目的是什么？

（3）本实验中理论计算应分出多少水？实际上往往超过理论值，为什么？

（4）反应结束后为什么要将反应物倒入水中？各步洗涤的目的是什么？

3.5　醛酮及其衍生物

　　醛和酮是一类重要的有机化合物，其合成在有机合成中占有非常重要的地位，醛和酮的分子中都含有羰基，它是由碳原子与氧原子以双键结合成的官能团，与碳碳双键相似。根据烃基的不同，可以分为脂肪醛酮和芳香醛酮，根据烃基的饱和性，又可以分为饱和醛酮和不饱和醛酮。常温下，除开甲醛是气体外，12 个碳以下的一般都是液体，12 个碳以上的一般是固体；芳香醛酮一般为液体或固体；低级脂肪醛酮具有强烈的刺激性气味；某一些醛酮具有花果香味，可以用于香料工业。由于羰基具有极性，因此醛酮的沸点比分子量相近的烃或者醚要高一些，但是由于醛酮分子间不能形成氢键，因此其沸点较相应的醇要低一些。

　　醛和酮的合成方法繁多，新合成途径也层出不穷。主要方法有以下几种。

　　（1）低级伯醇和仲醇的氧化和脱氢，氧化剂主要有三氧化铬-双吡啶络合物（Sarett 试剂），氯铬酸吡啶盐（PCC），重铬酸吡啶盐（PDC）等。

　　（2）羰基合成，烯烃与一氧化碳和氢气在催化剂作用下可以生成比原烯烃多一个碳原子的醛，该合成方法称为羰基合成，也称为烯烃的氢甲酰化。常用的催化剂有八羰基合二钴 $[Co(CO)_4]_2$，反应在加热、加压条件下进行。

　　（3）烷基苯的氧化，工业上常采用烷基苯氧化制取芳香醛和芳香酮，例如甲苯用空气氧化、铬酰氯或铬酐氧化可得到苯甲醛。

　　（4）偕二卤代物的水解，即碳二卤代物水解成醛和酮。例如工业上可以利用苯二氯甲烷水解制取苯甲醛。

　　（5）羧酸衍生物的还原，常用的还原方法有金属氢化物及催化氢化还原。

　　（6）芳环的酰基化，芳烃进行 Friedel-Crafts 反应，是合成芳香酮的重要方法。在 Lewis 酸催化下，用一氧化碳和氯化氢与芳香烃作用生成芳香醛，此反应称为 Gattermann-Koch 反应，该反应可以看成是 Friedel-Crafts 反应的一种特殊形式，相当于用甲酰氯进行的酰基化反应，适用于烷基苯的甲酰化。

实验 3-15　肉桂醛的合成

实验目的

（1）进一步熟悉并掌握萃取技术。

（2）进一步熟悉和掌握 Claissn-Schmidr 缩合反应。

（3）掌握碱催化苯甲醛制备不饱和醛的方法。

实验原理

肉桂醛（cinnamaldehyde），学名苯丙烯醛、桂醛、桂皮醛。肉桂醛是淡黄色油状液体，具有强烈的新鲜肉桂、药辛香气；在空气中易氧化成桂酸。熔点 $-7.5℃$，沸点 $253℃$，相对密度 1.0497（$20℃$），折射率 1.6195，溶于醇、醚、氯仿，微溶于水。肉桂醛是重要的合成香料，主要用于调制素馨、铃兰、玫瑰等日用香精，也用于食品香料、调味品类、甜酒等，还用于苹果、樱桃等香精，同时还是医药中间体。肉桂醛的合成方法是由苯甲醛和乙醛在稀碱条件下经 Claissn-Schmidr 缩合反应制得。化学反应式为：

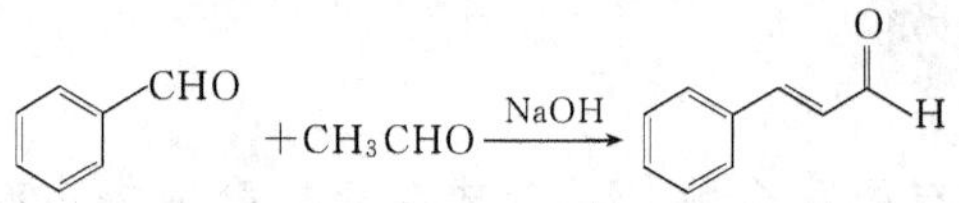

仪器和药品

仪器：三颈瓶、球形冷凝管、减压蒸馏装置、电动搅拌机、温度计（$0\sim200℃$）、滴液漏斗、分液漏斗、烧杯。

药品：苯甲醛、乙醛（质量分数 40%）、氯化钠、氢氧化钠（质量分数 1%）、乙醚、无水硫酸钠。

操作步骤

在装有电动搅拌机、球形冷凝管、滴液漏斗和温度计的 $500mL$ 三颈瓶中，加入 $12.5g$ 苯甲醛、$12.50g$ 40% 乙醛和 $300mL$ 1% 强氧化钠溶液，于 $20℃$ 剧烈搅拌 $3\sim4h$。反应完毕，加入氯化钠至饱和。用 $90mL$ 乙醚分三次萃取，合并乙醚提取液，用无水硫酸钠干燥。在水浴上蒸出乙醚，残余物减压蒸馏。前馏分主要为未反应的苯甲醛。肉桂醛的沸程为 $128\sim130℃$。产品为浅黄色液体。

注意事项

（1）温度要控制在 $20℃$，必要时可用冷水冷却。

（2）滴加乙醛溶液时要快速加完。

（3）反应应快速搅拌。

实验 3-16　环己酮的合成

实验目的

（1）掌握氧化法制备环己酮的原理和方法。

（2）掌握盐析和干燥等实验操作及空气冷凝管的应用。

（3）掌握简易水蒸气蒸馏的方法。

实验原理

醇类在氧化剂存在下通过氧化反应可被氧化为醛或酮。本实验是用环己醇氧化而制得环己酮。六价铬是将伯、仲醇氧化成醛酮的最重要和最常用的试剂，氧化反应可在酸性、碱性或中性条件下进行。铬酸是重铬酸盐与 $40\%\sim50\%$ 硫酸的混合物。本实验采用酸性氧化，反应式如下：

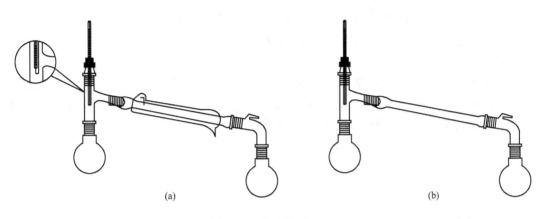

实验装置

图 3.11　实验装置

仪器与试剂

仪器：空气冷凝管、蒸馏装置、烧瓶（250mL）、量筒、烧杯、分液漏斗、沸石、50mL 锥形瓶。

试剂：10.0g（10.4mL，0.1mol）环己醇，10.4g（约 0.035mol）重铬酸钠，甲醇，氯化钠，浓硫酸，无水碳酸钾。

实验步骤

实验装置如图 3.11 所示，于 250mL 烧瓶中放 60mL 冰水、10mL 浓硫酸和 10.4mL 环己醇，冷却至 15℃；于 100mL 烧杯中加入 10.4g 重铬酸钠，再加 10mL H_2O，冷却至 15℃。

将重铬酸钠溶液分批少量地加入到烧瓶中，振荡，控制反应温度 55～60℃，至反应温度出现下降趋势。加入 2mL 甲醇以除去未反应完的氧化剂。在反应液中加入 50mL 水和几粒沸石，于石棉网上加热进行水蒸气蒸馏。

将馏出液用 8g 氯化钠饱和，将液体转入分液漏斗中分液，产物从分液漏斗上口倒入一干燥的 50mL 小锥形瓶中，用 1～2g 无水碳酸钾干燥。待溶液清亮透明后，小心倒入干燥的小烧瓶中，投入几粒沸石后用空气冷凝管蒸馏，收集 150～156℃的馏分于一已称量的小锥形瓶中。称量，计算产率，测定折射率，纯环己酮为无色透明液体，沸点 155.7℃，相对密度 $d_4^{20}0.948$，折射率 $n_D^{20}1.4507$。

注意事项

（1）投料时应先投冰水，再投浓硫酸；投料后，一定要混合均匀。

（2）反应物不宜过于冷却，以免积累起未反应的铬酸，造成反应失控。

（3）干燥要彻底，否则纯化蒸馏时前馏分太多，从而影响酮的收率。

思考题

（1）本实验的氧化剂能否改用硝酸或高锰酸钾，为什么？

（2）蒸馏产物时为何使用空气冷凝管？

实验 3-17　苯乙酮的合成

实验目的

（1）学习 Friedel-Crafts 酰基化的制备方法，熟悉 Friedel-Crafts 反应的原理。

（2）巩固回流、萃取和蒸馏等基本实验技术。

实验原理

苯乙酮，或称乙酰苯，是分子式为 $C_6H_5COCH_3$ 的有机化合物。它可当作制造药物、树脂、调味剂和催泪瓦斯的中间体，还可以制造安眠药。可用于制香皂和香烟，也用作纤维素酯和树脂等的溶剂和塑料工业生产中的增塑剂等。

反应式如下：

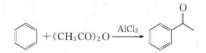

实验装置

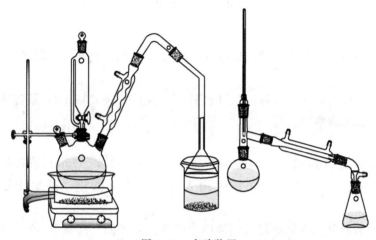

图 3.12　实验装置

仪器与试剂

仪器：三颈瓶（19#，1×100mL）、回流冷凝管（19#，1 支）、滴液漏斗（19#，1 支）、干燥管（19#，1 支）、温度计（0～300℃，1 支）、圆底烧瓶（19#，1×100mL）、直形冷凝管（19#，1 支）、空气冷凝管（19#，1 支）、引接管（1 支）、锥形瓶（19#，2×100mL）、磁力搅拌器（1 台）、电热套（1 台）。

试剂：乙酸酐、无水苯、无水三氯化铝、浓盐酸、苯、5%氢氧化钠溶液、碎冰、无水硫酸镁。

实验步骤

实验所需装置如图 3.12 所示。

（1）苯乙酮的合成　在 100mL 三颈瓶上装置滴液漏斗和回流冷凝管，冷凝管上端装一氯化钙干燥管，干燥管再与氯化氢气体吸收装置相连。

称取无水氯化铝（10g，0.075mol）加入三颈瓶中，再加入无水苯（15mL，0.17mol），自滴液漏斗缓慢滴加乙酸酐（3.5mL，0.037mol），控制滴加速度勿使反应过于激烈，以三颈瓶稍热为宜。边滴加边摇荡三颈瓶，约 10～15min 滴加完毕。加完后，在沸水浴上回流 15～20min，直至不再有氯化氢气体逸出为止。

（2）苯乙酮的分离 反应完毕后冷至室温，在搅拌下倒入盛有 25mL 浓盐酸和 30g 碎冰的混合溶液中进行分解（在通风橱进行）。当固体完全溶解后，将混合物转入分液漏斗，分出有机层，水层每次用苯萃取（10mL×2）。合并有机层和苯萃取液，依次用等体积的 5% 氢氧化钠溶液和水洗涤一次，用无水硫酸镁干燥。

将干燥后的粗产物先在水浴上蒸去苯，再在电热套上蒸去残余的苯，当温度上升至 140℃ 左右时，停止加热，稍冷却后直接换成空气冷凝管，连上引接管，收集 198～202℃ 馏分，产量 2～3g。纯粹苯乙酮的沸点为 202.0℃，熔点 20.5℃，折射率 n_D^{20} 1.5372。

注意事项

（1）干燥管的作用及填充方法。

（2）气体吸收装置的作用及拆装时间。

思考题

（1）水和潮气对本实验有何影响？在仪器装置和操作中应注意哪些事项？为什么要迅速称取无水三氯化铝？

（2）反应完成后，为什么要加入浓盐酸和冰水混合液？

（3）在烷基化和酰基化反应中，三氯化铝的用量为何不同？为什么？

实验 3-18 苯亚甲基苯乙酮的合成

实验目的

（1）了解醇醛缩合制备 α,β-不饱和酮的制备方法，学会苯亚甲基苯乙酮的合成方法。

（2）掌握反应温度控制方法；巩固恒压滴液漏斗的使用；巩固重结晶。

（3）学习有机物的分离和结构鉴定。

实验原理

苯亚甲基苯乙酮，又名查耳酮、苯乙烯基苯基酮和亚苄基苯乙酮。E 构型：淡黄色棱状晶体，熔点 58℃，沸点 345～348℃（微分解）。Z 构型：淡黄色晶体，熔点 45～46℃。合成的混合体：淡黄色斜方或棱形结晶，熔点 55～57℃，沸点 208℃（3.3kPa）。相对密度 1.0712（62/4℃），折射率（n_D^{62}）1.6458，易溶于醚、氯仿、二硫化碳和苯，微溶于醇，难溶于冷石油醚。吸收紫外线。有刺激性。能发生取代、加成、缩合、氧化、还原反应。用于有机合成，如甜味剂。

反应式：

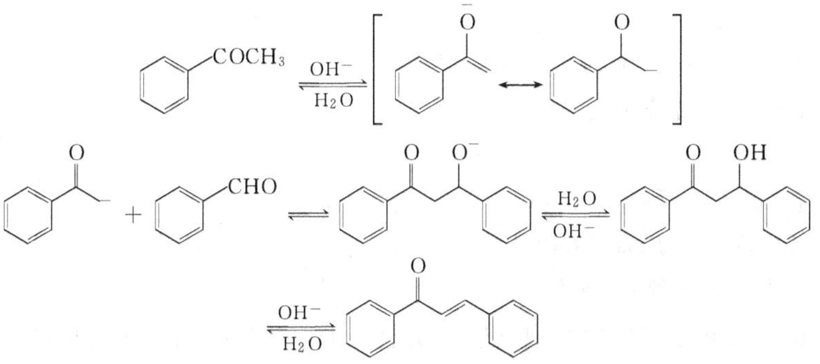

实验装置

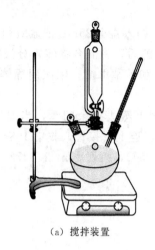

（a）搅拌装置

（b）抽滤装置

图 3.13　实验装置

仪器药品

仪器：三颈瓶、滴液漏斗、温度计、玻璃棒、磁力搅拌器、抽滤瓶、布氏漏斗。

试剂：苯甲醛、活性炭、苯乙酮、10％氢氧化钠溶液、苯亚甲基苯乙酮、乙醇。

实验步骤

（1）苯亚甲基苯乙酮的合成　在 100mL 三颈瓶中 [图 3.13(a)]，加入 10％氢氧化钠溶液（12.5mL）、乙醇（8mL）和苯乙酮（3mL，0.025mol）。搅拌下由滴液漏斗滴加苯甲醛（2.5mL，0.025mol），控制滴加速度保持反应温度在 25～30℃之间，必要时用冷水浴冷却。滴加完毕后，继续保持此温度搅拌 0.5h。然后加入几粒苯亚甲基苯乙酮作为晶种，室温下继续搅拌 1～1.5h，即有固体析出。反应结束后将三颈瓶于冰水浴中冷却 15～30min，使结晶完全。

（2）苯亚甲基苯乙酮的分离　减压抽滤收集产物 [图 3.13(b)]，用水充分洗涤，至洗涤液对石蕊试纸显中性。然后用少量冷乙醇（2～3mL）洗涤结晶，挤压抽干，得苯亚甲基苯乙酮粗品。粗产物 95％乙醇重结晶（每克产物需 4～5mL 溶剂），若溶液颜色较深可加少量活性炭脱色，得浅黄色片状结晶约 3g，熔点 56～57℃。

（3）结构和纯度分析　对产物进行红外光谱分析，初步确证产物的结构。

请选择合适的氘代试剂，做 ^{1}H NMR 图谱分析，说明产品结构的正确性。

测定收集的苯亚甲基苯乙酮熔点与标准对照。

注意事项

（1）稀碱最好新配。

（2）一定要按顺序加入试剂，因为可以抑制反应。

（3）控制好温度，洗涤要充分。

思考题

（1）本反应中，若将稀碱换成浓碱可以吗？为什么？

（2）先加苯甲醛，后加苯乙酮可以吗？为什么？

（3）在反应中，用水洗的目的是什么？

（4）本实验中可能会产生哪些副反应？实验中采取了哪些措施来避免副产物的生成？

实验 3-19　安息香的合成

实验目的

学习安息香缩合反应的原理和应用维生素 B_1 为催化剂进行反应的实验方法。

实验原理

安息香系统命名为 2-羟基-1,2-二苯基乙酮。通过安息香缩合反应制备。合成路线如下：

维生素 B_1 的噻唑环上 2-位在碱的作用下可生成负碳离子，可催化安息香缩合反应。

仪器与试剂

仪器：三口烧瓶、圆底烧瓶、布氏漏斗、真空设备、试管、量筒、滴管、水浴锅、沸石、电子天平、直形冷凝管。

试剂：苯甲醛（新蒸）（0.1mol/L）、维生素 B_1（盐酸硫胺素盐噻胺）、蒸馏水、95％乙醇、10％ NaOH 溶液、活性炭。

实验步骤

(1) 在 50mL 圆底烧瓶中加入 1.8g 维生素 B_1、5mL 蒸馏水、15mL 95％乙醇，用塞子塞上瓶口，放在冰水浴中冷却。

(2) 用一支试管取 5mL 10％ NaOH 溶液，也放在冰水浴中冷却 10min。

(3) 用小量筒取 10mL（0.1mol/L）新蒸苯甲醛，将冷透的 NaOH 溶液缓慢滴加入冰浴中的圆底烧瓶中，并立即将苯甲醛加入，充分摇匀（调节 pH 值 9～10）。

(4) 加入沸石，温水浴中加热反应，水浴温度控制在 60～75℃之间（不能使反应物剧烈沸腾），反应 80～90min。反应混合物呈橘黄或橘红色均相溶液后处理。

(5) 撤去水浴，待反应物冷至室温，析出浅黄色结晶，再放入冰浴中冷却使之结晶完全。若出现油层，重新加热使其变成均相，再慢慢冷却结晶。

(6) 用布氏漏斗抽滤收集粗产物，用 25mL 冷水分两次洗涤。称重，用 95％乙醇进行重结晶，如产物呈黄色，可用少量活性炭脱色。产品（白色晶体）空气中晾干后，称重。

操作要点

(1) 确保维生素 B_1 稳定，盐酸硫胺素（维生素 B_1）在碱性条件下受热容易分解，维生素 B_1 醇水溶液加碱时必须在冰浴冷却和搅拌下慢慢加入，加热时也不要过于激烈。

(2) 苯甲醛不能含有苯甲酸，量取速度要快。

注意事项

(1) 维生素 B_1 对实验的影响很大，所以应该用保存良好的维生素 B_1。

(2) 维生素 B_1 必须在水中完全溶解后再加乙醇。

(3) 维生素 B_1 在酸性条件下稳定，但易吸水；在水溶液中易被氧化失效，光及金属离子均可加速氧化；在氢氧化钠溶液中噻唑环易开环失效。因此，反应前维生素 B_1 溶液、氢氧化钠溶液必须用冰水冷透，这是本实验成败的关键。

(4) 苯甲醛放置过久，常被氧化成苯甲酸，但本实验苯甲醛中不能含苯甲酸，所以实验时候应用新蒸馏的苯甲醛。

(5) 回流反应过程时，水浴温度和溶液的 pH 值的设定十分重要。

(6) NaOH 溶液的滴加速度应当尽量缓慢，冷却也应当控制冷却速度。

实验 3-20　二苯酮的制备

实验目的

(1) 掌握芳香族化合物烷基化反应的原理与应用。

(2) 掌握卤代烃的水解反应的原理与应用。

(3) 掌握减压蒸馏的原理与操作。

实验原理

仪器及试剂

仪器：冷凝管、干燥管、三颈瓶、滴液漏斗、冰水浴装置、分液漏斗、蒸馏装置、减压蒸馏装置。

试剂：无水三氯化铝，苯，四氯化碳，无水硫酸镁，苯甲酰氯，浓盐酸，5％氢氧化钠，无水乙醇等。

实验步骤

(1) 迅速称取 0.75g 无水 AlCl$_3$ 于 25mL 干燥的三颈瓶中，加入 1.7mL 四氯化碳，装置冷凝管（冷凝管上端装置氯化钙干燥管，干燥管接气体吸收装置）、恒压滴液漏斗和温度计。将三颈瓶在冷水浴中冷却至 10～15℃。

(2) 搅拌下，自滴液漏斗中缓缓滴入由 1mL 无水苯和 0.8mL 四氯化碳组成的混合液，维持反应温度在 5～10℃之间，在 10min 内滴完。滴毕后，在 10℃左右继续搅拌 1h。

(3) 在冰水浴冷却和搅拌下，慢慢滴加 15mL 水，水解反应产物。

(4) 转移至分液漏斗中，静置，分出下层粗产物，水层用蒸出的四氯化碳萃取 1 次，合并后用无水硫酸镁干燥。

(5) 先在常压下蒸去四氯化碳（回收），当温度升至 90℃左右时停止加热。稍冷后再进行减压蒸馏，收集 156～159℃/1.33kPa（10mmHg）的馏分。产物冷却后固化，熔点 47～48℃，得二苯酮约 1g。

思考题

(1) 试验中为什么是四氯化碳过量而不是苯过量？若苯过量有什么结果？

(2) 反应完成后，加入水的目的是什么？

(3) 二苯酮能和哪些亲核试剂发生加成反应？

实验 3-21　二苯乙二酮的合成

实验目的

(1) 了解安息香氧化合成二苯乙二酮的氧化剂的选择。

（2）熟练掌握回流、重结晶等实验操作。

实验原理

二苯乙二酮可以由安息香经氧化制得。氧化剂可以为浓硝酸，但反应生成的二氧化氮对环境污染严重。也可以使用 Fe^{3+} 作为氧化剂，铁盐被还原成 Fe^{2+}。本实验改进后采用醋酸铜作为氧化剂。这样反应中产生的亚铜盐不断被硝酸铵重新氧化成铜盐，硝酸铵本身被还原成亚硝酸铵，后者在反应条件下分解为氮气和水。改进后的方法在不延长反应时间的情况下可明显节约试剂，且不影响产率及产物纯度。

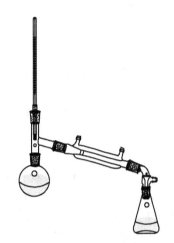

实验装置

图 3.14　实验装置

仪器与试剂

仪器：锥形瓶、50mL 圆底烧瓶、冷凝管、电热套。

试剂：2.15g 安息香、1g 硝酸铵、冰醋酸、2％醋酸铜溶液、75％乙醇。

备注：2％的醋酸铜的制备：溶解一水合硫酸铜于 100mL 10％醋酸溶液中充分搅拌后过滤去碱性铜盐的沉淀。

实验步骤

实验装置如图 3.14 所示。在 50mL 圆底烧瓶中加入 2.15g 安息香、6.5mL 冰醋酸、1g 粉状的硝酸铵和 1.3mL 2％硫酸铜溶液，加入几粒沸石，装上回流冷凝管，在石棉网上缓慢加热并勤加摇荡。当反应物溶解后开始放出氮气，继续回流 1.5h 使反应完全。将反应混合物冷至 50～60℃ 在搅拌下倾入 10mL 冰水中，析出二苯乙二酮结晶。抽滤，用冷水充分洗涤，尽量压干，粗产物干燥后为 1.5g。若要得到纯品可用 75％乙醇-水溶液重结晶，熔点 94～96℃。纯二苯乙二酮为黄色结晶，熔点为 95℃。

思考题

（1）有哪些氧化剂可以氧化安息香至二苯乙二酮，这些氧化剂有哪些优缺点？

（2）使用分水器的目的是什么？

（3）用反应方程式表示硫酸铜和硝酸铵在与安息香反应过程中的变化。

实验 3-22　4-苯基-2-丁酮的制备

实验目的

（1）了解酯化反应、克莱森酯缩合反应的化学原理。

（2）学习回流、蒸馏的操作。

实验原理

4-苯基-2-丁酮存在于烈香杜鹃的挥发油中，具有止咳、祛痰的作用，4-苯基-2-丁酮结构简单，适合于以乙酰乙酸乙酯为原料，通过合成烷基取代的乙酰乙酸乙酯，然后进行酮式分解等有机合成的方法得到。合成反应式如下：

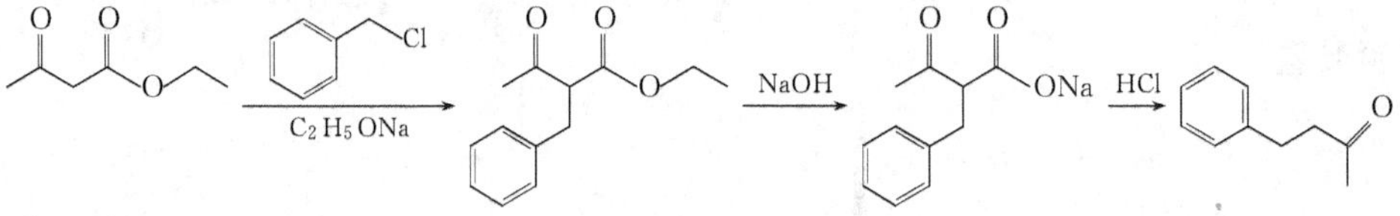

仪器及试剂

仪器：三颈瓶、温度计、回流冷凝管、分液漏斗、铁架台、减压蒸馏装置、尾接管、圆底烧瓶、蒸馏装置、水浴锅、恒压滴定管。

试剂：无水乙醇、钠、乙酰乙酸乙酯、氯化苄、冰水、氢氧化钠溶液、乙醚、盐酸、无水氯化钙。

实验步骤

在三颈瓶中装入 20mL 无水乙醇和 1.0g 金属钠，搅拌金属钠完全溶解，滴加 5.5mL 乙酰乙酸乙酯，加完后继续搅拌 10min。然后在 30min 内滴加 5.3mL 氯化苄，继续搅拌 10min 后加热回流 1.5h。将上述反应装置改为蒸馏装置，水浴蒸出大部分乙醇，冷却后，向反应液中加入 20mL 冰水，使析出的盐溶解。用分液漏斗分出有机层，水层用乙醚萃取，合并有机层和萃取液，水浴蒸出乙醚。往溶液中加入 15mL 10% 的氢氧化钠溶液，在搅拌条件下加热回流 1.5h，再滴加 20% 的盐酸调节溶液 pH 值，再加热至无气泡产生。冷却后用稀的氢氧化钠溶液调节 pH 至中性。用乙醚萃取（15mL×3），合并萃取液，用水洗涤一次，用无水氯化钙过滤，蒸出乙醚。剩余产物进行减压蒸馏，收集 86～88℃ 的产物。计算产率。

注意事项

（1）本实验要求仪器干燥并使用绝对乙醇，乙醇中所含少量的水会明显降低产率。

（2）乙酰乙酸乙酯储存时间过长会出现部分水解，用时需经减压蒸馏重新纯化。

（3）滴加速度不宜太快，以防止酸分解时逸出大量二氧化碳而冲料。

思考题

（1）乙酰乙酸乙酯在合成上有什么用途？烷基取代乙酰乙酸乙酯与稀碱和浓碱作用将分别得到什么产物？

（2）如何利用乙酰乙酸乙酯合成苯甲酰乙酸乙酯和 2,6-庚二酮？

实验 3-23　一种昆虫信息素 2-庚酮的制备

实验目的

（1）了解昆虫信息素的有关知识及其应用。

（2）熟悉合成 2-庚酮的原理和方法。

（3）掌握克莱森酯缩合及乙酰乙酸乙酯合成法在药物合成上的应用。

实验原理

2-庚酮发现于成年工蜂的颈腺中，是一种警戒信息素。同时，也是臭蚁属蚁亚科小黄蚁的警戒信息素。当小黄蚁嗅到 2-庚酮时，迅速改变行走路线，四处逃窜。2-庚酮微量存在于丁香油、肉桂油、椰子油中，具有强烈的水果香气，可用于香精。它的合成是由乙酰乙酸乙酯和乙醇钠反应，形成钠代乙酰乙酸乙酯，该负碳离子与正溴丁烷进行 SN_2 反应，得到正丁基乙酰乙酸乙酯，经氢氧化钠水解，再进行酸化脱羧后，用二氯甲烷萃取，蒸馏纯化，得到最终产物 2-庚酮。

仪器及试剂

仪器：磁力搅拌器、100mL 克氏蒸馏瓶、减压蒸馏装置、回流冷凝管、滴液漏斗、三颈瓶、分液漏斗、圆底烧瓶、抽滤瓶、锥形瓶。

试剂：乙酰乙酸乙酯、无水乙醇、金属钠、正溴丁烷、盐酸、二氯甲烷、氢氧化钠水溶液、硫酸、碘化钾、二氯甲烷、氯化钙水溶液、无水氯化钙、无水硫酸镁。

实验步骤

（1）乙酰乙酸乙酯的合成　在干燥的 100mL 圆底烧瓶中，加入 24.5mL 乙酸乙酯和 2.5g 金属钠丝。装上回流冷凝管，冷凝管上口预先装上氯化钙干燥管。用热水浴加热回流直至金属钠全部作用完。冷却，拆去冷凝管，在冷水浴冷却状态下边振荡边向烧瓶缓缓滴加 50% 乙酸水溶液，使溶液呈弱酸性，将反应液用氯化钠饱和。静置，用分液漏斗分离出酯层，水层用 10mL 乙酸乙酯萃取一次，合并酯层及萃取液，用 5% 碳酸钠溶液洗至中性，水洗后用无水硫酸镁干燥。分离干燥剂，液体用 100mL 克氏蒸馏瓶先蒸除低沸点的乙酸乙酯，然后减压蒸馏，收集 80～83℃/20mmHg 馏分，产量：4～5g。

（2）正丁基乙酰乙酸乙酯的合成　在 250mL 三颈圆底烧瓶上，装置回流冷凝管和滴液漏斗，在冷凝管的顶端装上氯化钙的干燥管。瓶中加入 2.3g（0.1mol）切成细条的新鲜金属钠，由滴液漏斗逐渐加入 50mL 无水乙醇，控制加入速度使乙醇保持沸腾。待金属钠作用完毕后，加入 1.2g 粉状碘化钾，并在水浴上加热至沸，直至固体溶解，然后加入 13g 乙酰乙酸乙酯（0.1mol）。在加热回流下加入 15.1g 正溴丁烷（0.11mol），继续回流 3h。待反应溶液冷却后，过滤溶液以除去溴化钠晶体，常压蒸去乙醇。粗产物用 10mL 1% 盐酸洗涤，水层用 10mL 二氯甲烷萃取一次，将油层与二氯甲烷萃取液合并，并用 8mL 水洗涤。用无水硫酸镁干燥后，蒸去二氯甲烷，减压蒸馏收集 112～117℃/16mmHg 或 124～130℃/20mmHg 的馏分，产量 11～12g（产率 59.0%～64.5%）。

（3）2-庚酮的合成　在 250mL 三颈瓶中加入 50mL 5% 氢氧化钠水溶液及 9.2g 正丁基乙酰乙酸乙酯（0.05mol），室温搅拌 2.5h。然后在搅拌下用滴液漏斗慢慢加入 16mL 20% 硫酸溶液。待大量二氧化碳气泡放出后，停止搅拌，改成蒸馏装置，收集馏出物。分出油层，水层用每次 10mL 二氯甲烷萃取二次，油层与二氯甲烷萃取液合并后，再用 10mL 40% 氯化钙溶液洗涤一次，用无水硫酸镁干燥，蒸馏收集 145～152℃ 的馏分，产量约 4g（产率 70%）。

注意事项

（1）有金属钠参与反应，仪器药品须进行无水处理，同时注意安全。

（2）由于溴化钠的生成，会出现剧烈的崩沸现象。如采用搅拌装置可以避免这种现象。

（3）第三步实验要注意：激烈地放出二氧化碳，防止冲料。

思考题

(1) 在乙酰乙酸乙酯的合成中为何要将反应液用氯化钠饱和？

(2) 2-庚酮的合成过程中，在用无水硫酸镁干燥前为何要用 40％氯化钙溶液洗涤？

3.6 羧酸及其衍生物

羧酸是重要的有机化工原料。制备羧酸的方法很多，最常用的是氧化法，烯、醇和醛等氧化都可以用来制备羧酸，所用的氧化剂有重铬酸钾-硫酸、高锰酸钾、硝酸、过氧化氢等。

(1) 伯醇氧化：可以由伯醇经过重铬酸钾-硫酸、三氧化铬-冰醋酸、高锰酸钾、硝酸等氧化得到。羧酸不容易被继续氧化，又比较容易分离提纯，因此，在实验操作上比利用氧化还原反应由醇制备醛酮简单。

$$C_6H_{13}CH_2OH \xrightarrow{KMnO_4} C_6H_{13}COOH$$

(2) 醛氧化：醛很容易氧化成相应的羧酸，常用的试剂是高锰酸钾，但是由于一般的醛价格比较高，链短的脂肪醛沸点又常常比较低，在实验中损失往往比较大等原因，因此这种方法往往只适合于比较容易获得的醛。

$$C_6H_{13}CHO \xrightarrow{KMnO_4,H_2SO_4} C_6H_{13}COOH$$

(3) 芳烃支链的氧化：这种方法主要适合于芳香族羧酸的制备。例如：

$$\text{o-Cl-C}_6H_4CH_3 \xrightarrow[OH^-]{KMnO_4} \text{o-Cl-C}_6H_4COOH$$

(4) 水解法：腈在酸性或者碱性条件下水解成羧酸；有时候也采用三个氯原子位于同一个碳原子的多氯代烃水解制备羧酸。

$$C_6H_5CH_2CN \xrightarrow{H_2SO_4} C_6H_5CH_2COOH$$

(5) Grignard（格氏试剂）法：格氏试剂与二氧化碳反应的加成产物水解后可以制备羧酸。

$$RMgX+CO_2 \longrightarrow RCOOMgX \xrightarrow{H_2O} RCOOH$$

羧酸酯是一类在工业和商业上用途广泛的化合物。可由羧酸和醇在催化剂存在下直接酯化来进行制备，或采用酰氯、酸酐和腈的醇解，有时也可利用羧酸盐与卤代烷或硫酸酯的反应。制备方法有以下几种。

(1) 直接酯化，该类反应是典型的可逆反应，一般采用质子酸，如浓硫酸、对甲苯磺酸、磷酸等作为催化剂；常采用醇大大过量，同时将生成的产物酯或者水分出体系来提高反应的羧酸酯收率。

$$RCOOH+HOR' \xrightarrow{H^+} RCOOR'$$

(2) 卤代烷和羧酸盐，主要采用卤代的烷基烃、苄基卤等与羧酸盐反应，同时可能伴随有卤代烃水解等副反应，产率一般可以达到中等及以上。

$$R\overset{O}{\underset{}{\parallel}}{C}-ONa + R'X \longrightarrow R\overset{O}{\underset{}{\parallel}}{C}-O-R'$$

（3）醇和酚的酰化，酰氯和醇或酸在碱作催化剂，常温条件下可以高收率得到相应的羧酸酯。

$$R\overset{O}{\underset{}{\parallel}}{C}-Cl + HOR' \xrightarrow{base} R\overset{O}{\underset{}{\parallel}}{C}-O-R'$$

（4）醇和酸酐，过量的醇和酸酐在常温下可以高收率得到相应的羧酸酯。

$$R\overset{O}{\underset{}{\parallel}}{C}-O-\overset{O}{\underset{}{\parallel}}{C}R + HOR' \longrightarrow R\overset{O}{\underset{}{\parallel}}{C}-O-R'$$

（5）醇解，过量的醇和羧酸酯在加热条件下反应。

$$R\overset{O}{\underset{}{\parallel}}{C}-O-R' + HOR'' \longrightarrow R\overset{O}{\underset{}{\parallel}}{C}-O-R''$$

实验 3-24　乙酸乙酯的制备

实验目的

（1）学习羧酸与醇脱水制备酯的合成方法。

（2）巩固学习洗涤、萃取和蒸馏等基本实验操作。

（3）掌握控制可逆平衡反应的实验技术。

实验原理

$$H_3C\overset{O}{\underset{}{\parallel}}{C}-OH + H_3C-CH_2-OH \underset{}{\overset{H_2SO_4}{\rightleftharpoons}} H_3C\overset{O}{\underset{}{\parallel}}{C}-O-CH_2-CH_3$$

该反应是可逆反应，为了提高酯的产量，本实验采取加入过量乙醇及不断把反应中生成的酯和水蒸出的方法。在工业生产中，一般采用加入过量的乙酸，以便使乙醇转化完全，避免由于乙醇和水及乙酸乙酯形成二元或三元恒沸物给分离带来困难。

实验装置

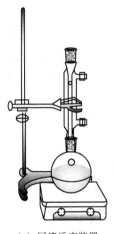
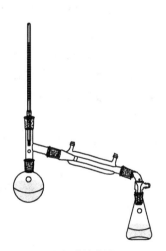

（a）回流反应装置　　　　　（b）蒸馏装置

图 3.15　实验装置

仪器与试剂

仪器：圆底烧瓶、回流冷凝管、电热套、分液漏斗、锥形瓶、蒸馏装置。

试剂：冰醋酸、乙醇、浓硫酸、无水硫酸镁、饱和食盐水、饱和碳酸钠水溶液、饱和氯化钙溶液、pH 试纸。

实验内容

(1) 乙酸乙酯的合成　在 50mL 圆底烧瓶中加入 7.2mL 冰醋酸和 11.5mL 乙醇，在摇动下慢慢加入 4mL 浓硫酸，混合均匀后加入沸石，装上回流冷凝管，在水浴上加热回流半小时 [图 3.15(a)]。

(2) 乙酸乙酯的分离　稍冷后改为蒸馏装置 [图 3.15(b)]，在沸水浴上蒸馏至不再有馏出物为止，得到粗乙酸乙酯。在摇动下慢慢向粗乙酸乙酯中加入饱和碳酸钠水溶液，无二氧化碳逸出为止，有机相对 pH 试纸呈中性为止。将液体转入分液漏斗中，振摇后静置分去水相，有机相用 15mL 饱和食盐水洗涤，再用 5mL 饱和氯化钙溶液洗涤两次。弃去水相，有机相用无水硫酸镁干燥。干燥后的乙酸乙酯在水浴上进行蒸馏，收集 73～78℃馏分，产量约 5～6g。

注意事项

(1) 温度不宜过高，否则会增加副产物乙醚的含量。滴加速度如果太快会使乙酸和乙醇来不及作用而被蒸出。

(2) 由于水与乙醇、乙酸乙酯形成二元或三元恒沸物，故在未干燥前已是清亮透明溶液，因此，不能以产品是否透明作为是否干燥好的标准，应以干燥剂加入后吸水情况而定，并放置 30min，其间要不时摇动。若洗涤不净或干燥不够时，会使沸点降低，影响产率。

(3) 乙酸乙酯与水或醇形成二元或三元共沸物的组成及沸点如表 3.1。

表 3.1　乙酸乙酯与水或醇形成二元或三元共沸物的组成及沸点

沸点/℃	组成/%		
	乙酸乙酯	乙醇	水
70.2	82.6	8.4	9.0
70.4	91.9		8.1
71.8	69.0	31.0	

思考题

(1) 乙酸与乙醇在硫酸催化下脱水制备乙酸乙酯是一个可逆平衡反应，若不打破反应平衡，乙酸乙酯的产率不高。本实验采取加入过量乙醇及不断把反应中生成的酯和水蒸出的方法。分水器是分去反应体系中水的一种简单仪器，请问本实验可否使用分水器分去生成的水而打破平衡呢？

(2) 在乙酸乙酯的后处理过程中，为什么用饱和氯化钙溶液洗涤？

实验 3-25　己二酸的合成

实验目的

(1) 了解环己醇氧化制备己二酸的基本原理和方法。

(2) 掌握机械搅拌器的安装和使用。

（3）掌握浓缩、过滤、重结晶等基本操作。

实验原理

己二酸（ADA），又称肥酸。常温下为白色晶体。是重要的有机合成中间体，主要用于合成纤维和聚氨酯，在增塑剂、润滑油、黏合剂、食品添加剂、杀虫剂、染料、香料和医药等领域也有应用。而制备羧酸最常用的方法是烯、醇或醛的氧化，常用的氧化剂有硝酸、重铬酸钾、高锰酸钾、过氧化氢等。本实验采用环己醇在高锰酸钾的酸性条件下氧化制备己二酸。

反应机理如下：

实验装置

（a）机械搅拌装置　　　　　　　　　　　　　　　（b）抽滤装置

图 3.16　实验装置

仪器与试剂

仪器：三颈瓶、回流冷凝管、移液器、温度计、搅拌装置、布氏漏斗。

试剂：环己醇、高锰酸钾、氢氧化钠、亚硫酸氢钠、活性炭、浓盐酸。

实验内容

（1）己二酸的制备

如图 3.16(a) 所示，安装好反应装置后，在 250mL 三颈瓶中加入 1g 氢氧化钠和 50mL 水，在搅拌下加入 6g 高锰酸钾。搅拌加热至 35℃溶解后，停止加热。用滴管慢慢加入 3mL 的环己醇，控制滴加速度将反应温度控制在 45℃左右，滴加完毕后若温度低于 40℃，在 50℃水浴中继续加热至溶液中高锰酸钾的颜色褪去后，在沸水浴上加热几分钟后有大量的二氧化锰沉淀凝结为止。用玻璃棒蘸反应物点到滤纸上，如出现紫色，可加入少量固体亚硫酸氢钠除去未反应的高锰酸钾。

（2）己二酸的分离

趁热抽滤［图 3.16(b)］，用少量热水洗涤滤渣 3 次，合并洗涤液和滤液在烧杯中，加入少量活性炭脱色，热过滤后将滤液浓缩至 8mL 左右，冷却后用浓盐酸酸化至 pH 值为 2～4。抽滤，干燥。产量约 2.2～2.8g。纯粹己二酸的熔点为 152℃。

注意事项

(1) 羧酸的制备通常是放热反应，并在较强的氧化条件下进行，应严格控制反应温度。

(2) 环己醇较黏稠，滴加时可加入少量水稀释。

思考题

(1) 制备羧酸常用的方法有哪些？

(2) 为什么要控制氧化反应的温度？

实验 3-26　苯甲酸乙酯的制备

实验目的

(1) 掌握酯化反应原理及苯甲酸乙酯的制备方法，了解三元共沸除水原理。

(2) 复习分水器的使用及液体有机化合物的精制方法。

(3) 进一步练习蒸馏、萃取、干燥和折射率的测定等基本操作。

实验原理

苯甲酸、乙醇在浓硫酸的催化下进行酯化反应，生成苯甲酸乙酯与水。由于苯甲酸乙酯的沸点较高，很难蒸出，所以本实验采用加入环己烷的方法，使环己烷、乙醇和水形成三元共沸物，其沸点为 62.1℃。三元共沸物经过冷却形成两相，使环己烷在上层的比例大，再回反应瓶，而水在下层的比例大，放出下层即可除去反应生成的水，使平衡向正方向移动。

仪器及试剂

仪器：圆底烧瓶、回流冷凝器、试管、分液漏斗、锥形瓶、烧杯、温度计、牛角管、球形冷凝管、分水器。

试剂：苯甲酸 4g、无水乙醇 10mL、浓硫酸 3mL、溴水、HCl 溶液、$FeCl_3$ 溶液、Na_2CO_3、环己烷 8mL、乙醚、无水 $MgSO_4$、沸石。

实验步骤

(1) 加料　于 50mL 圆底烧瓶中加入：4g 苯甲酸，10mL 乙醇，8mL 环己烷，3mL 浓硫酸，摇匀，加沸石。组装好仪器（安装分水器），加热反应瓶，开始回流。

(2) 分水回流　开始时回流要慢，随着回流的进行，分水器中出现上下两层。当下层接近分水器支管时将下层液体放入量筒中。继续蒸馏，蒸出过量的乙醇和环己烷，至瓶内有白烟或回流下来液体无滴状（约 2h），停止加热。

(3) 中和　将反应液倒入盛有 30mL 水的烧杯中，分批加入碳酸钠粉末至溶液呈中性（或弱碱性），无二氧化碳逸出，用 pH 试纸检验。

(4) 分离萃取、干燥、蒸馏　用分液漏斗分出有机层，水层用 25mL 乙醚萃取，然后合并至有机层。用无水 $MgSO_4$ 干燥，粗产物进行蒸馏，低温蒸出乙醚。当温度超过 140℃ 时，用牛角管直接接收 210~213℃ 的馏分。

(5) 检验鉴定

① 物理方法：取少量样品，用手扇动，再闻其气味，应该稍有水果气味。

② 化学方法：酯与羟胺反应生成一种氧酸。氧酸与铁离子形成牢固的品红色的络合物。

在试管中加入两滴新制备的酯，再加入 5 滴溴水。由于溴水的颜色不变或没有白色沉淀生成，将 5 滴新制备的酯滴入干燥的试管中，再加入 7 滴 3% 的盐酸羟胺的 95% 酒精溶液和 3 滴 2% 的 NaOH 溶液，摇匀后滴入 7 滴 5% HCl 溶液和 1 滴 5% $FeCl_3$ 溶液，试管内显示品红色，证明酯的存在。

③ 色谱分析：查找相关苯甲酸乙酯的色谱图，在分析产品的色谱与之对照。可以证明苯甲酸乙酯存在与否。

注意事项

(1) 注意浓硫酸的取用安全。加入浓硫酸应慢加且混合均匀，防止炭化。

(2) 回流时温度和时间的控制（反应初期小火加热，反应终点的正确判断）。

(3) 分水回流开始要控制温度，控制先前一个小时保持回流蒸气在分水器接圆底烧瓶内管处。

思考与讨论

(1) 本实验采用何种措施提高酯的产率？

(2) 为什么采用分水器除水？

(3) 何种原料过量？为什么？为什么要加苯？

(4) 浓硫酸的作用是什么？常用酯化反应的催化剂有哪些？

(5) 为什么用水浴加热回流？

(6) 在萃取和分液时，两相之间出现絮状物或乳浊液难以分层，如何解决？

实验 3-27　乙酰水杨酸

实验目的

(1) 了解制备乙酰水杨酸的原理和方法。

(2) 熟悉酯化反应和混合溶剂重结晶的方法。

实验原理

乙酰水杨酸通常称为阿司匹林（aspirin），是用水杨酸和乙酸酐合成的。早在 18 世纪，人们就知道从柳树皮中提取水杨酸，并将它用作止痛、退热和抗炎药，但水杨酸对肠胃刺激作用较大。乙酰水杨酸是 19 世纪末人类合成的可以替代水杨酸的有效药物。目前，阿司匹林仍然是一个广泛使用的具有解热止痛作用的治疗感冒的药物，并发现它有抑制诱发心脏病，防止血栓症和中风等新的功能。

反应机理如下：

主反应：

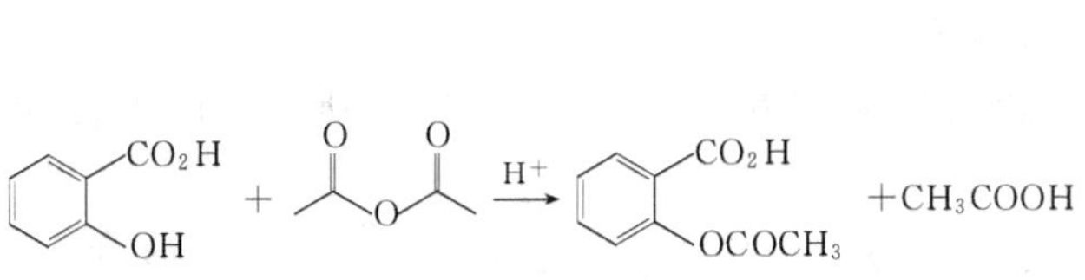

副反应：

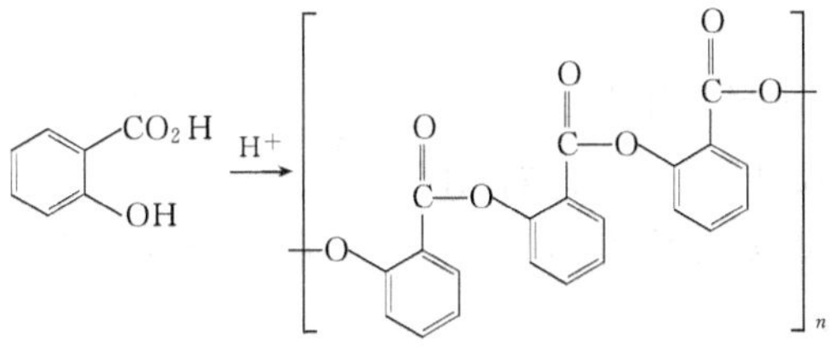

实验装置

（a）简易加热装置

（b）抽滤装置

图 3.17　实验装置

仪器与试剂

仪器：锥形瓶、烧杯、玻璃棒、加热磁力搅拌器、抽滤瓶、布氏漏斗。

试剂：水杨酸、乙酸酐、饱和碳酸氢钠溶液、1%三氯化铁溶液、乙酸乙酯、浓硫酸、浓盐酸。

实验内容

（1）乙酰水杨酸的制备　在 50mL 锥形瓶中加入 2.1g 水杨酸、3mL 乙酸酐和 3 滴浓硫酸［图 3.17(a)］，摇动锥形瓶使水杨酸完全溶解后，在加热磁力搅拌器上控制温度在 75～85℃左右加热 20min。稍微冷却后，在搅拌下倒入 30mL 冷水中，在冰水浴中冷却使结晶完全。抽滤，用滤液淋洗锥形瓶将所有产品收集。再用少量冷水洗涤晶体两次，抽干，自然晾干，称重，粗产物约 2g。

（2）乙酰水杨酸的分离　将粗产物移至 100mL 烧杯中，搅拌下加入 25mL 饱和碳酸氢钠溶液［图 3.17(b)］，加完继续搅拌数分钟，无二氧化碳气泡产生即可。抽滤，用 10mL 水洗涤漏斗上的白色黏性固体，合并滤液，倒入盛有 4mL 浓盐酸和 10mL 水配成溶液的烧杯中，搅拌即有白色乙酰水杨酸固体析出。将烧杯在冰浴下冷却，使结晶完全，抽滤，用少许冷水洗涤两次，得乙酰水杨酸晶体，干燥后的产物约 1.5g。熔点为 133～135℃。可以用 1%的三氯化铁溶液鉴定产物的纯度。纯粹乙酰水杨酸为白色针状晶体，熔点为 135～136℃。

注意事项

（1）乙酸酐要求是新蒸的。

（2）反应时要注意浴温不要过高，并要及时摇动。反应温度过高将增加副产物的生成。

（3）乙酰水杨酸受热易分解，其分解温度为 128～135℃，因此测熔点时不易观察，测试时应先将载体加热至 120℃左右，然后再放入样品测定。

思考题

（1）反应中浓硫酸的作用是什么？

（2）制备过程中的副反应是什么？如何除去？

（3）阿司匹林在水中受热分解得到一种溶液，此溶液对三氯化铁呈阳性实验，试解释并写出反应方程式。

实验 3-28 邻苯二甲酸二丁酯

实验目的

(1) 了解制备二元酯的原理和方法。

(2) 熟悉分水器和减压蒸馏的操作。

实验原理

邻苯二甲酸二丁酯是由酸酐和醇在强酸催化下反应得到的。反应经过两个阶段：第一段是生成单酯；第二阶段是单酯与醇酯化得到二酯。邻苯二甲酸二丁酯是广泛应用于乙烯型塑料的增塑剂，商品名 DBP，是一种能增强塑料柔韧性和可塑性的有机化合物。

反应原理如下：

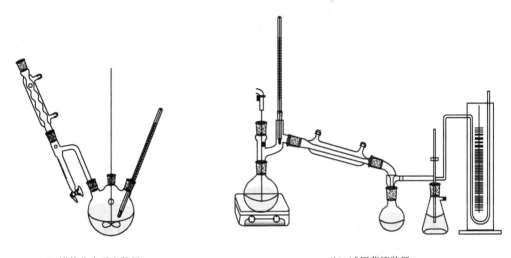

实验装置

（a）搅拌分水反应装置   （b）减压蒸馏装置

图 3.18 实验装置

仪器与试剂

仪器：三颈瓶、机械搅拌器、分水器、回流冷凝管、分液漏斗、减压蒸馏装置、真空油泵。

试剂：邻苯二甲酸酐、正丁醇、5％碳酸钠溶液、浓硫酸、饱和食盐水、无水硫酸钠。

实验内容

(1) 邻苯二甲酸二丁酯的制备 在干燥的 50mL 三颈瓶中依次加入 13mL 正丁醇、6g 邻苯二甲酸酐、5 滴浓硫酸和沸石，摇匀后，按装置图 3.18(a) 搭好仪器，先在分水器中加入水至与支管平齐。用小火加热，待邻苯二甲酸酐固体溶解后（约 15min），继续加热，此时逐渐有正丁醇和水的共沸物蒸出，当反应温度缓慢上升至 150℃时，停止加热（通常在 1.5～2h）。

（2）邻苯二甲酸二丁酯的分离　待反应瓶中液体温度降到 50℃以下时，反应液用 20mL 5％碳酸钠溶液中和后，分出水层，有机层用温热的等体积饱和食盐水洗涤 2 次（至中性），彻底分去水层［图 3.18(b)］。有机层用无水硫酸钠干燥后，用水泵蒸去正丁醇，再用油泵减压蒸馏，收集 180～190℃/1.3kPa（10mmHg）的馏分，产量约 6～7g。纯粹邻苯二甲酸二丁酯的沸点为 340℃。

注意事项

（1）开始加热时必须慢慢加热，待邻苯二甲酸酐固体消失后，方可提高加热速度，否则，邻苯二甲酸酐遇高温会升华附着在瓶壁上，造成原料损失而影响产率。若加热至 140℃后升温很慢，则可用补加 1 滴浓硫酸加速反应。

（2）如果水分离器中无水滴出现，则可判断反应结束。

（3）在 70℃以上时酯在碱液中易发生皂化反应，因此，洗涤时温度和碱液浓度不易过高。

（4）有机层如未洗到中性，在蒸馏过程中产物将会分解，在冷凝管口可观察到针状的邻苯二甲酸酐结晶。

（5）邻苯二甲酸二丁酯的沸点与压力之间的关系见表 3.2。

表 3.2　邻苯二甲酸二丁酯的沸点与压力之间的关系

压力/mmHg	760	20	10	5	2
沸点/℃	340	200～210	180～190	175～180	165～170

思考题

反应温度为什么不易过高？

实验 3-29　乙酰乙酸乙酯的制备

实验目的

（1）了解 Claisen 酯缩合的原理和方法。

（2）初步掌握减压蒸馏的操作技术。

（3）掌握钠制备钠砂的方法。

实验原理

含 α-活泼氢的酯在碱性催化剂存在下，能与另一分子酯发生 Claisen 酯缩合反应，生成 β-羰基酸酯。

$$CH_2CO_2C_2H_5 + {}^-OC_2H_5 \rightleftharpoons {}^-CH_2CO_2C_2H_5 + C_2H_5OH$$

$$CH_3COC_2H_5 + {}^-CH_2CO_2C_2H_5 \rightleftharpoons H_3-C-CH_2CO_2C_2H_5 \rightleftharpoons$$

$$H_3C-CO-CH_2CO_2C_2H_5 + {}^-OC_2H_5 \longrightarrow \left[H_3C-C-CHCO_2C_2H_5 \longleftrightarrow H_3C-C-CHCO_2C_2H_5 \right] + HOC_2H_5$$

$$Na^+[CH_3COCHCOOC_2H_5]^- + CH_3COCH \longrightarrow CH_3COCH_2COOC_2H_5 + CH_3COONa$$

实验装置

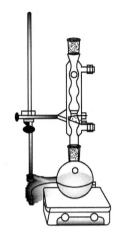

（a）回流反应装置

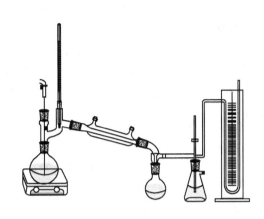

（b）减压蒸馏装置

图 3.19　实验装置

仪器与试剂

仪器：圆底烧瓶、回流冷凝管、干燥管、蒸馏装置、分液漏斗、减压蒸馏装置。

试剂：乙酸乙酯、金属钠、二甲苯、无水硫酸钠、乙酸、饱和氯化钠溶液。

实验内容

（1）乙酰乙酸乙酯的合成　实验装置如图 3.19（a）所示，在干燥的 100mL 圆底烧瓶中加入 2.5g 金属钠和 12.5mL 干燥的二甲苯，装上冷凝管，在石棉网上小心加热使钠熔融后，立即拆去冷凝管，用橡胶塞塞紧圆底烧瓶，厚棉布包住后用力摇动，得到砂状钠珠，然后将二甲苯倒出后迅速将 27.5mL 乙酸乙酯加入到圆底烧瓶中，装上带有干燥管的回流冷凝管。小心用小火加热，保持溶液微沸状态，约 1.5h 后钠反应完全。将反应液稍冷后，慢慢加入 50% 的乙酸溶液，直至反应液呈弱酸性为止，约需 15mL。所有的固体物质溶解。

（2）乙酰乙酸乙酯的分离　将反应物转入分液漏斗，加入等体积的饱和氯化钠溶液[图 3.19（b）]，用力振摇后，静置，分出有机层，用无水硫酸钠干燥。将干燥好的溶液滤入蒸馏装置的圆底烧瓶中，用少量乙酸乙酯洗涤脱脂棉上的干燥剂。在沸水浴上蒸去未反应的乙酸乙酯后，将装置改为减压蒸馏装置，缓慢加热蒸出低沸点化合物，再升高温度，收集 $80 \sim 84℃ / 2.66kPa$（20mmHg）的馏分，产量约 6g。

注意事项

（1）所用试剂及仪器必须干燥。

（2）乙酸乙酯应是干燥过的。金属钠遇水会立即燃烧、爆炸，在称量过程中应迅速并应十分小心。

（3）乙酸中和时开始会有固体出现，随着酸的加入及振摇，固体会逐渐溶解，最后为澄清液体。如有少量固体未溶解，可以加入少量水使其溶解，应避免加入过量乙酸，否则会增加乙酰乙酸乙酯在水中的溶解度而使产量降低。

（4）乙酰乙酸乙酯沸点与压力的关系见表 3.3。

表 3.3　乙酰乙酸乙酯沸点与压力的关系

压力/mmHg	760	80	60	40	30	20	18	14	12
沸点/℃	181	100	97	92	88	82	78	74	71

思考题

(1) Claisen 酯缩合反应的催化剂是什么？本实验中的催化剂是什么？

(2) 为什么使用二甲苯作为溶剂，而不用苯或甲苯？

(3) 为什么用乙酸酸化，而不用稀盐酸或稀硫酸酸化？为什么要调到弱酸性，而不是中性？

实验 3-30　乙酸正丁酯

实验目的

(1) 学习酯类化合物的制备原理和方法。

(2) 掌握带分水器的回流冷凝操作的实验技术。

实验原理

乙酸正丁酯是一种重要的有机溶剂。它可作为清漆的稀释剂，火棉胶、硝酸纤维素和人造革涂料的溶剂，也可作为一些药物生产的溶剂，红霉素的生产就是用乙酸正丁酯作溶剂。

上反应

$$CH_3COOH + CH_3CH_2CH_2CH_2OH \xrightarrow{\text{H}^+,回流} CH_3COOCH_2CH_2CH_2CH_3 + H_2O$$

副反应：

$$CH_3CH_2CH_2CH_2OH \xrightarrow{\text{H}^+,回流} CH_3CH_2CH_2CH_2OCH_2CH_2CH_2CH_3 + CH_3CH_2CH=\!=\!CH_2$$

实验装置

　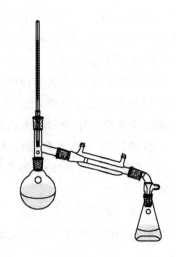

（a）分水反应装置　　　　　　　　　　　　　（b）蒸馏装置

图 3.20　实验装置

仪器与试剂

仪器：三颈瓶、回流冷凝管、分水器、分液漏斗、圆底烧瓶、蒸馏装置。

试剂：正丁醇、冰醋酸、硫酸氢钾、10%碳酸钠、无水硫酸镁。

实验内容

（1）乙酸正丁酯的制备　在 100mL 三颈瓶中［图 3.20（a）］，加入 23mL 正丁醇、16.5mL 冰醋酸和 1g 硫酸氢钾，混合均匀。接上回流冷凝管和分水器，并在分水器中预先加入水至稍低于支管口（约 2.6mL）回流至不再有水生成，大约 40min。

（2）乙酸正丁酯的分离　将反应液分别用 10mL 水、10mL 10％碳酸钠溶液、10mL 水洗至中性后［图 3.20（b）］，用无水硫酸镁干燥。将干燥好的乙酸正丁酯滤入 50mL 圆底烧瓶中，蒸馏收集 124～126℃的馏分，产量 3～4g。

注意事项

（1）冰醋酸在低温时凝结成固体（熔点 16.6℃），取用时可用温水浴加热使其液化后量取，并注意不要触及皮肤，防止烫伤。

（2）根据分出的总水量，可以粗略地估计酯化反应完成的程度。

（3）浓硫酸在反应中起催化作用，故只需少量。滴加浓硫酸时，要边加边摇以免局部炭化，必要时可用冷水冷却。

（4）本实验利用恒沸混合物除去酯化反应中生成的水。正丁醇、乙酸正丁酯和水形成以下几种恒沸混合物（见表 3.4）。

表 3.4　恒沸混合物

恒沸混合物		沸点/℃	组成的质量分数/%		
			乙酸正丁酯	正丁醇	水
二元	乙酸正丁酯-水	90.7	72.9		
	正丁醇-水	93		55.5	27.1
	乙酸正丁酯-正丁醇	117.6	32.8	67.2	
三元	乙酸正丁酯-正丁醇-水	90.7	63	8	29

含水的恒沸混合物冷凝为液体时，分为两层，上层为含少量水的酯和醇，下层主要是水。

思考题

（1）酯化反应有哪些特点？本实验中如何提高产品收率？

（2）在提纯粗产品的过程中，用碳酸钠溶液洗涤主要除去哪些杂质？如改用氢氧化钠溶液是否可以？为什么？

实验 3-31　对硝基苯甲酸的制备

实验目的

（1）掌握利用对硝基甲苯制备对硝基苯甲酸的原理及方法。

（2）掌握电动搅拌装置的安装及使用。

（3）练习并掌握固体酸性产品的纯化方法。

实验原理

该反应为两相反应，要不断滴加浓硫酸，为了增加两相的接触面，尽可能使其迅速均匀地混合，避免因局部过浓、过热导致的副反应和有机物的分解，生成的粗产品为酸性固体物质，可通过加碱溶解、再酸化的办法来纯化。纯化的产品用蒸汽浴干燥。

药品及仪器

对硝基甲苯、活性炭重铬酸钠、水、浓硫酸、水浴装置、对硝基苯甲酸、5%NOOH溶液、抽滤装置、烧杯、三颈瓶、滴液漏斗、回流冷凝管等。

实验步骤

在带有回流冷凝管的100mL三颈瓶中依次在搅拌下加入6g对硝基甲苯、18g重铬酸钾粉末及40mL水。自滴液漏斗滴入25mL浓硫酸。硫酸滴完后，加热回流0.5h，反应液呈黑色（过程中，冷凝管可能会有白色的对硝基甲苯析出，可适当关小冷凝水，使其熔融滴下）。待反应物冷却后，搅拌下加入80mL冰水，有沉淀析出，抽滤并用50mL水分两次洗涤。将洗涤后的对硝基苯甲酸的黑色固体放入30mL 5%硫酸中，沸水浴上加热10min，冷却后抽滤。

将抽滤后的固体溶于50mL 5% NaOH溶液中，50℃温热后抽滤，在滤液中加入1g活性炭，煮沸趁热抽滤。充分搅拌下将抽滤得到的滤液慢慢加入盛有60mL 15%硫酸溶液的烧杯中，析出黄色沉淀，抽滤，少量冷水洗涤两次，干燥后称重。

注意事项

（1）安装仪器前，要先检查电动搅拌装置转动是否正常，搅拌棒要垂直安装，安装好仪器后，再检查转动是否正常。

（2）从滴加浓硫酸开始，整个反应过程中，一直保持搅拌。

（3）滴加浓硫酸时，只搅拌，不加热；加浓硫酸的速度不能太快，否则会引起剧烈反应。

（4）转入到40mL冷水中后，可用少量（约10mL）冷水再洗涤烧瓶。

（5）碱溶时，可适当温热，但温度不能超过500℃，以防未反应的对硝基甲苯熔化，进入溶液。

（6）酸化时，将滤液倒入酸中，不能反过来将酸倒入滤液中。

（7）纯化后的产品，用蒸汽浴干燥。

思考题

（1）本实验为芳烃侧链的氧化反应。芳环侧链的氧化方法有哪些？氧化的规律有哪些？试写出下列化合物氧化的产物：①对甲异丙苯；②邻氯甲苯；③萘；④对叔丁基甲苯；⑤苯。

（2）本实验为非均相反应，提高非均相反应的措施除了电动搅拌外，还有哪些？

实验 3-32　烟酸的制备

实验目的

（1）了解烟酸的合成路线，性质与用途。

（2）掌握高锰酸钾氧化法对芳烃的氧化原理及实验方法。

（3）熟悉酸碱两性有机化合物的分离纯化技术。

实验原理

烟酸即 3-吡啶甲酸，又名尼可丁酸，是结构最简单、理化性质最稳定的一种维生素，是人体和动物中不可缺少的营养成分，它参与组织的氧化还原过程，具有促进细胞新陈代谢和扩张血管的功能，能促进人体和动物的生长发育。

烟酸可以由喹啉经氧化、脱羧合成，但合成路线长，且使用的试剂为腐蚀性强酸。因此本实验采用常压试剂氧化法，以 3-甲基吡啶为原料，经高锰酸钾氧化，制备烟酸。反应方程式如下：

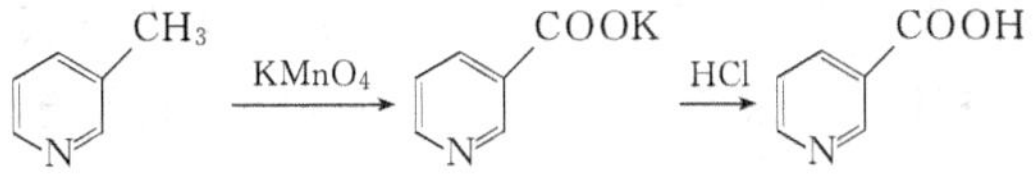

仪器与试剂

仪器：电热套，温度计，烧杯、精密 pH 试纸，电动搅拌器，三颈瓶，圆底烧瓶，回流冷凝管，接引管，布氏漏斗，抽滤瓶等。

试剂：3-甲基吡啶，浓盐酸，高锰酸钾，蒸馏水，活性炭，氢氧化钠。

实验步骤

在配有回流冷凝管、温度计和搅拌子的三颈瓶中，加入 3-甲基吡啶 5g、蒸馏水 200mL，水浴加热至 85℃。在搅拌下，分批加入高锰酸钾 21g，控制反应温度在 85～90℃，加毕，继续搅拌反应 1h。停止反应，改成常压蒸馏装置，蒸出水及未反应的 3-甲基吡啶，至流出液呈现不浑浊为止，约蒸出 130mL 水，停止蒸馏，趁热过滤，用 12mL 沸水分三次洗涤滤饼（二氧化锰），弃去滤饼，合并滤液与洗液，得烟酸钾水溶液。将烟酸钾水溶液移至 500mL 烧杯中，用滴管滴加浓盐酸调 pH 值至 3～4（烟酸的等电点的 pH 值约 3.4，注意：用精密 pH 试纸检测），冷却析晶，过滤，抽干，得烟酸粗品。

将粗品移至 250mL 圆底烧瓶中，加粗品 5 倍量的蒸馏水，水浴加热，轻轻振摇使溶解，稍冷，加活性炭适量，加热至沸腾，脱色 10min，趁热过滤，慢慢冷却析晶，过滤，滤饼用少量冷水洗涤，抽干，干燥，得无色针状结晶烟酸纯品，mp：236～239℃。

注意事项

（1）慢慢冷却结晶，有利于减少氯化钾在产物中的夹杂量。

（2）氧化反应若完全，二氧化锰沉淀滤去后，反应液不再显紫红色。如果显紫红色，可加少量乙醇，温热片刻，紫色消失后，重新过滤。

（3）精制中加入活性炭的量可由粗品的颜色深浅来定，若颜色较深可多加一些。

思考题

（1）氧化反应若反应完全，反应液呈什么颜色？

（2）为什么加乙醇可以除去剩余的高锰酸钾？

（3）在产物处理过程后，为什么要将 pH 值调至烟酸的等电点？

（4）本实验在烟酸精制过程中为什么要强调缓慢冷却结晶处理？冷却速度过快会造成什么后果？

（5）如果在烟酸产物中尚含有少量氯化钾，如何除去？试拟定分离纯化方案。

实验 3-33　肉桂酸的制备

实验目的

(1) 学习形成碳碳双键的制备方法，熟悉 Perkin 反应的原理。

(2) 巩固回流、水蒸气蒸馏、重结晶和脱色等基本实验技术。

(3) 学习有机物的分离和结构鉴定。

实验原理

肉桂酸，又名 β-苯丙烯酸、3-苯基-2-丙烯酸，是从肉桂皮或安息香分离出来的有机酸。主要用于香精香料、食品添加剂、医药工业、美容和有机合成等方面。

反应机理如下：

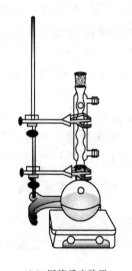

实验装置

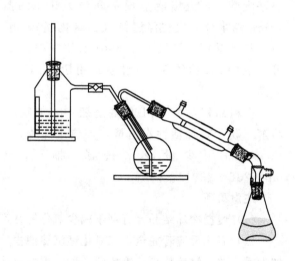

　　(a) 回流反应装置　　　　　　　　　(b) 简易水蒸气蒸馏装置

图 3.21　实验装置

仪器与试剂

仪器：圆底烧瓶（2个）、回流冷凝管（2个）、磁力搅拌器、玻璃棒、水蒸气蒸馏装置、抽滤瓶、显微熔点测定仪。

试剂：苯甲醛（新蒸）、乙酸酐（新蒸）、无水碳酸钾、10％氢氧化钠溶液、盐酸 $(V/V = 1:1)$、乙醇水溶液 $(V/V = 3:1)$、活性炭。

实验内容

(1) 肉桂酸的合成　在 250mL 干燥的圆底烧瓶中［图 3.21(a)］依次加入无水碳酸钾

（5.0g，0.05mol）、苯甲醛（5.3g，0.05mol）和乙酸酐（15.3g，0.15mol）（注意：本反应要求无水；可加苯甲醛 2％的对苯二酚），在带磁力搅拌的油浴中加热回流 1h（150～170℃，注意：加热过于激烈，易使乙酸酐蒸气从冷凝管逸出，且易使生成的肉桂酸脱羧生成苯乙烯，苯乙烯在此温度下聚合生成焦油），冷却反应混合物。

（2）肉桂酸的分离　在冷却的反应混合物中加入 40mL 水，浸泡 10min，并用玻璃棒捣碎圆底烧瓶中的固体，安装好简易的水蒸气蒸馏装置[图 3.21(b)]，进行水蒸气蒸馏，直至无油状物蒸出为止。待圆底烧瓶冷却后，加入 40mL 10％氢氧化钠水溶液，搅拌让生成的肉桂酸钠盐尽量溶于水（pH＝8）。再加入 90mL 水和适量活性炭，加热煮沸脱色，趁热过滤。待滤液冷却至室温后，边搅拌边小心加入盐酸（$V/V＝1:1$）至溶液 pH＝1～2，冷却结晶。抽滤，用少许冷水洗涤，烘干后称重的粗产品 3～5g。将粗产品用 3:1 的水/乙醇溶液重结晶。

思考题

（1）具有何种结构的醛能进行 Perkin 反应？

（2）本实验中，水蒸气蒸馏蒸去的是什么物质？

（3）写出肉桂酸的立体异构体（顺反异构）。用 ^{1}H-NMR 手段能否说明本实验中得到的肉桂酸是顺式、反式或是同时存在？请作分析。

实验 3-34　香豆素-3-羧酸

实验目的

（1）掌握 Perkin 反应原理和芳香族羟基内酯的制备方法。

（2）熟练掌握重结晶的操作技术。

实验原理

Perkin 反应，是指由不含有 *d*-H 的芳香醛（如苯甲醛）在强碱弱酸盐（如碳酸钾、乙酸钾等）的催化下，与含有 *d*-H 的酸酐（如乙酸酐、丙酸酐等）所发生的缩合反应，并生成不饱和羧酸盐，经酸性水解即可得到不饱和羧酸。

水杨醛与丙二酸酯在六氢吡啶的催化下缩合成香豆素-3-甲酸乙酯，加碱水解，酯基和内酯均被水解，然后经酸化再次闭环形成内酯，即为香豆素。

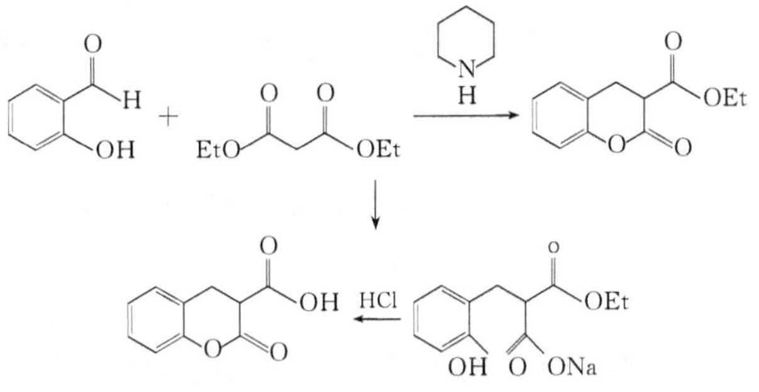

试剂与仪器

仪器：布氏漏斗、抽滤瓶、圆底烧瓶（50mL）、回流冷凝管、干燥管、烧杯、量筒、锥形瓶。

试剂：水杨醛，丙二酸乙二乙酯，无水乙醇，六氢吡啶，冰醋酸，95％乙醇，氢氧化钠，浓盐酸，无水氯化钙。

实验步骤

(1) 香豆素-3-羧酸酯　在 50mL 圆底烧瓶中依次加入 2.1mL 水杨醛、3.4mL 丙二酸乙二乙酯、15mL 无水乙醇和 0.3mL 六氢吡啶及 1 滴冰醋酸，加入几粒沸石，装上配有无水氯化钙干燥管的回流冷凝管，加热回流 2h，待反应物稍冷后转移到锥形瓶中，加入 15mL 冷水，置于冰水浴中冷却，待结晶析出后，抽滤，晶体每次用 1~2mL 冰冷过的 25％乙醇洗 2~3 两次，可得粗产品，经干燥后重约 3g，熔点 92~93℃。粗产物可用 25％的乙醇水溶液重结晶，熔点 93℃。

(2) 香豆素-3-羧酸　在 50mL 圆底烧瓶中加入 2.6g 香豆素-3-羧酸乙酯、1.5 g 氢氧化钠、10mL95％乙醇和 5mL 水，加热回流约 15min。冷却后，反应液倒入盛 25mL 水和 5mL 浓盐酸的烧杯中，边倒边摇动，立即有白色晶体析出。冰浴冷却使结晶完全，抽滤，用少量冰水洗涤，干燥后称重约 1~1.5g，熔点 188℃。粗产品可以再用水重结晶。

注意事项

(1) 水杨醛或者丙二酸酯过量，都可使平衡向右移动，提高香豆素-3-甲酸乙酯的产率。可使水杨醛过量，因为其极性大，后处理容易。

(2) 用滴加的方式将溶于乙醇的丙二酸二乙酯加入圆底烧瓶，无水乙醇介质使原料互溶性更好，每次加入数滴，使其完全包裹在水杨醛与六氢吡啶的溶液内，充分接触，反应更充分。

(3) 随着催化剂六氢吡啶的用量的增加，产率提高，主要是碱性增强，碳负离子数目增多，产率增大，但用量过多时，其会与生成的香豆素-3-甲酸乙酯进一步生成酰胺，产率降低，所以其最好与丙二酸酯的物质的量比为 1：10。

(4) 反应温度以能让乙醇匀速缓和回流为好，大概在 800℃左右，温度过高回流过快，甚至有副反应发生。

思考题

(1) 试写出 Knoevenagel 反应制备香豆素-3-羧酸的反应机理，反应中加入乙酸的目的是什么？

(2) 如何用香豆素-3-羧酸制备香豆素？

实验 3-35　对氨基苯磺酰胺（磺胺）的制备

实验目的

(1) 通过对氨基苯磺酰胺的制备，掌握酰氯的氨解和乙酰氨基衍生物的水解。

(2) 巩固回流、脱色、重结晶等基本操作。

实验原理

本实验从对乙酰氨基苯磺酰氯出发经下述三步反应合成对氨基苯磺酰胺（磺胺）。

$$2 \begin{array}{c} NH_3^+Cl^- \\ \text{\Large \bigcirc} \\ SO_2Cl \end{array} + Na_2CO_3 \longrightarrow 2 \begin{array}{c} NH_2 \\ \text{\Large \bigcirc} \\ SO_2NH_2 \end{array} + 2NaCl$$

仪器及试剂

仪器：烧杯、恒温水浴锅（带搅拌）、回流冷凝管、圆底烧瓶、沸石、抽滤装置。

试剂：对乙酰氨基苯磺酰氯粗产品，浓氨水，盐酸，碳酸钠。

实验步骤

（1）对乙酰氨基苯磺酰胺的制备　将自制的对乙酰氨基苯磺酰氯粗品放入 50mL 的烧杯中，搅拌下慢慢加入 35mL 浓氨水，立即发生放热反应生成糊状物。加完氨水后，在室温下继续搅拌 10min，使反应完全。

将烧杯置于热水浴中，于 70℃反应 10min，并不断搅拌，以除去多余的氨，然后将反应物冷至室温。振荡下向反应混合液加入 10%的盐酸，至反应液使石蕊试纸变红（或对刚果红试纸显酸性）。用冰水浴冷却反应混合物至 10℃，抽滤，用冷水洗涤。得到的粗产物可直接用于下步合成。

（2）对氨基苯磺酰胺（磺胺）的制备　将对乙酰氨基苯磺酰胺的粗品放入 50mL 的圆底烧瓶中，加入 20mL10%的盐酸和一粒沸石。装上回流冷凝管，使混合物回流至固体全部溶解（约需 10min），然后再回流 0.5h。将反应液倒入一个大烧杯中，将其冷却至室温。在搅拌下小心加入碳酸钠固体（约需 4g），至反应液对石蕊试纸恰显碱性（pH＝7～8），在中和过程中，磺胺沉淀析出。在冰水浴中将混合物充分冷却，抽滤，收集产品。用热水重结晶产品并干燥。称重，计算产率。测定熔点。纯的对氨基苯磺酰胺（磺胺）为一白色针状晶体，mp：165～166℃。

注意事项

（1）本反应需使用过量的氨以中和反应生成的氯化氢，并使氨不被质子化。

（2）此产物对于水解反应来说已足够纯，若需纯品，可用 95%的乙醇进行重结晶，纯品的熔点为 220℃。

（3）若溶液呈现黄色，可加入少量活性炭，煮沸，抽滤。

（4）应少量分次加入固体碳酸钠，由于生成二氧化碳，每次加入后都会产生泡沫。

（5）由于磺胺能溶于强酸和强碱中，故 pH 值应控制在 7～8。

实验 3-36　苯甲醇和苯甲酸

实验目的

（1）学习醛的歧化反应，熟悉 Cannizzaro 反应的原理。

（2）巩固低沸点和高沸点溶剂的蒸馏、重结晶和脱色等基本实验技术。

（3）学习有机物的分离和结构鉴定。

实验原理

芳醛和其他无 α-活泼氢的醛（如甲醛、三甲基乙醛等）与浓的强碱溶液作用时，发生自身氧化还原反应，一分子醛被氧化成酸，一分子被还原成醇，此反应称为 Cannizzaro 反应。苯甲醇是非常有用的定香剂，是茉莉、月下香、伊兰等香精调配时不可缺少的香料。用于配制香皂等日化品香精。苯甲酸及其钠盐可用作乳胶、牙膏、果酱或其他食品的抑菌剂，也可作染色和印色的媒染剂。

反应机理如下：

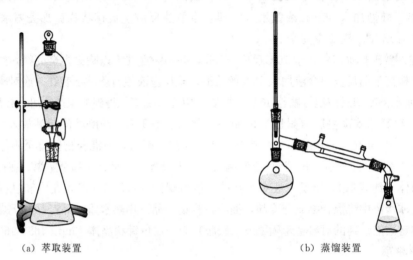

实验装置

（a）萃取装置　　　　　　　　　　　　　　（b）蒸馏装置

图 3.22　实验装置

仪器与试剂

仪器：锥形瓶（19#，1×250 mL）、分液漏斗、蒸馏装置（1套）、抽滤瓶（1个）、布氏漏斗。

试剂：苯甲醛（新蒸）、氢氧化钾、乙醚、无水碳酸钾、无水硫酸镁、饱和亚硫酸氢钠、10%碳酸钠溶液、浓盐酸。

实验内容

（1）苯甲醇和苯甲酸的合成　在锥形瓶中［图 3.22(a)］配制9g氢氧化钾和9mL水的溶液，冷至室温后，加入10mL新蒸过的苯甲醛，用橡胶塞塞紧瓶口，用力振摇，使反应物充分混合，最后成为白色糊状物，放置24 h以上。

（2）苯甲醇和苯甲酸的分离　向反应混合物中加入30mL水，使其中的苯甲酸盐全部溶解。将溶液倒入分液漏斗［图 3.22(b)］，用乙醚萃取三次，每次10mL。合并乙醚萃取液，依次用3mL饱和亚硫酸氢钠溶液、3mL 10%碳酸钠溶液及5mL水洗涤，最后用无水硫酸镁或无水碳酸钾干燥。将干燥后的乙醚溶液先蒸去乙醚，再蒸馏苯甲醇，收集204～206℃的馏分，产量约3～4g。

乙醚萃取后的水溶液，用浓盐酸酸化至刚果红试纸变蓝。充分冷却使苯甲酸完全析出，抽滤，粗产物用水重结晶，得苯甲酸约4g，熔点121～122 ℃。

注意事项

（1）充分振摇是反应成功的关键。如混合充分，放置24h后混合物通常在瓶内固化，苯甲醛气味消失。

（2）实验中用乙醚萃取，使用过程中应注意必须不能有任何明火。蒸馏乙醚时用热水浴加热，接收瓶用冷水浴冷却。

思考题

（1）本实验中两种产物是根据什么原理分离提纯的？

（2）实验中每步洗涤的目的是什么？

（3）乙醚萃取后的水溶液，用浓盐酸酸化到中性是否最适当？为什么？不用试纸或试剂检查，如何知道酸化已经适当？

实验 3-37　呋喃甲醇与呋喃甲酸

实验目的

（1）学习醛的歧化反应，熟悉 Cannizzaro 反应的原理。

（2）巩固低沸点和高沸点溶剂的蒸馏、重结晶和脱色等基本实验技术。

（3）学习有机物的分离和结构鉴定。

实验原理

无 α-活泼氢的醛与浓的强碱溶液作用时，发生自身氧化还原反应，一分子醛被氧化成酸，一分子被还原成醇，此反应称为 Cannizzaro 反应。呋喃甲酸是抗生素的一种，是第一种能够治疗人类疾病的抗生素。呋喃甲醇是无色易流动液体，遇空气变黑，有特殊的苦辣气味，对人体健康有危害。

反应机理如下：

实验装置

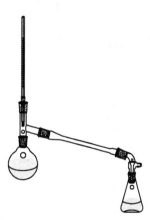

（a）高沸点溶剂蒸馏装置

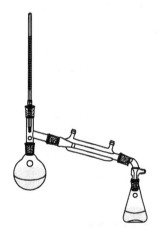

（b）蒸馏装置

图 3.23　实验装置

仪器与试剂

仪器：圆底烧瓶（1×50mL、1×25mL）、磁力搅拌器、冰水浴装置、分液漏斗（1×100mL）、圆底烧瓶（19#，1×25mL）、空气冷凝管（19#，1支）、蒸馏装置（1套）、抽滤瓶（1个）、布氏漏斗。

试剂：呋喃甲醛（新蒸）、氢氧化钠、乙醚、无水碳酸钾、浓盐酸。

实验内容

（1）呋喃甲醇和呋喃甲酸的合成　取 4g 氢氧化钠溶于 6mL 水中，冰水浴冷却。再将 8.2mL 呋喃甲醛加入浸于冰水浴的圆底烧瓶中［图 3.23(a)］。用滴管将氢氧化钠溶液边搅拌边滴加到呋喃甲醛中。滴加过程必须保持反应温度在 8～12℃ 之间。加完后，仍保持此温度继续搅拌 1h，反应即可完成，得一米黄色浆状物。

（2）呋喃甲醇和呋喃甲酸的分离　在搅拌下向反应物中加入适量的水，使沉淀恰好完全溶解。转入分液漏斗中［图 3.23(b)］，用乙醚萃取 4 次，每次 8mL。合并乙醚萃取液，用无水碳酸钾干燥。将干燥后的乙醚溶液在水浴上先蒸去乙醚，然后再蒸呋喃甲醇，收集 169～172℃ 的馏分，产量约 3g，纯粹呋喃甲醇为无色透明液体，沸点 171℃。

乙醚萃取后的水溶液，用浓盐酸（约 2.5 mL）酸化使刚果红试纸变蓝。冷却使呋喃甲酸析出完全，抽滤，粗产物用水重结晶，得白色针状呋喃甲酸约 3～4g，熔点 133～134 ℃。

注意事项

（1）呋喃甲醛存放过久会变成棕褐色甚至黑色，同时往往含有水分，因此使用前需蒸馏提纯，收集 155～162℃ 馏分，最好在减压下蒸馏，收集 54～55℃/2.27kPa（17mmHg）馏分，新蒸的呋喃甲醛为无色或淡黄色液体。

（2）反应温度若高于 12℃，则反应物温度极易升高而难以控制，致使反应物变成深红色，若低于 8℃ 则反应过慢，可能积累一些氢氧化钠，一旦发生反应，则过于猛烈，易使温度迅速升高，增加副反应，影响产量及纯度。自身氧化还原反应是在两相间进行的，因此必须充分搅拌。

（3）加水过多会损失一部分产品。

（4）酸化时酸要加够，保证 pH＝3 左右，使呋喃甲酸充分游离出来，这步是影响呋喃甲酸收率的关键。

（5）重结晶呋喃甲酸粗产品时，不要长时间加热回流。如长时间加热回流，部分呋喃甲酸会被分解，出现焦油状物。

思考题

（1）试比较 Cannizzaro 反应与羟醛缩合反应在醛的结构上有何不同？

（2）本实验中呋喃甲醇和呋喃甲酸是根据什么原理分离和提纯的？

（3）用浓盐酸将乙醚萃取后的呋喃甲酸水溶液酸化到中性是否适当？为什么？若不用刚果红试纸，怎样判断酸化是否恰当？

3.7 硝基化合物

硝基化合物可看作是烃分子中的一个或多个氢原子被硝基取代后生成的衍生物，按羟基的不同可以分为脂肪族硝基化合物和芳香族硝基化合物。硝基化合物有毒，其蒸气能透过皮肤被机体吸收使人中毒。多硝基化合物有爆炸性。硝基化合物可用作医药、染料、香料、炸药等工业的化工原料及有机合成试剂。多硝基化合物性质不稳定，有强氧化力，可用作炸药。例如三硝基甲苯（TNT）和苦味酸等。液体的硝基化合物具有一定的化学稳定性，因此常被用作一些有机反应的溶剂。

脂肪族硝基化合物为无色或略带黄色的液体，沸点较高。芳香族硝基化合物大多为黄色是结晶固体，一硝基化合物为高沸点的液体除外。由于硝基是很强的吸电子基，硝基化合物的偶极矩大、极性大、分子间吸引力大，其沸点比相应的卤代烃高。

脂肪族硝基化合物的主要性质有：

（1）α-H 的酸性　由于硝基是强吸电子基，脂肪族硝基化合物 α-H 具有一定的酸性，可溶于碱，与氢氧化钠作用生成盐。硝基化合物的酸式—硝基式之间的互变与羰基化合物的酮式—烯醇式互变异构现象相似，两者主要区别是酸式存在的时间较烯醇式要长。

（2）与羰基化合物的反应　具有 α-H 的伯、仲硝基化合物在碱催化下能与某些羰基化合物发生缩合反应。

（3）和亚硝酸的反应　伯硝基烷与亚硝酸作用，得到蓝色的亚硝基化合物，在碱作用下转变成红色的硝肟酸盐溶液；仲硝基烷与亚硝酸作用得无色的亚硝基化合物，其碱性溶液呈蓝色。

（4）芳香族硝基化合物的化学性质　芳香族硝基化合物由于没有 α-H，它的性质与脂肪族硝基化合物的性质有许多不同的地方。芳香族硝基化合物最重要的性质是还原反应。

还原反应：硝基化合物易被还原，选用不同的还原剂，在不同的条件下，可将硝基苯还原成不同的产物。

芳环上的亲核取代反应：当芳环上的氢被硝基取代后，由于硝基是强吸电子基，使苯环上的电子云密度降低，不利于亲电试剂的进攻；同时硝基对苯环上的其他取代基也产生极大的影响，邻位或对位被硝基取代的芳香卤代物容易发生亲核取代反应。

实验 3-38　硝基苯的制备

实验目的

（1）通过硝基苯的制备加深对芳烃亲电取代反应的理解。

（2）掌握液体干燥、减压蒸馏和机械搅拌的实验操作。

实验原理

硝化反应是制备芳香硝基化合物的主要方法，也是重要的亲电取代反应之一。芳烃的硝化较容易进行，通常在浓硫酸存在下与浓硝酸作用，烃的氢原子被硝基取代，生成相应的硝基化合物。硫酸的作用是提供强酸性的介质，有利于硝酰阳离子（NO_2^+）的生成，它是真正的亲电试剂，硝化反应通常在较低的温度下进行，在较高的温度下硝酸的氧化作用往往导致原料的损失。

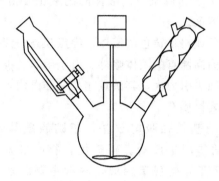

实验装置

图 3.24 实验装置

仪器与试剂

仪器：回流冷凝管、三颈瓶、空气冷凝管、恒压滴液漏斗、锥形瓶、机械搅拌器、Y形管、温度计、分液漏斗、减压蒸馏装置、油浴加热。

试剂：苯、浓硝酸、浓硫酸、氢氧化钠、10%碳酸钠溶液、蒸馏水、无水氯化钙等。

实验步骤

在 100mL 锥形瓶中（图 3.24）倒入 14.6 mL 浓硝酸，在冷水浴中慢慢滴加 20mL 浓硫酸，混匀。将 17.8mL 苯放入 250mL 三颈瓶中，将混酸 34.6mL 放入恒压滴液漏斗中，回流冷凝管通水，搅拌器开启，缓慢滴入混酸，冷水浴使反应维持在 40～50℃。滴加完毕后，水浴加热，维持温度在 55～65℃ 50min。硝基苯为黄色油状物，如果回流液中，黄色油状物消失，而转变成乳白色油珠，表示反应已完全。

反应结束后，转移液体至分液漏斗，将酸层与有机层（上层）分离，用等体积冷水洗涤粗产物 2 次，再用 10%碳酸钠溶液洗涤 2～3 次除去剩余酸（可用 pH 试纸检测）。再用等体积蒸馏水洗一次。然后加入无水氯化钙干燥产物。将粗产物转移至 50 mL 烧瓶中使用 250℃温度计及空气冷凝管进行蒸馏，收集 205～210℃馏分，至产物稍有剩余时停止蒸馏。称量，并计算硝基苯产率。

注意事项

（1）硝基化合物对人体的毒性较大，所以处理硝基化合物时要特别小心，如不慎触及皮肤，应立即用少量乙醇洗，可用肥皂和温水洗涤。

（2）洗涤硝基苯时，特别是 NaOH 不可过分用力振荡，否则使产品乳化难以分层，遇此情况，可加入固体 NaOH 或 NaCl 饱和溶液滴加数滴酒精静置片刻即可分层。

（3）因残留在烧瓶中的硝基苯在高温时易发生剧烈分解，故蒸馏产品时不可蒸干或使温度超过 114 ℃。

（4）硝化反应是一个放热反应，温度不可超过 55℃。

思考题

（1）本实验为什么要控制反应温度在 50～55℃之间，温度过低和过高各有什么影响？

（2）粗产物依次用水、碱液、水洗涤的目的何在？

实验 3-39　邻硝基苯酚和对硝基苯酚的制备

实验目的

（1）掌握酚类物质硝化原理和方法。

（2）掌握水蒸气蒸馏的操作。

实验原理

芳香族硝基化合物一般是由芳香族化合物直接硝化制得的。根据被硝化物的活性，可以利用稀硝酸、浓硝酸和浓硫酸的混合酸来进行硝化。

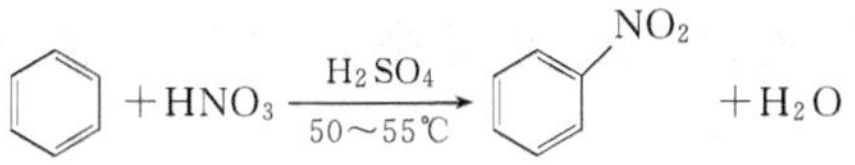

芳香族化合物的硝化反应和卤代反应一样，是一个亲电取代反应，以苯的硝化为例，它是按下面的历程进行的：

$$HNO_3 + 2H_2SO_4 \rightleftharpoons NO_2^+ + H_3O^+ + 2HSO_4^-$$

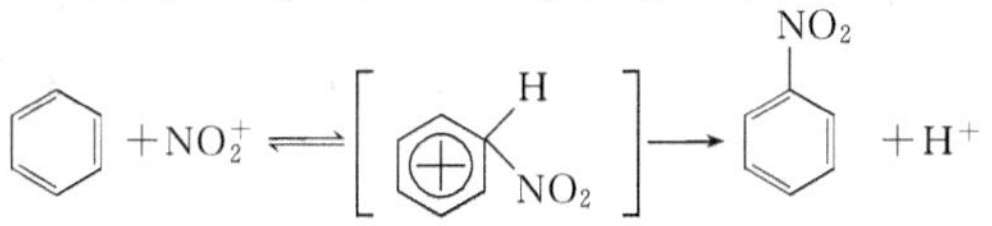

混合酸中浓硫酸的作用主要是有利于硝基正离子的生成，因而提高了反应速率。

硝化反应的速率和其他的芳香族亲电取代反应一样，要受芳环上已有取代基团的影响，芳环上如已有了一个第二类取代基（间位定位基），硝化反应便难于进行，因此可以控制在一元硝化阶段。如果要在苯环上引入第二个硝基，就需要更为强烈的反应条件。例如用硝基苯制备间二硝基苯时，通常使用发烟硝酸和浓硫酸的混合酸作为硝化剂，反应温度也要高一些。

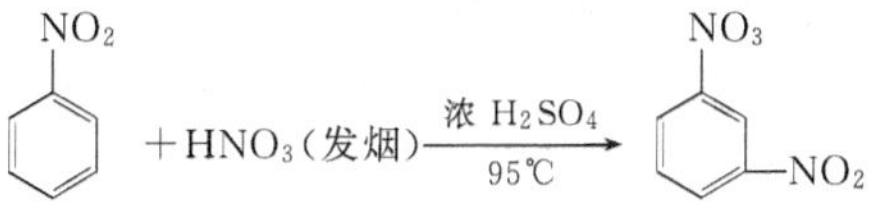

相反芳环上如已有一个第一类取代基（邻对位定位基），则硝化反应容易进行。例如苯酚的硝化比苯容易得多，只需要用稀硝酸，在室温下就可顺利地进行。

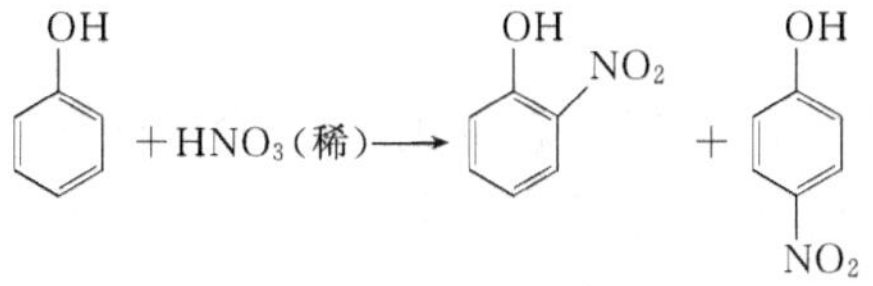

苯酚硝化后得到的产物是邻硝基苯酚和对硝基苯酚的混合物。由于邻硝基苯酚通过分子内的氢键能形成螯合环，沸点较对位的低，同时在沸水中的溶解度较对位的小得多，易随水蒸气挥发，因此可借水蒸气蒸馏来将这两个异构体分开。

副反应：

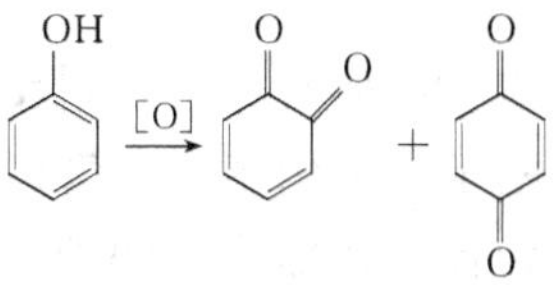

仪器与试剂

仪器：250mL 三颈瓶、滴液漏斗、直形冷凝管、蒸馏头、热水漏斗、减压抽滤装置、烧杯、锥形瓶等。

试剂：苯酚、浓硫酸、硝酸钠、活性炭、浓盐酸等。

实验步骤

在 250mL 三颈瓶中加入 60mL 水，慢慢加入 21mL 浓硫酸（38g，0.34mol）及 23g 硝酸钠（约 0.27mol），并加入 4mL 水，温热搅拌至溶解，在搅拌下用滴液漏斗往反应瓶中逐滴加入苯酚水溶液，并保持反应温度在 15～20℃。滴加完毕，放置半小时，并时时加以振摇，使反应完全，得到黑色焦油状物质。用冰水冷却，使油状物凝成固体。小心倾去酸液，再用水以倾泻法洗涤数次，尽量洗去剩余的酸，然后进行水蒸气蒸馏，直到馏出液无黄色油滴为止。馏液冷却后，粗邻硝基苯酚迅速凝成黄色固体，抽滤收集，干燥，称重并测其熔点，再用乙醇-水混合溶剂重结晶，可得亮黄色针状晶体。产量：4～4.5g（产率 19％～22％）。

在水蒸气蒸馏后的残液中，加水至总体积约为 150mL，再加入 10mL 浓盐酸和 1g 活性炭，加热煮沸 10min，趁热过滤。滤液再用活性炭脱色一次。将两次脱色后的溶液加热，用滴管将它分批滴入浸在冰水浴内的另一烧杯中，边滴加边搅拌，粗对硝基苯酚立即析出。抽滤收集，干燥后约 5～6g，用 2％稀盐酸重结晶。产量：3.5～4g（产率 17％～19％）。

注意事项

（1）硝化试剂除用硝酸钠（钾）与硫酸的混合物外，也可用稀硝酸（相对密度 1.11，84 mL）。前者可减少苯酚被氧化的可能性，增加收率。

（2）苯酚室温时为固体（熔点 41℃），可用温水浴温热熔化，加水可降低酚的熔点，使呈液态，有利于反应。苯酚对皮肤有较大的腐蚀性，如不慎弄到皮肤上，应立即用肥皂和水冲洗，最后用少许乙醇擦洗至不再有苯酚味。

（3）由于酚与酸不互溶，故须不断振荡使其充分接触，使反应完全，同时可防止局部过热现象。反应温度超过 20℃时，硝基酚可继续硝化或被氧化，使产量降低。若温度较低，则对硝基苯酚所占比例有所增加。

（4）最好将反应瓶放入冰水浴中冷却，油状物凝成黑色固体，并有黄色针状晶体析出，这样洗涤就较方便。若有残余液存在时，则在水蒸气蒸馏过程中，由于温度升高，而使硝基苯酚进一步硝化或氧化。

（5）水蒸气蒸馏时，往往由于邻硝基苯酚的晶体析出而堵塞冷凝管。此时必须调节冷凝水，让热的蒸汽通过使其熔化，然后再慢慢开大水流，以免热的蒸汽使邻硝基苯酚伴随。

（6）先将粗邻硝基苯酚溶于热的乙醇（约 40～45℃）中，过滤后，滴入温水至出现浑浊。然后在温水浴（40～45℃）温热或滴入少量乙醇至清，冷却后即析出亮黄色针状的邻硝基苯酚。

思考题

（1）本实验有哪些可能的副反应？如何减少这些副反应的发生？

（2）为什么邻硝基苯酚和对硝基苯酚可采用水蒸气蒸馏来加以分离？

（3）在重结晶邻硝基苯酚时，为什么在加入乙醇温热后易出现油状物？如何使它消失？后来在滴加水时，也会析出油状物，应该如何避免？

（4）比较苯、硝基苯、苯酚硝化的难易程度并解释原因。

实验 3-40 2-硝基-1,3-苯二酚的制备

实验目的

（1）熟悉芳环上亲电取代反应定位原则。

（2）掌握磺化、硝化的原理和实验方法。

（3）在了解水蒸气蒸馏原理的基础上，掌握水蒸气蒸馏装置的安装与操作。

实验原理

2-硝基-1,3-苯二酚不能由间苯二酚直接硝化来制备。会先将间苯二酚磺化，生成 4,6-二羟基-1,3-苯二磺酸。酚羟基为强的邻对位基，磺酸基为强的碱定位基，4,6-二羟基-1,3-苯二磺酸再硝化，受定位规律的支配，硝基只能进入 2 位，将硝化后的水解产物水解脱掉磺酸基，即可得到产物，反应中磺酸基同时起了站位和定位的双重作用。2-硝基-1,3-苯二酚的制备是一个巧妙地利用定位规律的例子。反应式如下：

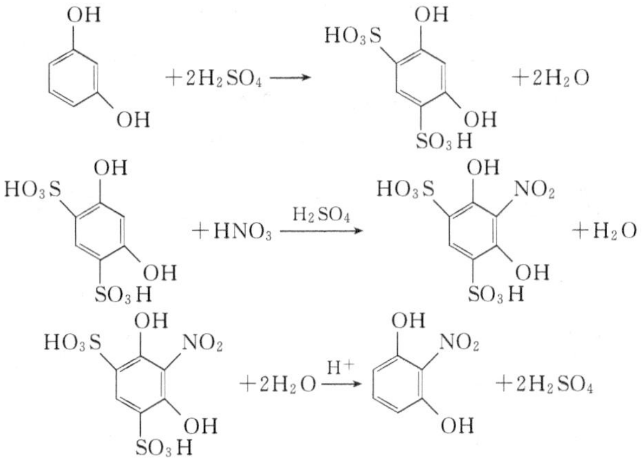

仪器与试剂

仪器：回流冷凝管、滤纸、普通漏斗、三颈瓶、水蒸气蒸馏装置、恒压滴液漏斗、烧杯（100mL）机械搅拌器等。

试剂：间苯二酚、浓硫酸、硝酸、尿素、乙醇等。

实验步骤

将 2.8g（0.025mol）粉状间苯二酚放入 100mL 的烧杯中，在充分搅拌下小心地加入 13mL（0.24mol，98％）浓硫酸，在 60～65℃反应 15min，冰水冷却到室温，用滴管滴加 2.8mL（0.052mol，98％）浓硫酸和 2mL（0.032mol，65％～68％）硝酸配成冷却好的混酸。边滴加边搅拌，控制温度于（30±5）℃，在此温度下继续搅拌 15min。反应物转入三颈瓶，小心加入 7mL 的水稀释，控制反应温度在 50℃以下，再加入约 0.1g 尿素，然后进行水蒸气蒸馏，在冷凝管壁上和馏出液中立即有橘红色固体出现。当无油状物蒸出时，即可停止蒸馏。馏出液经水浴冷却后，过滤得粗产品。用少量乙醇-水（约需 5mL 50％乙醇）混合溶剂重结晶，得到 0.5g 橘红色晶体。观察外观，称重计算产率。

注意事项

（1）本实验一定注意先磺化，后硝化。否则会剧烈反应，甚至产生事故。

（2）间苯二酚需在研钵中研成粉状，否则磺化不完全。间苯二酚有腐蚀性，注意勿使其接触皮肤。

（3）硝化反应比较快，因此硝化前，磺化混合物要先在冰水浴中冷却，混酸也要冷却，最好在 10 ℃ 以下；硝化时，也要在冷却下，边搅拌，边慢慢滴加混酸，否则，反应物易被氧化而变成灰色或黑色。

（4）稀释水不可过量，否则将导致长时间的水蒸气蒸馏而得不到产品。如发现上述情况，可将水蒸气装置改为蒸馏装置，先蒸去一部分水，当冷凝管出现红色油状物时，再改为水蒸气蒸馏。水蒸气蒸馏时，冷凝水要控制得很小，一滴一滴地滴，否则产物凝结于冷凝管壁的上端，会造成堵塞。

（5）加入尿素的目的是使多余的硝酸与尿素反应而生成 CO（NH$_2$）・HNO$_3$，从而减少 NO$_2$ 气体的污染。

（6）晶体用 10 mL 50％的乙醇水溶液（5mL 水＋5mL 乙醇）洗涤，不要太多，否则损失产品。

思考题

（1）该实验能否采用直接硝化法一步合成？为什么？

（2）硝化反应为什么要控制在（30±5）℃ 进行？温度偏高或偏低有什么不好？

（3）进行水蒸气蒸馏前为什么先要用冰水稀释？

实验 3-41　间硝基苯胺的制备

实验目的

（1）掌握硝基化合物的性质、反应与作用。

（2）掌握硝基化合物还原为胺的机理。

（3）掌握还原多硝基化合物的方法。

实验原理

多硝基化合物在多硫化钠、硫氢化钠、硫氢化铵等硫化物还原剂的作用下，可以进行部分还原。本实验就是利用硫氢化钠作为部分还原剂将间二硝基苯还原得到间硝基苯胺。反应式如下：

$$Na_2S + NaHCO_3 \longrightarrow NaHS + Na_2CO_3$$

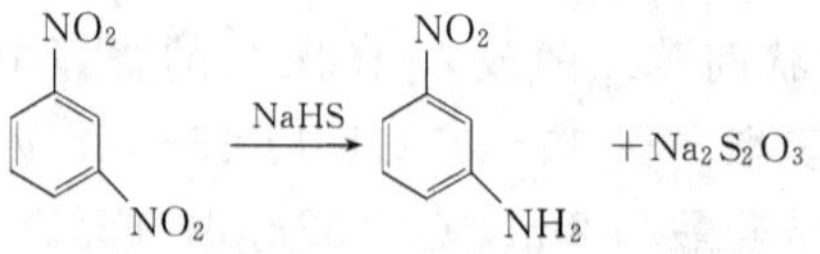

仪器与试剂

仪器：烧杯（125mL），蒸馏装置，抽滤装置。

试剂：结晶硫化钠，碳酸氢钠，甲醇，间二硝基苯。

实验步骤

在 125mL 烧杯中，将 6g（0.025 mol）结晶硫化钠溶于 12.5mL 水中。在充分搅拌下，分批加入 2.1g（0.025mol）碳酸氢钠，搅拌至全溶。然后在搅拌下慢慢加入 15mL 甲醇，并将烧杯置于冰水浴中冷却至 20℃ 以下，立即有水合碳酸钠沉淀析出。静置 15min 后，抽滤，滤饼用 10mL 甲醇分三次洗涤，合并滤液和洗涤液备用。

在装有回流冷凝管的 100mL 烧瓶中，溶解 2.5g（0.015mol）间二硝基苯于 20mL 热甲醇溶液中。在振摇下，从冷凝管顶端加入上述制好的硫氢化钠溶液，水浴加热回流 20min。冷却至室温后，将反应液用沸水浴进行常压蒸馏，大部分甲醇被蒸出。残留液在搅拌下倾入 80mL 冷水中，立即析出黄色晶体间硝基苯胺。抽滤，用少量冷水洗涤结晶，干燥后得粗品约 1.5g。粗品用 75％乙醇水溶液重结晶，用少量活性炭脱色，得黄色针状结晶约 1g。

注意事项

（1）硫氢化钠因溶于甲醇水溶液而留在滤液中。

（2）纯间硝基苯胺的熔点为 114℃。

思考题

（1）反应结束后，为什么要蒸出大部分甲醇？

（2）如何由间硝基苯胺合成间硝基苯酚，间氟苯胺等化合物？

实验 3-42　偶氮苯的制备

实验目的

（1）了解偶氮苯的制备及光学异构的原理。

（2）掌握薄层色谱分离异构的方法。

实验原理

制备偶氮苯最简便的方法是用镁粉还原溶解于甲醇中的硝基苯。合成偶氮苯的反应式：

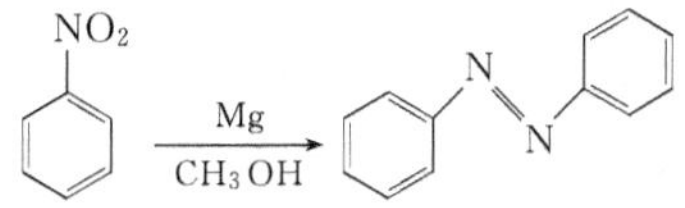

仪器与试剂

仪器：圆底烧瓶、温度计、回流冷凝管、烧杯、锥形瓶、球形冷凝管、试管、毛细管。

试剂：硝基苯、镁屑、无水甲醇、乙醇、碘、冰醋酸。

实验步骤

在干燥的 100mL 圆底烧瓶中，加入 1.9mL（0.018mol）硝基苯，46.5mL（1.1mol）甲醇和一小粒碘，装上球形冷凝管，振荡反应物。加入 1g 除去氧化膜的镁屑，反应立即开始，保持反应正常进行，注意反应不能太激烈，也绝不能停止反应。待大部分镁屑反应完全后，再加入 1g 镁屑，反应继续进行，反应液由淡黄色渐渐变成黄色，等镁屑完全反应后，加热回流 30min 左右，溶液呈淡黄色透明状。趁热将反应液在搅拌下倒入 70mL 冰水中，用冰醋酸小心中和至 pH 值为 4～5，析出橙红色固体，过滤，用少量水洗涤固体，固体用 50％乙醇重结晶。得到约 1g 产品，纯反式偶氮苯为橙红色片状晶体，熔点 68.5℃。

取 0.1g 偶氮苯，溶于 5mL 左右的苯中，将溶液分成两等份，分别装于两个试管中，其中一个试管用黑纸包好放在阴暗处，另一个则放在阳光下照射。用毛细管各取上述两试管中的溶液分别点在薄层色谱上。用 1∶3 的苯-环己烷溶液作展开剂，在色谱缸中展开，计算顺、反异构体的 R_f 值。

注意事项

(1) 反应不能太激烈，也绝不能停止反应，必要时用水浴加热或冷却。

(2) 加冰醋酸时，应在搅拌和冰水浴下缓慢加入，切忌快速倒入。

(3) 冰醋酸的用量要略多一点，以有橙红色固体析出为宜。

(4) 控制镁的用量，以免生成氢化偶氮苯。

思考题

(1) 简述由硝基苯还原制备偶氮苯的反应机理。

(2) 粗制偶氮苯在提纯过程中有少量乙醇不溶物，它可能是什么杂质？是怎样产生的？

(3) 简述薄层色谱的原理及在本实验中的应用。

3.8 胺

胺可以看作是氨分子中的 H 被烃基取代的衍生物。胺类广泛存在于生物界，具有极重要的生理活性和生物活性，如蛋白质、核酸、许多激素、抗生素和生物碱等都是胺的复杂衍生物，临床上使用的大多数药物也是胺或者胺的衍生物。根据胺分子中氢原子被取代的数目，可将胺分成伯胺、仲胺、叔胺、季铵。胺在自然界中分布很广，其中大多数是由氨基酸脱羧生成的。例如：工业制备胺类的方法多是由氨与醇或卤代烷反应，产物为各级胺的混合物，分馏后得到纯品。由醛、酮在氨存在下催化还原也可得到相应的胺。工业上也常由硝基化合物、腈、酰胺或含氮杂环化合物催化还原制取胺类化合物。

酰胺是羧酸中的羟基被氨基取代而生成的化合物，也可看成是氨（或胺）的氢被酰基取代的衍生物。广泛存在于自然界，蛋白质是以酰胺键—CONH—（或称肽键）相连的天然高分子化合物。哺乳动物体内蛋白质代谢的最终产物——尿素就是碳酸的二酰胺（H_2NCONH_2）。许多生物碱如秋水仙碱、常山碱、麦角碱等分子结构中都含有酰胺键。在构造上，酰胺可看作是羧酸分子中羧基中的羟基被氨基或烃氨基（—NHR 或—NR_2）取代而成的化合物；也可看作是氨或胺分子中氮原子上的氢被酰基取代而成的化合物。酰胺的命名是根据相应的酰基名称，并在后面加上"胺"或"某胺"，称为"某酰胺"或"某酰某胺"。例如：当酰胺中氮上连有烃基时，可将烃基的名称写在酰基名称的前面，并在烃基名称前加上 N-、N，N-，表示该烃基是与氮原子相连的。

磺酰胺又称二氨基硫酰、硫酰胺。在常温下能吸收干的氨气生成无色的氨络合物，在酸性、中性、碱性水溶液中性质稳定。通常由 SO_2Cl_2 与氨反应得到，是非常重要的化学药物、材料等的中间体。

四级铵盐又称季铵盐，英文名 quaternary-N 。为铵离子中的四个氢原子都被烃基取代而生成的化合物，通式 R_4NX，其中四个烃基 R 可以相同，也可不同。X 多是卤素负离子（F、Cl、Br、I），也可是酸根（如 HSO_4、RCOO 等）。

实验 3-43 苯胺的制备

实验目的

(1) 掌握硝基还原为氨基的基本原理。

（2）掌握铁粉还原法制备苯胺的实验步骤。

（3）掌握水蒸气蒸馏的基本操作。

实验原理

胺类化合物的制备主要有以下几种方法：①硝基化合物还原。②卤代烃的氨解。③腈（RCN）、肟（RCH＝N—OH）、酰胺（RCONH$_2$）化合物的还原均可以用催化氢化法或化学还原法将其还原为胺。④羰基化合物的氨化还原法。⑤酰胺的霍夫曼（Hoffmann）降解反应，酰胺在次卤酸钠的作用下失去羰基，生成少一个碳原子的伯胺。⑥盖布瑞尔（Grabriel）合成法制备伯胺。

芳胺的制取不可能用任何方法将—NH$_2$导入芳环上，而是经过间接的方法来制取。芳香族硝基化合物在酸性介质中还原，可以得到相应的芳香族伯胺。常用的还原剂有铁-盐酸、铁-乙酸、锡-盐酸等。工业上用 Fe 粉和 HCl 还原硝基苯制备苯胺，由于使用大量的 Fe 粉会产生大量含苯胺的铁泥，造成环境污染，所以，逐渐改用催化加氢的方法，常用的催化剂如 Ni，Pt，Pd 等。实验室制备芳胺，铁粉还原法仍然是一个常用的方法。反应方程式为：

$$\underset{}{} \quad \text{NO}_2 \quad \xrightarrow{\text{Fe}} \quad \text{NH}_2 \quad +\text{Fe}_3\text{O}_4$$

该反应是分步进行的，用铁来还原硝基苯，酸的用量很少，因为这里除了产生新生态氢以外，主要由产生的亚铁盐来还原硝基。

仪器与试剂

仪器：250 mL 三颈瓶、回流冷凝管、空气冷凝管、水蒸气发生装置、尾接管、接收瓶等。

试剂：硝基苯、铁粉、乙酸、氯化钠、乙醚、氢氧化钠。

实验步骤

将 9 g（0.16mol）还原 Fe 粉、17mL H$_2$O、1mL 冰醋酸放入 250 mL 三颈瓶，振荡混匀，装上回流冷凝管。小火微微加热煮沸 3～5min，冷凝后分几次加入 7mL 硝基苯，用力振荡，混匀。加热回流，在回流过程中，经常用力振荡反应混合物，以使反应完全。

将回流装置改为水蒸气蒸馏装置，直到馏出液澄清，再多收集 5～6mL 清液，分层，水层加入 13g NaCl（盐析，降低苯胺在水中的溶解度）后，每次用 7mL 乙醚萃取 3 次，萃取液和有机层用固体 NaOH 干燥，蒸去乙醚，残留物用空气冷凝管蒸馏，收集 180～184℃的馏分。

注意事项

（1）苯胺有毒，操作应避免与皮肤接触或吸入毒气，若不慎触及皮肤时，先用大量水冲洗，再用肥皂及温水洗涤。

（2）本实验是一个放热反应，当每次加入硝基苯时均有一阵猛烈的反应发生，故要审慎加入，及时振摇与搅拌。

（3）硝基苯为黄色油状物，如果回流液中，黄色油状物消失，而转变成乳白色油珠，表示反应已完全。

（4）反应物内的硝基苯与盐酸互不相溶，而这两种液体与固体铁粉接触机会很少，因此充分振摇反应物，是使还原作用顺利进行的操作关键。

（5）反应完后，圆底烧瓶上黏附的黑褐色物质，用 1∶1 盐酸水溶液温热除去。

思考题

(1) 精制苯胺时，为何用粒状氢氧化钠作为干燥剂而不用硫酸镁或氯化钙？

(2) 苯胺产量偏低的原因是什么？

(3) 若最后制得的苯胺中含有硝基苯该怎样提纯？

实验3-44 乙酰苯胺的制备

实验目的

(1) 熟悉氨基酰化反应的原理及意义，掌握乙酰苯胺的制备方法。

(2) 进一步掌握分馏装置的安装与操作。

(3) 熟练掌握重结晶、趁热过滤和减压过滤等操作技术。

实验原理

乙酰苯胺为无色晶体，具有退热镇痛作用，是较早使用的解热镇痛药，因此俗称"退热冰"。乙酰苯胺也是磺胺类药物合成中重要的中间体。由于芳环上的氨基易氧化，在有机合成中为了保护氨基，往往先将其乙酰化转化为乙酰苯胺，然后再进行其他反应，最后水解除去乙酰基。

乙酰苯胺可由苯胺与乙酰化试剂如：乙酰氯、乙酐或乙酸等直接作用来制备。反应活性是乙酰氯＞乙酸酐＞乙酸。由于乙酰氯和乙酸酐的价格较贵，本实验选用纯的乙酸（俗称冰醋酸）作为乙酰化试剂。反应式如下：

$$\text{苯胺} + CH_3COOH \longrightarrow \text{乙酰苯胺}$$

冰醋酸与苯胺的反应速率较慢，且反应是可逆的，为了提高乙酰苯胺的产率，一般采用冰醋酸过量的方法，同时利用分馏柱将反应中生成的水从平衡中移去。由于苯胺易氧化，加入少量锌粉，防止苯胺在反应过程中氧化。乙酰苯胺在水中的溶解度随温度的变化差异较大（20℃，0.46g；100℃，5.5g），因此生成的乙酰苯胺粗品可以用水重结晶进行纯化。

仪器与药品

仪器：圆底烧瓶（100mL）、刺形分馏柱、直形冷凝管、接液管、量筒（10mL）、温度计（200℃）、烧杯（250mL）、抽滤瓶、布氏漏斗、小水泵、保温漏斗、电热套。

药品：苯胺、冰醋酸、锌粉、活性炭。

实验步骤

(1) **酰化** 在100mL圆底烧瓶中，加入5mL新蒸馏的苯胺、8.5mL冰醋酸和0.1g锌粉。立即装上分馏柱，在柱顶安装一支温度计，用小量筒收集蒸出的水和乙酸。用电热套缓慢加热至反应物沸腾。调节电压，当温度升至约105℃时开始蒸馏。维持温度在105℃左右约30min，这时反应所生成的水基本蒸出。当温度计的读数不断下降时，则反应达到终点，即可停止加热。

(2) **结晶抽滤** 在烧杯中加入100mL冷水，将反应液趁热以细流倒入水中，边倒边不断搅拌，此时有细粒状固体析出。冷却后抽滤，并用少量冷水洗涤固体，得到白色或带黄色的乙酰苯胺粗品。

(3) 重结晶　将粗产品转移到烧杯中，加入 100mL 水，在搅拌下加热至沸腾。观察是否有未溶解的油状物，如有则补加水，直到油珠全溶。稍冷后，加入 0.5g 活性炭，并煮沸 10min。在保温漏斗中趁热过滤除去活性炭。滤液倒入热的烧杯中。然后自然冷却至室温，冰水冷却，待结晶完全析出后，进行抽滤。用少量冷水洗涤滤饼两次，压紧抽干。将结晶转移至表面皿中，自然晾干后称量，计算产率。

注意事项

(1) 反应所用玻璃仪器必须干燥。

(2) 锌粉的作用是防止苯胺氧化，只要少量即可。加得过多，会出现不溶于水的氢氧化锌。

(3) 反应时分馏温度不能太高，以免大量乙酸蒸出而降低产率。

(4) 重结晶过程中，晶体可能不析出，可用玻璃棒摩擦烧杯壁或加入晶种使晶体析出。

(5) 冰醋酸具有强烈刺激性，要在通风橱内取用。

(6) 切不可在沸腾的溶液中加入活性炭，以免引起暴沸。

(7) 久置的苯胺因为氧化而颜色较深，使用前要重新蒸馏。因为苯胺的沸点较高，蒸馏时选用空气冷凝管冷凝，或采用减压蒸馏。

(8) 若让反应液冷却，则乙酰苯胺固体析出，沾在烧瓶壁上不易倒出。

(9) 趁热过滤时，也可采用抽滤装置。但布氏漏斗和吸滤瓶一定要预热。滤纸大小要合适，抽滤过程要快，避免产品在布氏漏斗中结晶。

思考题

(1) 用乙酸酰化制备乙酰苯胺的方法如何提高产率？

(2) 反应温度为什么控制在 105℃左右？过高过低对实验有什么影响？

(3) 根据反应式计算，理论上能产生多少毫升水？为什么实际收集的液体量多于理论量？

(4) 反应终点时，温度计的温度为何下降？

实验 3-45　对硝基乙酰苯胺

实验目的

(1) 掌握对硝基乙酰苯胺的制备原理。

(2) 掌握低温反应的操作；巩固重结晶、抽滤等基本操作。

实验原理

胺的酰化是降低芳胺对氧化剂的敏感性和氨基的活化能力的重要方法，也是保护氨基的有效措施。芳胺可用酰氯、酸酐或冰醋酸进行酰化。硝化反应是制备芳香族硝基化合物的主要方法，是重要的亲电取代反应之一。对硝基乙酰苯胺为无色晶体，熔点 215.6 ℃。溶于热水、醇和醚，在氢氧化钾溶液中呈橙色。主要用作染料、药物中间体和有机合成试剂。反应原理如下：

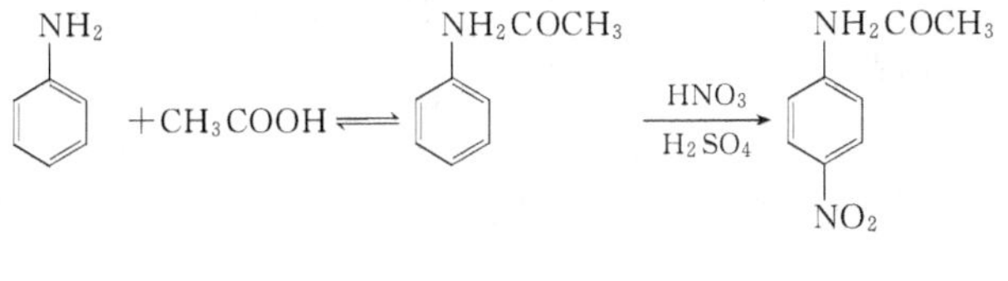

实验装置

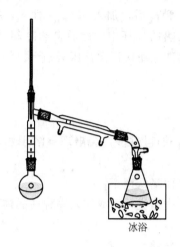

冰浴

（a）分馏反应装置

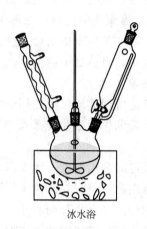

冰水浴

（b）搅拌反应装置

图 3.25　实验装置

仪器与试剂

仪器：圆底烧瓶（100mL）、刺形分馏柱、直形冷凝管、接液管、量筒（10mL）、温度计（200℃）烧杯（250mL）、抽滤瓶、布氏漏斗、电热套、搅拌器、锥形瓶、三颈瓶、回流冷凝管、恒压滴液漏斗。

试剂：苯胺、锌粉、冰醋酸、浓硝酸、浓硫酸、氢氧化钾醇溶液。

实验内容

（1）乙酰苯胺的制备　在 50mL 圆底烧瓶中［图 3.25（a）］，加入 5mL 的苯胺、7.5mL 冰醋酸和 0.05g 锌粉。装上刺形分馏柱，在上端装一温度计，接收瓶用冰水浴冷却。用电热套缓慢加热至反应物保持微沸约 15min。调节电压，当温度升至约 105℃时开始蒸馏。维持温度在 105℃左右约 90min，这时反应所生成的水和大部分乙酸基本蒸出。当温度计的读数不断下降时，则反应达到终点，即可停止加热。搅拌下趁热将反应物倒入 100mL 冰水中，此时有固体析出。冷却后抽滤，并用少量冷水洗涤固体，得到白色或带黄色的乙酰苯胺粗品。粗乙酰苯胺用水重结晶，产量约 4～5g，熔点 113～114℃。

（2）对硝基乙酰苯胺的制备　在 100mL 的三颈瓶搭置搅拌器、回流冷凝管及恒压滴液漏斗［图 3.25（b）］，将所制备的乙酰苯胺 4.5g 及冰醋酸 4.5mL 加入三颈瓶中，在冷水浴冷却下搅拌并滴加浓硫酸 9mL，滴加过程中保持反应温度不超过 30℃，冰盐浴冷却此反应液至 0℃，滴加配制好的混酸（由浓硫酸 2mL 和浓硝酸 2.3mL 配制而成），滴加过程中严格控制滴加速度使反应温度不超过 10℃，滴加完毕，于室温下放置 1h。

（3）对硝基乙酰苯胺的分离　将反应混合物在搅拌下倒入装有 50g 碎冰的烧杯中，即有黄色的对硝基乙酰苯胺沉淀析出，待碎冰全部融化后抽滤，冰水洗涤滤饼至洗水呈中性，抽干得粗品。将该粗品用 50mL 乙醇重结晶，得对硝基乙酰苯胺 3～4g，熔点：213～214℃。纯对硝基乙酰苯胺的熔点为 215.6℃。

注意事项

（1）久置的苯胺因为氧化而颜色较深，使用前要重新蒸馏。因为苯胺的沸点较高，蒸馏时选用空气冷凝管冷凝，或采用减压蒸馏。

（2）若让反应液冷却，则乙酰苯胺固体析出，沾在烧瓶壁上不易倒出。

（3）加入浓硫酸时剧烈放热，因此需慢慢加入，此时反应液应为澄清液。

（4）配制混酸时放热，要在冷却及搅拌条件下配制，要将硫酸逐滴加到硝酸中去。

（5）乙酰苯胺与混酸在 5℃下作用，主要产物是对硝基乙酰苯胺；在 40℃作用，则生成约 25％的邻硝基乙酰苯胺。

（6）利用邻硝基乙酰苯胺和对硝基乙酰苯胺在乙醇中溶解度的不同，在乙醇中进行重结晶，可除去溶解度较大的邻硝基乙酰苯胺。

思考题

如何除去对硝基乙酰苯胺粗产物中的邻硝基乙酰苯胺？

实验 3-46　喹啉的制备

实验目的

（1）学习 Skraup 反应制备喹啉及其衍生物的反应原理及方法。

（2）联系多步合成，正确掌握水蒸气蒸馏操作。

实验原理

喹啉为无色液体，是芳香类化合物。能与醇、醚及二硫化碳混溶，易溶于热水，难溶于高冷水。具吸湿性，能从空气中吸收水分，至含水 22％，能随水蒸气挥发。喹啉可从煤焦油的洗油或萘油中提取。萘油馏分和洗油馏分用稀硫酸洗涤，得到硫酸喹啉盐基溶液，用蒸气蒸，去除中性油等杂质，再用碱或氨分解。分离出来的粗喹啉及其同系物经脱水后，用高产蒸馏塔精馏，切取沸程为 237.5～239.5℃的馏分段，可以得到含喹啉 83％、异喹啉 15％的粗喹啉。将粗喹啉用浓度为 60％的磷酸水溶液处理，冷却后过滤，即得到喹啉磷酸盐结晶。用碱分解后，产品纯度为 90％～92％。重复用磷酸处理、重结晶，可得纯度为 98％～99％的喹啉。

合成喹啉最有代表性的方法是斯克洛浦合成：用苯胺、甘油、硫酸和氧化剂（如硝基苯）一起加热，经环化脱氢而生成喹啉。合成反应式如下：

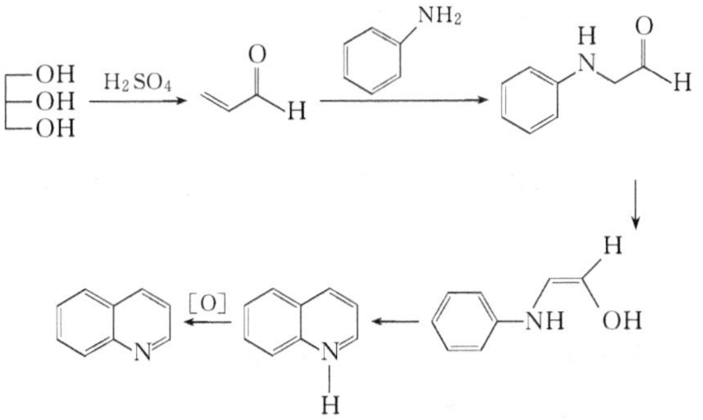

仪器及试剂

仪器：恒温磁力搅拌器、烧杯、水蒸气蒸馏装置、安全管、分液漏斗、三颈瓶、加热装置、水浴装置、锥形瓶、回流冷凝管；

试剂：苯胺、无水甘油、硝基苯、硫酸亚铁、浓硫酸、亚硫酸钠、淀粉-碘化钾试纸、乙醚、氢氧化钠。

实验步骤

在 250mL 的三颈瓶中，称取 19g 无水甘油，再依次加入研成粉末的硫酸亚铁、4.7mL 苯胺及 3.4mL 硝基苯，充分混合后在摇动下缓缓加入 9mL 浓硫酸。装上回流冷凝管，在石棉网上用小火加热。当溶液刚开始沸腾时，立即移去火源（如反应太剧烈，可用湿布敷在烧瓶上冷却），再用小火加热，保持反应回流 2h。待反应物稍冷后，向烧瓶中慢慢加入 30％的氢氧化钠溶液，使混合液呈碱性。然后进行水蒸气蒸馏，蒸出喹啉和未反应的苯胺及硝基苯，直至馏出液不显浑浊为止（约需收集 50mL）。馏出液用浓硫酸酸化（约需 5mL），使呈强酸性，用分液漏斗将不溶的黄色油状物分出。剩下的水溶液倒入烧杯，置于冰水中冷却至 5℃ 左右，慢慢加入 1.5g 亚硝酸钠和 5mL 水配成的溶液，直至取出一滴反应使淀粉-碘化钾试纸立即变蓝为止（由于重氮反应在接近完成时，反应变得很慢，故应在加入亚硝酸钠 2～3min 后再检验是否有亚硝酸存在）。然后将混合物在沸水浴上加热 15min，至无气体放出为止。冷却后，向溶液中加入 30％氢氧化钠溶液，使呈强碱性，再进行水蒸气蒸馏。从馏出液中分出油层，水层每次用 12mL 乙醚萃取两次。合并油层及醚萃取液，用固体氢氧化钠干燥后，进行常压蒸馏，收集馏出液（乙醚），再称量剩下的有机液（喹啉）。

注意事项

（1）所用甘油的含水量不应超过 0.5％。如果甘油中含水量较大时，则喹啉的产量不好，可将普通甘油在通风橱内置于瓷蒸发皿中加热至 180℃，冷至 100℃ 左右，放入盛有硫酸的干燥器中备用。

（2）试剂必须按所述次序加入，如果浓硫酸比硫酸亚铁早加，则反应剧烈，会使溶液冲出容器。

（3）每次酸化或碱化时，都必须将溶液稍加冷却，用试纸检验至明显的强碱或强酸性。

思考题

（1）本实验中，为了从喹啉中除去未作用的苯胺和硝基苯，采用了什么方法？试简述之。并用反应式表示加入亚硝酸钠后所发生的变化。

（2）在 Skraup 合成中，用对甲苯胺和邻甲苯胺代替苯胺作原料，应得到什么产物？硝基化合物应如何选择？

实验 3-47　8-羟基喹啉的制备

实验目的

（1）掌握 8-羟基喹啉杂环化合物的合成原理及方法。

（2）巩固回流加热和水蒸气蒸馏等基本操作技能。

实验原理

以邻氨基苯酚、邻硝基苯酚、无水甘油和浓硫酸为原料合成 8-羟基喹啉。浓硫酸的作用是使甘油脱水形成丙烯醛，并使邻氨基苯酚和丙烯醛加成脱水成环。硝基苯酚为弱氧化剂，能将成环产物 8-羟基-1，2-二氢喹啉氧化成 8-羟基喹啉，邻硝基苯酚本身被还原成邻氨基苯酚，也可参与缩合反应。反应过程为：

仪器及试剂

仪器：圆底烧瓶、回流冷凝管、水蒸气蒸馏装置、电热套、锥形瓶、滴管、烧杯、玻璃棒、试管、干燥管。

试剂：无水甘油、邻氨基苯酚、邻硝基苯酚、浓硫酸、乙醇、饱和碳酸钠溶液、氢氧化钠。

实验步骤

在圆底烧瓶中称取 19g 无水甘油（约 0.2mol），并加入 3.6g（0.026mol）邻硝基苯酚，5.5g（0.05mol）邻氨基苯酚，使混合均匀。然后缓慢加入 9mL 浓硫酸（约 16g）。装上回流冷凝管，在电热套中加热，当溶液微沸时，立即移去火源。反应大量放热，待作用缓和后，继续加热，保持反应物微沸 2h。稍冷后，进行水蒸气蒸馏，除去未作用的邻硝基苯酚。瓶内液体冷却后，加入 12g 氢氧化钠和 12mL 水的溶液。再小心滴入饱和碳酸钠溶液，使呈中性。再进行水蒸气蒸馏。蒸出 8-羟基喹啉（约收集馏出液 400mL）。馏出液充分冷却后，抽滤收集析出物，洗涤干燥后的粗产品约 6g 左右。粗产物用乙醇-水混合溶剂重结晶，得 8-羟基喹啉 5g 左右（产率 69%）。取上述 0.5g 产物进行升华操作，可得美丽的针状结晶，熔点 76℃。

注意事项

（1）由于反应是放热反应，溶液微沸时，说明反应开始，不应再加热，防止冲料。

（2）第一步水蒸气蒸馏是除去未反应的原料；反应最好在搅拌下进行，由于反应物较稠，容易聚热，应经常振荡。

思考题

（1）在反应中如用对甲基苯胺作原料应得到什么产物？硝基化合物应如何选择？

（2）为什么第一次水蒸气蒸馏要在酸性条件进行，第二次水蒸气蒸馏要在中性条件下进行？

3.9　染料与偶氮化合物

偶氮化合物即 AZO，偶氮基—N＝N—与两个烃基相连接而生成的化合物，通式 R—N＝N—R′。偶氮化合物具有顺、反几何异构体，且反式比顺式稳定。两种异构体在光照或加热条件下可相互转换。偶氮化合物主要通过重氮盐的偶联反应制得，例如：氢化偶氮化合物和芳香胺在氧化剂，如 NaOBr、CuCl$_2$、MnO$_2$ 和 Pb（OAc）$_4$ 等存在下，可被氧化为相应的偶氮化合物；氧化偶氮化合物和硝基化合物在还原剂，如 $(C_6H_5)_3P$、$LiAlH_4$ 等存在下，也可被还原为偶氮化合物。

偶氮化合物比较典型的反应有：重氮化反应，芳香族伯胺在低温下与亚硝酸钠的强酸溶液作用，生成重氮盐。由于重氮盐很活泼，能够发生许多化学反应，一般可以分为两类：失去氮的反应和保留氮的反应。

偶氮化合物可用作染料，环保型不溶性偶氮颜料作为偶氮颜料的一种，被广泛地应用于油墨、涂料、橡胶、印花涂料色浆中。还可以用作烯烃自由基聚合反应的引发剂，如偶氮二异丁腈。

很多偶氮化合物有致癌作用，如，曾用于人造奶油着色的奶油黄能诱发肝癌，属于禁用品；作为指示剂的甲基红可引起膀胱和乳腺肿瘤。有些偶氮化合物虽不致癌，但毒性与硝基化合物和芳香胺相近。为保护人类健康，保障消费者安全，荷兰、奥地利和德国已经先后采取了强制性规则以禁止在消费品中使用含偶氮的着色剂。2002 年 9 月 11 日和 2003 年 1 月 6 日，欧洲议会和欧盟委员会也公布了 2002/61/EC 与 2003/3/EC 指令，限制在某些纺织品和皮革制品中使用具有致癌作用的偶氮着色剂，禁止销售用受限制含偶氮着色剂着色的商品。

2002/61/EC 与 2003/3/EC 指令逐步被编入各国法律，并分别已经于 2003 年 9 月 11 日和 2004 年 6 月 30 日生效。在 22 种芳烃胺中，一种或多种芳烃胺内的偶氮着色剂（芳烃胺）含量应低于 $30mg/kg$。此外，索引编号为 611-070-00-2 的蓝色着色剂在任何产品中的含量应限定在 $1000mg/kg$ 以内。

目前 AZO FREE 已成为国际纺织品服装贸易中最重要的品质监控项目一，也是生态纺织品最基本的质量指标之一。德国政府于 1994 年颁布的法令规定，凡是进入德国的皮革、纺织品必须进行 AZO 检测，紧接着欧盟部分国家纷纷效法。

实验 3-48　甲基红的制备

实验目的

(1) 学习重氮盐的制备技术，体会重氮盐的控制条件。

(2) 掌握重氮盐偶联反应，学习制备甲基红的实验方法。

(3) 进一步练习抽滤、洗涤、重结晶等基本操作。

实验原理

仪器及试剂

邻氨基苯甲酸，亚硝酸钠，N,N-二甲苯胺，NaOH，盐酸，乙醇，甲苯，甲醇，锥形瓶，玻璃棒，水浴装置，烧杯等。

实验步骤

在 100mL 烧杯中，放入 3g 邻氨基苯甲酸及 12mL 1∶1 的盐酸，加热使溶解。冷却后析出白色针状邻氨基苯甲酸盐酸盐，抽滤，用少量冷水洗涤晶体，干燥后产量约 3.2g。在 100mL 锥形瓶中，将以上的邻氨基苯甲酸盐酸盐 1.7g 溶于 30mL 水中，在冰水浴中冷却至 5～10℃，倒入 0.7g 亚硝酸钠溶于 5mL 水的溶液，振摇后，制成的重氮盐溶液置于冰水浴中备用。

另将 1.2g N,N-二甲基苯胺溶于 12mL 95％乙醇的溶液，倒至上述已制好的重氮盐中，塞紧瓶口，自冰水浴移出，用力振摇。放置后，析出甲基红红色沉淀，不久凝成一大块，极难过滤，可用水浴加热，再使其缓慢冷却。放置 2～3min 后，抽滤，得到红色无定形固体，以少量甲醇洗涤，干燥后，粗产物约 2g，用甲苯重结晶（每克产品需要 15～20mL），熔点 181～182℃，产量约 1.5g。

取少量甲基红溶于水中，向其中加入几滴稀盐酸，接着用稀氢氧化钠溶液中和，观察颜色变化。纯甲基红的熔点为 183℃。

注意事项

(1) 邻氨基苯甲酸盐酸盐在水中溶解度很大，只能用少量水洗涤。

(2) 为了得到较好的结晶，将趁热过滤下来的甲苯溶液再加热回流，然后放入热水中令其缓缓冷却。抽滤收集后，可得到有光泽的片状结晶。

思考题

(1) 什么叫偶联反应？试结合本实验讨论一下偶联反应的条件。

(2) 试解释甲基红在酸碱介质中的变色原因，并用反应式表示。

实验 3-49　甲基橙的制备

实验目的

(1) 通过甲基橙的制备学习重氮化反应和偶合反应的实验操作。

(2) 巩固盐析和重结晶的原理和操作。

实验原理

对氨基苯磺酸与氢氧化钠作用生成易溶于水的盐，再与 $NaNO_2$ 重氮化，然后再与 N,N-二甲基苯胺偶联得到粗产品甲基橙。粗产品经过精制得到甲基橙精产品。

化学反应式：

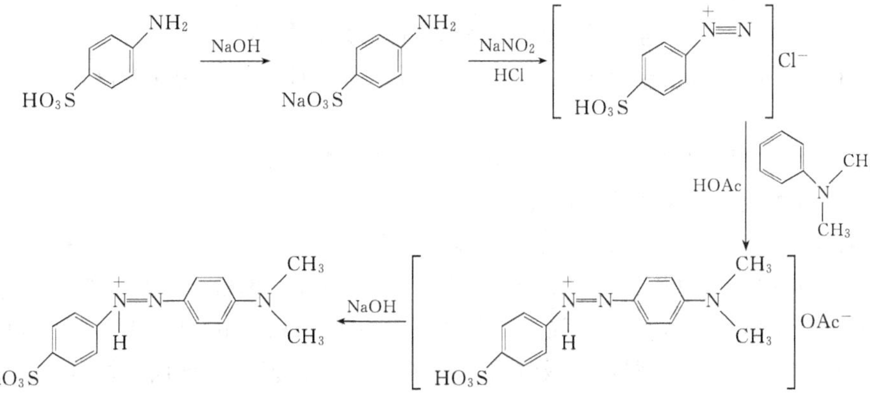

试剂及物理性质

试剂：对氨基苯磺酸、5％ NaOH 、NaNO₂、浓盐酸、冰醋酸、N,N-二甲基苯胺、10％NaOH、饱和 NaCl 溶液、乙醇。

主要试剂及物理性质见表 3.5，试剂规格及用量见表 3.6。

表 3.5　主要试剂及物理性质

物质名称	分子量	熔点/℃	沸点/℃	溶解性	性状
对氨基苯磺酸	173.19	288	—	溶于沸水，微溶于乙醚、乙醇和苯	白色粉末
N,N-二甲基苯胺	121.18	2.5	193	不溶于水，易溶于醇、醚、苯和酸溶液	淡黄色油状液体

表 3.6　试剂规格及用量

试剂	对氨基苯磺酸	NaNO₂	乙醇	冰乙酸	浓盐酸
用量	2.0g	0.8g	少量	1mL	2.5mL

仪器装置

烧杯、玻璃棒、电磁炉、水浴装置、吸滤瓶、布氏漏斗、淀粉-碘化钾试纸、试管、循环水真空泵、量筒。

实验步骤

（1）对氨基苯磺酸重氮盐的制备

① 在 100mL 烧杯中放置 10mL 5％ 氢氧化钠溶液及 2.00g 对氨基苯磺酸晶体，温热使其溶解。

② 冷却至室温，加 0.8g NaNO₂，溶解后，在搅拌下将其溶解。同时将 13mL 冰冷水和 2.5mL 浓盐酸混合，分批滴入到上述溶液中。

③ 用玻璃棒蘸取液体点在淀粉碘化钾试纸上。

④ 使温度保持在 5℃ 以下，待反应结束后，冰浴放置 15min。

（2）偶合

① 在一支试管中加入 1.3mL N,N-二甲基苯胺和 1mL 冰醋酸，振荡混合。

② 在搅拌下，将此液慢慢加入到上述冷却重氮盐中，搅拌 10min。现象：此时颜色红得发黑了。

③ 冷却搅拌，慢慢加入 15mL NaOH 至溶液为橙色。现象：颜色趋于橙红。

④ 将反应物加热至沸腾，溶解后，稍冷，置于冰浴中冷却，使甲基橙全部重新结晶析出后，抽滤收集结晶。现象：在滤纸上得到橙色的黏稠晶体。

⑤ 用饱和 NaCl 冲洗烧杯两次，每次 10mL，并用此冲洗液洗涤产品。

（3）精制

① 将滤纸连同上面的晶体移到装有 75mL 热水中微热搅拌，全溶后，冷却至室温，冰浴冷却至甲基橙结晶全部析出，抽滤。

② 用少量乙醇洗涤产品。现象：得到橙色的结晶物。

③ 产品晾在空气中几分钟，称重，计算产率。现象：称量得产品 2.78g。

（4）检验　溶解少许产品，加几滴稀 HCl，然后用稀 NaOH 中和，观察颜色变化。现象：滴入稀 HCl 后颜色由橙色变成红色，滴稀 NaOH 后颜色又变回至橙色。

实验结果

M（对氨基苯磺酸）＝173g/mol　　　　　　M（甲基橙）＝327g/mol

理论值＝m（对氨基苯磺酸）/M（对氨基苯磺酸）×M（甲基橙）＝2.01/173×327＝3.80g

m（实际所得产品）＝2.78g

产率＝实际值/理论值＝2.78/3.80×100％＝73.16％

注意事项

（1）对氨基苯磺酸是两性化合物，酸性比碱性强，以酸性内盐存在，所以它能与碱作用成盐而不能与酸作用成盐。

（2）若试纸不显蓝色，尚需补充亚硝酸钠溶液。

（3）在此时往往析出对氨基苯磺酸的重氮盐。这是因为重氮盐在水中可以电离，形成中性内盐，在低温时难溶于水而形成细小晶体析出。

实验讨论

用淀粉碘化钾试纸检验的原因：第一，若试纸不变蓝色，说明反应不完全，即 $NaNO_2$ 的量不够；第二，若试纸变紫色，表明亚硝酸过量，这种情况可加尿素消除，以避免引起更多的副反应。

3.10　金属有机化合物

金属有机化合物是有碳—金属键的化合物，它们是介于有机化合物和无机化合物之间的化合物。我们已经熟悉一些金属有机化合物，如乙炔钠和格氏试剂。但是甲醇钠不是金属有机化合物，虽然它也含有金属和碳。金属有机化合物的性质与我们学习过的其他种类的有机化合物性质明显不同。尤其重要的是金属有机化合物是碳亲核试剂的重要来源，这使得金属有机化合物对有机合成拥有重要的价值。

主要金属有机化合物的反应有如下。

（1）有机金属化合物作为布朗斯特碱　RLi 和 RMgX 在适当的溶剂里，如 Et_2O 里合成的时候是很稳定的。它们是非常强的碱，能立即和质子供体反应，甚至和弱酸如水和醇都能立即反应。金属锂和金属镁化合物的 C—M 键呈现一定负碳离子的性质。负碳离子属于最强的碱。它们的共轭酸是碳氢化合物——很弱的酸。

（2）有机金属化合物作为亲核试剂　格氏试剂和金属锂具有亲核性，它们进攻羰基形成了新的 C—C 键。所以格利雅试剂的主要合成用途是用其与羰基化合物反应来合成醇。有机金属锂化合物和羰基反应和格氏试剂相同。在它们与醛和酮反应时，RLi 比 RMgX 还要活泼些。叔醇也能用格氏试剂与酯反应合成，1mol 酯需要 2mol 格氏试剂，1mol 与酯反应将其转化为酮。酮是不能分离出来的，它会很快会和另外 1mol 格氏试剂反应，最后加入水合酸后便形成了叔醇。

（3）有机铜试剂　最常使用的是烷基为伯烷基的有机金属铜化合物。立体位阻会使得含仲或叔烷基的有机金属铜化合物的活性降低，它们往往在与烷基卤代烃反应之前就分解了。

铜试剂与烷基卤反应活性符合一般的 SN_2 规律：$CH_3 > 1° > 2° > 3°$，以及 I>Br>Cl>F。对甲基苯磺酸酯是很好的底物，比烷基卤活性大。

烯卤和芳卤受亲核试剂进攻时活性不高，然而与二烷基铜锂反应具有活性。

（4）有机金属铝　20 世纪 50 年代早期，齐格勒发现有铝化合物作催化剂，在乙烯齐聚反应里加入一些金属或是它们的化合物，会形成 8~18 个碳原子的乙烯聚合物，但是其他试剂会促进形成非常长碳链的聚乙烯。齐格勒合成聚乙烯路线非常重要，因为它只需要适度的温度和压力就能生成高密度的聚乙烯，这种高密度的聚乙烯的性能优于自由引发聚合形成的低密度的聚乙烯。

实验 3-50　乙酰二茂铁的制备

实验目的

（1）学习 Friedel-Crafts 酰化法制备芳酮的原理和方法。

（2）进一步巩固重结晶提纯的操作。

实验原理

二茂铁及其衍生物是一类很稳定而且具有芳香性的有机过渡金属络合物。二茂铁是橙色的固体，又名双环戊二烯基铁，由两个环戊二烯基负离子和一个二价铁离子键合而成，具有夹心形结构。二茂铁及其衍生物可作为火箭燃料的添加剂、汽油的抗爆剂、硅树脂和橡胶的防老剂及紫外线吸收剂等。

二茂铁具有类似于苯的芳香性，其茂基环上能发生多种取代反应，特别是亲电取代反应（例如 Friedel-Crafts 反应）比苯更容易。因而，二茂铁与乙酸酐反应可制得乙酰二茂铁，但根据反应条件的不同，形成的产物可以是单乙酰基取代物或双乙酰基取代物。

二茂铁　　　乙酰二茂铁　　　1,1'-二乙酰二茂铁

由于二茂铁分子中存在亚铁离子，对氧化的敏感限制了它在合成中的应用，如，不能用混酸对其硝化。

仪器与试剂

仪器：圆底烧瓶（100 mL），滴管，干燥管，烧杯，加热装置。

试剂：二茂铁，乙酸酐，磷酸，碳酸氢钠，石油醚。

实验步骤

在 100mL 圆底烧瓶中，加入 1g 二茂铁和 10mL 乙酸酐，在振荡下用滴管慢慢加入 2mL 85％的磷酸。投料毕，用装有无水氯化钙的干燥管塞住瓶口，沸水浴上加热 15min，并时加振荡。将反应化合物倾入盛有 40g 碎冰的 400mL 烧杯中，并用 10mL 冷水涮洗烧瓶，将涮洗液并入烧杯。在搅拌下，分批加入固体碳酸氢钠（约需 20~25g），到溶液呈中性为止（要避免溶液溢出和碳酸氢钠过量）。将中和后的反应化合物置于冰浴中冷却 15 min，抽滤收集析出的橙黄色固体，每次用 40mL 冰水洗两次，压干后在空气中干燥，用石油醚（60~90℃）重结晶，产物约 0.3g，熔点 84~85℃。

注意事项

（1）药品加入顺序为二茂铁、乙酐、磷酸，不可颠倒。

（2）滴加磷酸时一定要在振摇下用滴管慢慢加入。

（3）烧瓶要干燥，反应时应用干燥管，避免空气中的水进入烧瓶内。

（4）用碳酸氢钠中和粗产物时，应小心操作，防止因加入过快使产物逸出。

（5）乙酰二茂铁在水中有一定的溶解度，洗涤时应用冰水，洗涤次数和用水量不可太多。

思考题

（1）为什么合成乙酰二茂铁时其装置要用干燥管进行保护？

（2）二茂铁比苯更容易发生亲电取代，为什么不用混酸进行硝化？

（3）二茂铁酰化形成二酰基二茂铁时，第二个酰基为什么不能进入第一个酰基所在的环上？

3.11　天然产物的提取

天然产物是指动物、植物提取物（简称植提）或昆虫、海洋生物和微生物体内的组成成分或其代谢产物以及人和动物体内许许多多内源性的化学成分，其中主要包括蛋白质、多肽、氨基酸、核酸、各种酶类、单糖、寡糖、多糖、糖蛋白、树脂、胶体物、木质素、维生素、脂肪、油脂、蜡、生物碱、挥发油、黄酮、糖苷类、萜类、苯丙素类、有机酸、酚类、醌类、内酯、甾体化合物、鞣酸类、抗生素类等天然存在的化学成分。

来源于植物界的有效成分主要有黄酮类、生物碱类、多糖类、挥发油类、醌类、萜类、木脂素类、香豆素类、皂苷类、强心苷类、酚酸类及氨基酸与酶等。现将主要成分简介如下：

黄酮类化合物（flavonoids），又称生物类黄酮（bioflavonoids），广泛分布于植物界中，是一大类重要的天然化合物。黄酮类化合物大多具有颜色，其不同的颜色为天然色素家族添加了更多的色彩。黄酮类化合物在高等植物体中常以游离态或与糖成苷的形式存在，在花、叶、果实等组织中多为苷类，而在木质部组织中则多为游离的苷元。黄酮类化合物是以色酮环与苯环为基本结构的一类化合物的总称，是多酚类化合物中最大的一个亚类。

生物碱类（alkaloids）大多存于植物中，故又称为植物碱，是一类含氮的有机碱性化合物，有复杂的环状结构，氮素多包含在环内，分子中大多含有含氮杂环，如吡啶、吲哚、喹啉、嘌呤等，也有少数是胺类化合物。它们在植物中常与有机酸结合成盐而存在，还有少数以糖苷、有机酸酯和酰胺的形式存在。以未成盐碱（游离生物碱）形式存在的亲脂，以生物碱盐形式存在的亲水。能较好地溶解在氯仿、苯、乙醚、乙醇中，其显著的碱性，决定了它可以与各种酸（无机酸、有机酸）成盐。按照生物碱的基本结构，已可分为60类左右。

多糖（polysaccharide）又称多聚糖（polysaccharides），由单糖通过苷键连接而成，是聚合度大于10的极性复杂大分子，基本结构单元是葡聚糖，其分子量一般为数万甚至达数百万。广泛分布于动物、植物及微生物中，作为来自高等动植物细胞膜和微生物细胞壁的天然高分子化合物，是构成生命活动的四大基本物质之一。目前已发现的活性多糖有几百种，按其来源不同，可分为真菌多糖、高等植物多糖、藻类地衣多糖、动物多糖、细菌多糖五大类。

挥发油（volatile oils）又称精油（essential oils），是一类在常温下能挥发的、可随水蒸气蒸馏的、与水不相混的油状液体的总称。大多数挥发油具有芳香气味，在水中的溶解度很小，但能使水具有挥发油的特殊气味和生物活性，挥发油常存于植物组织表皮的腺毛、油室、油细胞或油管中，大多数成油滴状态存在。有时挥发油与树脂共存于树脂道内（如松茎），少数以苷的形式存在（如冬绿苷，其水解后的产物水杨酸甲酯为冬绿油的主成分）。

醌类化合物（quinonoids）是植物中一类具有醌式结构的有色物质，在植物界分布较广泛，高等植物中大约有 50 多个科 100 余属的植物中含有醌类，集中分布于蓼科、茜草科、豆科、鼠李科、百合科、紫葳科等植物中。天然药物如大黄、虎杖、何首乌、决明子、丹参、番泻叶、芦荟、紫草中的有效成分都是醌类化合物。醌类化合物多数存在于植物的根、皮、叶及心材中，也有存在于茎、种子和果实中。

萜类化合物（terpenoid）指具有（C_5H_8）$_n$ 通式以及其含氧和不同饱和程度的衍生物，可以看成是由异戊二烯或异戊烷以各种方式连接而成的一类天然化合物。在自然界中广泛存在，包括高等植物、真菌、微生物、昆虫以及海洋生物，均有萜类成分存在。

木质素（lignan）由两分子苯丙素衍生物（$C_6 \sim C_3$）聚合而成，单体主要是肉桂酸和苯甲酸及其羟甲基衍生物。是一类植物小分子量次生代谢物，在植物体内大多呈游离状态，也有与糖结合成苷存在于植物的树脂状物质中。

香豆素类化合物（coumarins）是邻羟基桂皮酸的内酯，具有芳香气味，广泛分布于高等植物中，尤其以芸香科和伞形科为多，少数发现于动物和微生物中。在植物体内，它们往往以游离状态或与糖结合成苷的形式存在。

皂苷（saponins）是广泛存在于植物界的一类特殊的苷类，它的水溶液振摇后可生产持久的肥皂样的泡沫，因而得名。是由甾体皂苷元或三萜皂苷元与糖或糖醛酸缩合而成的苷类化合物。广泛存在于植物界，在单子叶植物和双子叶植物中均有分布，尤以薯蓣科、玄参科、百合科、五加科、豆科、远志科、桔梗科、石竹科等植物中分布最普遍，含量也较高，例如薯蓣、人参、柴胡、甘草、知母、桔梗等都含有皂苷。此外在海洋生物如海参、海星和动物中亦有发现。

强心苷类（cardiac glycosides）是指天然界存在的一类对心脏有显著生理活性的甾体苷类，可用于治疗充血性心力衰竭及节律障碍等心脏疾患，由强心苷元及糖缩合而成，其苷元是甾体衍生物，所连接的糖有多种类型。强心苷的基本结构是由甾醇母核和连在 C 17 位上的不饱和共轭内酯环构成苷元部分，然后通过甾醇母核 C3 位上的羟基和糖缩而合成。根据苷元部分 C 17 位上连接的不饱和内酯环的类型分为甲型和乙型两类。甲型，是目前临床应用的强心苷，植物体中发现的绝大多数强心苷都是属于这一类型，如洋地黄、毛花洋地黄、毒毛旋花、羊角拗、黄花夹竹桃、夹竹桃、福寿草、侧金盏花、北五加皮、铃兰、万年青等所含的强心苷。乙型主要分布于百合科、毛茛科等。

实验 3-51 从茶叶中提取咖啡因

实验目的

（1）了解从茶叶中提取咖啡因的原理和方法。

（2）初步掌握索氏提取器的安装与操作方法。

（3）初步掌握升华操作。

实验原理

茶叶中含有多种生物碱，其中以咖啡碱（又称咖啡因，1,3,7-三甲基黄嘌呤）为主，约占 1%～5%。另外还含有 11%～12% 的丹宁酸（又名鞣酸）。咖啡因化学结构式如下：

咖啡因是弱碱性化合物，易溶于氯仿、水及乙醇等，微溶于苯；丹宁酸易溶于水和乙醇，但不溶于苯。含结晶水的咖啡因是无色针状结晶，味苦，能溶于水、乙醇、氯仿等。在 100℃ 即失去结晶水，并开始升华，120℃ 时升华相当显著，至 178℃ 时升华很快。无水咖啡因的熔点为 234.5℃。提取茶叶中的咖啡因往往利用适当的溶剂（氯仿、乙醇、苯等）在脂肪提取器中连续抽提，然后蒸去溶剂，即得粗咖啡因，利用升华可进一步提纯。

仪器与药品

仪器：索氏提取器、蒸发皿、烧瓶、冷凝管，蒸馏装置、滤纸、玻璃漏斗、石棉网、沙浴、小刀、棉花。

药品：绿茶叶末、乙醇、生石灰粉。

实验步骤

（1）用索氏提取器提取粗咖啡因　称取绿茶叶末 10g，装入滤纸筒，上口用滤纸盖好，将滤纸筒放入提取器中，在圆底烧瓶内加乙醇 80mL。用水浴加热使乙醇沸腾。乙醇蒸气通过蒸气上升管进入冷凝管，蒸气被冷凝为液体滴入提取器中积聚起来，溶液流回烧瓶。经过多次虹吸，咖啡因被富集到烧瓶中。回流约 2～3h 后，当提取器内溶液的颜色变得很淡时，即可停止回流。待提取器内的溶液刚刚虹吸下去时，立即停止加热。将仪器改成蒸馏装置，蒸馏回收抽提液中的大部分乙醇。将残液倾入蒸发皿中，拌入生石灰粉 4g，将蒸发皿移至灯焰上焙炒片刻，除去水分。冷却后，擦去沾在边上的粉末，以免升华时污染产品。

（2）用升华法提纯咖啡因　在装有粗咖啡因的蒸发皿上，放一张穿有许多小孔的圆滤纸，再把玻璃漏斗盖在上面，漏斗颈部塞一小团疏松的棉花。在石棉网上或沙浴上小心地将蒸发皿加热，逐渐升高温度，使咖啡因升华（温度不能太高，否则滤纸会炭化变黑，一些有色物质也会被带出来，使产品不纯）。咖啡因通过滤纸孔，遇到漏斗内壁，重新冷凝为固体，附在漏斗内壁和滤纸上。当观察到纸上出现大量白色针状晶体时，停止加热。冷到 100℃ 左右，揭开漏斗和滤纸，仔细地把附在纸上及漏斗内壁上的咖啡因用小刀刮下。将蒸发皿中残渣加以搅拌，重新放好滤纸和漏斗，用较大的火再加热片刻，使升华完全。此时火不能太大，否则蒸发皿内大量冒烟，产品既受污染，又遭损失。合并两次升华所收集的咖啡因，称量并测熔点。

咖啡因的升华提纯也可采用减压升华装置。将粗咖啡因放入具支试管的底部，把装好的仪器放入油浴中，浸入的深度以直形冷凝管的底部与油表面在同一水平为佳。冷凝管通入冷却水，开动流水泵进行抽气减压，并加热油浴至 180～190℃。咖啡因升华凝结在直形冷凝管上。升华完毕，小心取出冷凝管，将咖啡因刮到洁净的表面皿上。

思考题

（1）索氏提取器萃取的原理是什么？它和一般的泡浸萃取比较有哪些优点？

（2）进行升华操作时应注意什么问题？

实验 3-52　槐花米中芦丁的提取、分离与鉴定

实验目的

(1) 通过芦丁的提取与精制掌握碱-酸法提取黄酮类化合物的原理及操作。

(2) 掌握芦丁的一种提取、精制方法及提制过程中防止苷水解的方法。

(3) 掌握黄酮苷水解生成苷元的方法及二者之间的分离。

(4) 熟悉芦丁、槲皮素的结构性质、检识方法和纸色谱鉴定方法。

实验原理

本实验主要是利用芦丁中含有较多的酚羟基，可溶于碱中，加酸酸化后又可析出芦丁结晶的性质，采用碱溶酸沉法提取，并用芦丁对冷、热水的溶解度相差悬殊的特性进行精制。芦丁可被稀酸水解，生成槲皮素及葡萄糖、鼠李糖，并能通过纸色谱鉴定。芦丁及槲皮素还可通过化学反应及紫外光谱鉴定。

芦丁（rutin）广泛存在于植物界中，现已发现含芦丁的植物至少有 70 种，如烟叶、槐花、荞麦和蒲公英中均含有。尤以槐花米（为植物 sophora japonica 的未开放的花蕾）和荞麦中含量最高，可作为大量提取芦丁的原料。槐花米为豆科植物槐花的未开放花蕾。味苦性凉，具清热、凉血、止血之功。槐花的主要化学成分为芦丁，又名芸香苷，含量可达 $12\%\sim16\%$。芦丁是由槲皮素（quercetin）3 位上的羟基与芸香糖（rutinose）［为葡萄糖（glucose）与鼠李糖（rhamnose）组成的双糖］脱水合成的苷。为浅黄色粉末或极细的针状结晶，含有三分子的结晶水，熔点为 $174\sim178℃$，无水物熔点 $188\sim190℃$。溶解度：冷水中为 1∶10000；热水中 1∶200；冷乙醇中 1∶650；热乙醇中 1∶60；冷吡啶中 1∶12。微溶于丙酮、乙酸乙酯，不溶于苯、乙醚、氯仿、石油醚，溶于碱呈黄色。芦丁可降低毛细管前壁的脆性和调节渗透性，有助于保持及恢复毛细血管的正常弹性，临床上用于毛细管脆性引起的出血症，并常用作防治高血压病的辅助治疗剂。现在国外也常用芦丁作食品及饮料的染色剂。

实验材料

槐花米、石灰乳、0.4% 硼砂水溶液、2% 的硫酸溶液、浓盐酸、正丁醇、乙酸、氨水、1% 的氢氧化钠溶液、1% 的三氯化铝乙醇溶液、1% 的葡萄糖溶液、1% 的鼠李糖溶液、1% 芦丁乙醇溶液、1% 槲皮素乙醇溶液、活性炭 95% 乙醇、蒸馏装置、碳酸钡、乳钵、抽滤装置、广泛 pH 试纸、减压干燥装置、回流装置、中速色谱滤纸等。

实验内容

(1) 提取　称取槐花米 30g，在乳钵中研碎后，投入 300mL 有 0.4% 硼砂溶液的沸水溶液中煮沸 $2\sim3$min，在搅拌下加入石灰乳调 pH=9，煮沸 40min（注意添加水，保持原有体积，保持 pH 值在 $8\sim9$），趁热倾出上清液，用棉花过滤。残渣加 100mL 水，加石灰乳调 pH=9，煮沸 30min，趁热用棉花过滤，两次滤液合并。滤液保持在 60℃，加浓 HCl，调 pH 值至 $2\sim3$，放置过夜，则析出芦丁沉淀。抽干，置空气中晾干，得粗制芦丁，称重，计算得率。

(2) 精制　将芦丁粗品悬浮于蒸馏水中，煮沸至芦丁全部溶解，加少量活性炭，煮沸 $5\sim10$min，趁热抽滤，冷却后即可析出结晶，抽滤至干，置空气中晾干，或 $60\sim70℃$ 干燥，得精制芦丁，称重，计算得率。

（3）芦丁的水解　取芦丁 1g，研碎，加 2% 硫酸水溶液 80mL，小火加热，微沸回流 30～60min，并及时补充蒸发掉的水分。在加热过程中，开始时溶液呈浑浊状态，约 10min 后，溶液由浑浊转为澄清，逐渐析出黄色小针状结晶，即水解产物槲皮素，继续加热至结晶物不再增加。抽滤，保留滤液 20mL，以检查滤液中的单糖。所滤得的槲皮素粗晶水洗至中性，加 70% 乙醇 80mL 加热回流使之溶解，趁热抽滤，放置析晶。抽滤，得精制槲皮素。减压下 110℃ 干燥，可得槲皮素无水物。

注意事项

（1）本实验采用碱溶酸沉法从槐花米中提取芦丁，收率稳定，且操作简便。在提取前应注意将槐花米略捣碎，使芦丁易于被热水溶出。槐花米中含有大量黏液质，加入石灰乳使生成钙盐沉淀除去。pH 值应严格控制在 8～9，不得超过 10。因为在强碱条件下煮沸，时间稍长可促使芦丁水解破坏，使提取率明显下降。酸沉一步 pH 值为 2～3，不宜过低，否则会使芦丁形成盐溶于水，降低了收率。

（2）提取过程中加入硼砂水的作用：即能调节碱性水溶液的 pH，又能保护芦丁分子中的邻二酚羟基不被氧化，亦保护邻二酚羟基不与钙离子络合，使芦丁不受损失。

（3）芦丁的提取方法除了用碱溶酸沉法外，还可利用芦丁在冷水及沸水中的溶解度不同，采用沸水提取法。又有报道：将生产工艺改进为 95% 乙醇回流提取后回收醇得浸膏，然后将粗浸膏除去脂溶性杂质后，用水洗净，过滤，干燥即得芦丁，可提高收率 6.96%，并降低了成本。因此可根据不同原料采用各种不同方法提取。

（4）槲皮素以乙醇重结晶时，如所用的乙醇浓度过高（90% 以上），一般不易析出结晶。此时可于乙醇溶液中滴加适量蒸馏水，使呈微浊状态，放置，槲皮素即可析出。

思考题

（1）本实验提取过程中应注意哪些问题？

（2）根据芦丁的性质还可采用何种方法进行提取？简要说明理由。

3.12 多步骤有机合成

多步骤有机合成是全合成中一种比较常见的合成路线。而全合成是有机合成的一类，强调了获取天然产物目标分子的途径在人工上的纯粹性。全合成背后的哲学基础是还原论。全合成工作都是以自然界生物体中鉴定出的某种分子作为合成目标，而这些目标分子往往具有某种药物活性；全合成其实就是有机合成的一个分支，其产生和发展都是服务于社会的需求；全合成试图用简单易得的原材料，通过化学反应来获得某种有用的、结构复杂又难以用其他途径获得的化合物。全合成的原料通常是容易从自然界中取得的化学物质，如糖类、石油化工产品等；而目标分子通常是具有特定药效的天然产物，或在理论上有意义的分子。

多步骤有机合成是以简单的原料合成复杂的分子，是有机化学最重要的任务之一，也是有机化学最有活力的领域。由于几百万种有机化合物中直接成为商品的毕竟是极少数，因此科学研究中离不开合成工作，新研究领域的探索更离不开合成。完成有机合成，除了制定合成路线及策略，娴熟的实验技巧和个人经验，也是必不可少的。

在多步骤有机合成中，由于各步反应的产率低于理论产率，反应步序一多，总产率必然受到累加的影响。即使是只有五步的合成，假设每步产率为 80%，其总产率也只有 32.8%。

虽然几十步的合成是极少的，但是五步以上的合成在科学研究工作和工业实验室中是较为普遍的。鉴于多步骤反应对总产率的累加影响，人们一直在研究可获得高产率的反应，并改进实验技术以减少每一步的损失，这也是多步骤合成必须重视的问题。

多步骤有机合成中的全合成根据工作的独立性可以分为"全合成（total synthesis）""半全合成（semi total synthesis）""表全合成（formal total synthesis）"三类。

在有机合成历史上，比较重要的一些化学事件如下：

1821年，德国化学家弗里德里希·维勒合成尿素，有机合成的序幕开始拉开。

1902年，德国化学家威尔斯泰德合成托品酮，象征着多步骤有机合成的开始。

1903年，德国人Gustaf Komppa合成樟脑。这是第一个工业化的全合成例子。

1916年，英国人罗宾逊超时代地提出并实施了仿生合成托品酮路线，标志着合成美学的萌芽，也是串联反应方法学的开端。

1950年，美国化学家伍德沃德合成奎宁，全合成概念产生。这也给众合成者打了一剂强心针，使人们克服了面对复杂天然产物的畏难心理。

1992年，日本化学家岸义人（Yoshito Kishi）合成海葵毒素，极大地鼓舞了全世界的化学家，合成家们开始产生了"没有合成不出来的分子"的言论。

实验 3-53　对氨基苯甲酸

实验目的

(1) 熟悉制备对氨基苯甲酸的原理和方法。

(2) 熟练掌握回流装置的安装和使用。

(3) 熟练掌握真空泵的使用方法。

实验原理

对氨基苯甲酸是维生素 B_{10}（叶酸）的组成部分（又称PABA），对氨基苯甲酸合成涉及的三个反应。首先，将对甲苯胺用乙酸酐处理变为相应酰胺，此酰胺比较稳定，这样可以在高锰酸钾氧化反应中保护氨基，避免氨基被氧化。其次，高锰酸钾将对甲基乙酰苯胺中的甲基氧化成相应的羧基；由于反应中会产生氢氧根离子，故要加入少量硫酸镁作缓冲剂，避免碱性太强而使酰基发生水解；反应产物羧酸盐经酸化后得到羧酸，能从溶液中析出。最后，水解除去保护的乙酰基，稀酸溶液中很容易进行。

合成对氨基苯甲酸的反应式

仪器与试剂

仪器：圆底烧瓶，温度计，回流冷凝管，烧杯，锥形瓶，酒精灯，布氏漏斗，抽滤瓶。

试剂：对甲苯胺，乙酸酐，结晶乙酸钠（$CH_3COONa \cdot 3H_2O$）或无水乙酸钠，高锰酸钾，硫酸镁晶体（$MgSO_4 \cdot 7H_2O$），乙醇，盐酸，石蕊试纸，硫酸，氨水。

实验步骤

（1）对甲基乙酰苯胺的合成　在 250mL 烧杯中加入 3.8g（0.035mol）对甲苯胺、90mL 水、3.8mL 浓盐酸，必要时水浴温热，使之溶解；若颜色较深，则可加少量活性炭脱色后过滤。同时将 6g 三水合乙酸钠晶体溶于 10mL 水中，必要时，温热使固体溶解。

将脱色后的盐酸对甲基苯胺溶液加热至 50℃，加入 4.2mL 乙酸酐，马上加入配制好的乙酸钠溶液，充分搅拌后，将混合溶液置于冰水浴中冷却，即析出对甲基乙酰苯胺白色固体，抽滤，少量水洗，约可得 3～4g 固体，纯粹对甲基乙酰苯胺的熔点 154℃。

（2）对乙酰氨基苯甲酸的合成　250mL 烧杯中加入上述制得的对甲基乙酰苯胺、10g 硫酸镁晶体和 175mL 水，将混合物水浴加热到约 85℃。制备 10.3g 高锰酸钾溶于约 35mL 沸水的溶液。

充分搅拌下将高锰酸钾溶液在 30min 内分批加到对甲基乙酰苯胺的混合物中，以免氧化剂局部浓度过高破坏产物，加完后继续在 85℃ 下搅拌 15min，混合物变深棕色。趁热抽滤除去二氧化锰沉淀，并用少量热水洗涤二氧化锰。若滤液呈紫色，可加入 1～1.5mL 乙醇，煮沸直至紫色消失，将滤液再抽滤一次。

冷却滤液，加 20% 硫酸酸化至溶液显酸性，出现白色固体，抽滤压干，干燥后约得对乙酰氨基苯甲酸 2～3g，纯化合物熔点 250～252℃，湿产品可直接进行下一步。

（3）对氨基苯甲酸的制备　称量上步得到的湿的对乙酰氨基苯甲酸，每克湿产物用 5mL18% 酸进行水解；将反应物置于 100mL 圆底烧瓶中，石棉网上小火缓慢回流 30min。待反应液稍冷，转移到 250mL 烧杯中，加入 15mL 冷水，然后用 10% 氨水中和至石蕊试纸恰呈碱性，切勿使氨水过量；每 30mL 最终溶液加 1mL 冰醋酸，充分振荡后置于冰水浴中骤冷以引发结晶，待结晶完全，抽滤，烘干，回收产物，纯对氨基苯甲酸熔点为 186～187℃。

注意事项

对氨基苯甲酸不必重结晶，对产物重结晶的各种尝试均未获得满意结果，产物可以直接用于合成苯佐卡因。

思考题

（1）对甲苯胺用乙酸酐酰化反应中加入乙酸钠的目的何在？

（2）对甲基苯胺用高锰酸钾氧化时，为何要加入硫酸镁晶体？

（3）在氧化步骤中，若滤液有色，需加入少量乙醇煮沸，发生了什么反应？

（4）在最后水解步骤中，用氢氧化钠溶液代替氨水中和可以吗？中和后加入乙酸的目的何在？

实验 3-54　对氨基苯甲酸乙酯

实验目的

（1）了解多步反应合成思路。

（2）进一步了解氨基的保护、苯甲基的氧化和酯化反应。

实验原理

对氨基苯甲酸乙酯又叫苯佐卡因，是重要的医药中间体，可以作为很多药物的前体原料，如，奥索仿、奥索卡因、普鲁卡因等，为局部麻醉药。苯佐卡因作用的特点是起效迅速，约30s即可产生止痛作用，且对黏膜无渗透，毒性低，不会影响心血管系统。此外，也可以作为紫外线吸收剂。主要用于防晒类化妆品，对光和空气的化学性稳定，对皮肤安全，还具有在皮肤上成膜的能力。

$$\underset{NH_2}{\underset{|}{\overset{COOH}{\overset{|}{\bigcirc}}}} + CH_3CH_2OH \underset{}{\overset{H_2SO_4}{\rightleftharpoons}} \underset{NH_2}{\underset{|}{\overset{CO_2C_2H_5}{\overset{|}{\bigcirc}}}} + H_2O$$

试剂及仪器

仪器：烧杯，抽滤装置，圆底烧瓶（100mL、250mL），分液漏斗，回流冷凝管。

试剂：对氨基苯甲酸，乙酸酐，结晶乙酸钠，乙醇，乙醚，结晶硫酸镁，高锰酸钾，H_2SO_4，浓盐酸，氨水，碳酸钠。

操作步骤

将1g对氨基苯甲酸置于50mL的圆底烧瓶中，并且加入12mL 95％乙醇，摇晃溶解，冰浴冷却混合物，然后慢慢加入2mL浓硫酸，立即产生大量沉淀（固体在下一步的回流中会逐渐溶解），连接回流冷凝管将反应物在水浴上回流1h。

将反应物转移到250mL的烧杯中，冷却后分批加入10％碳酸钠溶液（约6mL）中和反应液，可观察到有气体逸出并产生泡沫（发生了什么反应），直至加入碳酸钠溶液后无明显气体释放。反应混合物接近中性时，检查溶液pH值，再加少量碳酸钠溶液使pH值为9左右。在中和过程中产生少量固体沉淀（什么物质），将溶液倾倒到分液漏斗中，并用少量乙醚洗涤固体后并入分液漏斗。向分液漏斗中加入20mL乙醚，振摇后分出醚层。经无水硫酸镁干燥后，水浴中蒸馏除去乙醚与乙醇，至残余油状物约1mL为止。残余液用乙醇-水重结晶，得到对氨基苯甲酸乙酯晶体约0.5g，熔点90℃。

思考题

（1）本实验中加入浓硫酸后，产生的沉淀是什么物质？试解释。

（2）酯化反应结束后，为什么要用碳酸钠溶液而不是氢氧化钠溶液进行中和？为什么不中和至pH值为7，而是9左右？

3.13 油田化学品合成

油田化学品，从广义上说，系指用于石油勘探、钻采、集输等所有工艺过程中的各种化学品，主要包括矿物产品（如黏土等）、通用化学品（如各种酸和碱等）、天然产品（如淀粉）、无机产品（如碳酸锌）和专用（精细化工）产品（如聚合物和表面活性剂等）。近十多年来，我国油田化学技术发展迅速，形成了较广阔的油田化学品市场。据不完全统计，1995年国内油田化学品用量为102.9万吨，而到2009年，全行业使用量已达到147万吨。15年间，油田化学品的使用量增加了42％以上，市场规模增长超过180％。其中，钻井用化学品用量最大，占油田化学品总用量的45％～50％；采油用化学品技术含量高，占总消量的30％以上。中国新发现油田储量有限，老油田挖潜任务艰巨，特别是针对我国油田特点，加强油田勘探开发，提高油田采收率，加强环境保护，需要更多的新型、高效、降低污染的油田化学品。

目前，中国石化、中国石油和中国海油三大公司控制着我国绝大多数的石油和天然气油井，而其油井开采过程中的钻井液的配制及技术服务也一般都由其专门部门负责。我国钻井液技术服务行业集中度较高，前十位钻井液技术服务企业市场集中度约为 55％。全国范围内从事钻井液技术服务的重点企业包括长城钻探工程有限公司钻井液公司、中国海油田服务股份有限公司、胜利油田钻井工程技术公司、中国石油川庆钻探工程有限公司等。

有机合成在油田化学品合成过程中有非常广泛的应用，例如以下几类。

（1）钻井用有机化合物，包括杀菌剂、缓蚀剂、消泡剂、乳化剂、起泡剂、表面活性剂、页岩抑制剂和降黏剂等。

（2）固井用有机化合物，包括缓凝剂和消泡剂等。

（3）酸化用有机化合物，包括低分子有机酸、潜在酸、缓蚀剂、助排剂、乳化剂、防乳化剂、起泡剂、铁离子稳定剂和防淤渣剂等。

（4）压裂用有机化合物，包括缓蚀剂、助排剂、交联剂、黏土稳定剂、防乳化剂、起泡剂、暂堵剂和杀菌剂等。

（5）提高采收率用有机化合物，包括起泡剂和表面活性剂等。

（6）油气集输用有机化合物，包括破乳剂、乳化剂、水合物抑制剂、防蜡剂、降凝剂和起泡剂等。

（7）处理用包括化合物，有杀菌剂、缓蚀剂、黏土稳定剂、絮凝剂、防垢剂和除垢剂等。

实验 3-55　油溶性降黏剂单体——丙烯酸十八酯的合成

实验目的

（1）掌握丙烯酸十八酯的合成原理。

（2）掌握正确的有机溶剂除杂质和出水方法。

仪器与药品

仪器：分析天平、蒸馏装置、集热式恒温加热磁力搅拌器、分水器、回流冷凝管、电热鼓风干燥箱、四口烧瓶。

药品：丙烯酸甲酯、十八醇、对苯二酚、对甲苯磺酸、甲苯、氢氧化钠、无水硫酸钠、丙酮。

合成原理

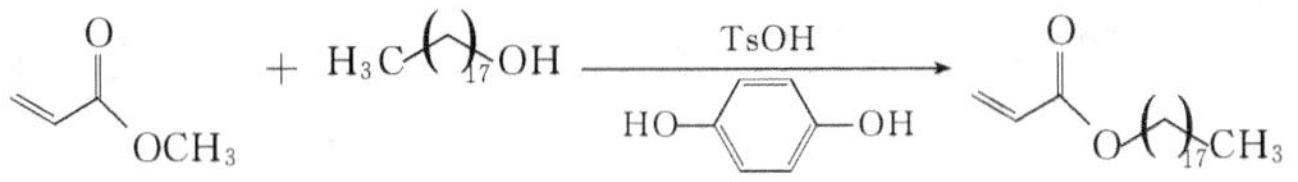

物理性质

合成剂物理性质见表 3.7。

表 3.7 物理性质

名称	分子量	密度/(g/cm³)	熔点/℃	沸点/℃	溶解度/(g/100g 溶剂)	备注
十八醇	270.50	0.81	56～58	349.5	不溶于水	引燃温度(℃)：247.8
丙烯酸甲酯	86.09	0.95	−75	80	微溶于水，溶于乙醇、乙醚、丙酮及苯	储存于阴凉、通风的库房。远离火种、热源
对苯二酚	110.1	1.32815	172	287	易溶于热水、乙醇及乙醚，微溶于苯	有毒，成人误服1g，即可出现头痛、头晕、耳鸣、面色苍白等症状。对苯二酚遇明火、高热可燃
对甲苯磺酸	172.2	1.24	38	140 ℃，20mmHg	可溶于水，易溶于醇和其他极性溶剂，难溶于苯、甲苯和二甲苯等苯系溶剂	易使棉织物、木材、纸张等碳水化合物脱水而炭化
甲苯	92.14	0.87	−94.9	110.6	能与乙醇、乙醚、丙酮、氯仿、二硫化碳和冰乙酸混溶，极微溶于水	低毒，半数致死量(大鼠，经口)5000mg/kg。高浓度气体有麻醉性。有刺激性
氢氧化钠	39.997	2.13	318.4℃(591K)	1390℃(1663K)	易溶于水(溶于水时放热)，109g(20 ℃)(极易溶于水)	易吸取空气中的水蒸气(潮解)和二氧化碳(变质)，可加入盐酸检验是否变质
无水硫酸钠	142.04	2.68	884	1404	不溶于乙醇，溶于水，溶于甘油	无毒
丙酮	58.08	0.79	−94.9	56.53	易溶于水和甲醇、乙醇、乙醚、氯仿、吡啶等有机溶剂	易燃、易挥发

实验步骤

在装有集热式恒温加热磁力搅拌器、分水器、回流冷凝管、温度计的 250mL 四口烧瓶中，依次加入 13.5g 十八醇、10g 甲苯、3g 对甲苯磺酸和 2g 对苯二酚，加热到 60℃，使其全部溶解。再加入 6.5 g 丙烯酸甲酯，升温至回流，恒温 2.5h，酯交换反应基本完成（蒸出的水接近理论值时为反应终点）。用稀氢氧化钠与对苯二酚反应，生成对苯二酚二钠，溶于水，用丙酮分两次洗涤，再用无水硫酸钠干燥，过滤，得到纯的丙烯酸十八醇酯。

思考题

(1) 洗涤时的注意事项有哪些？

(2) 如果得到的产物有颜色，应该如何处理？

实验 3-56 油田化学品中间体——羟甲基磺酸钠的合成

实验目的

(1) 掌握羟甲基磺酸钠合成的原理。

(2) 掌握抽滤和重结晶的正确操作。

仪器与药品

仪器：DK-98-1 型电子恒温水浴锅，三颈烧瓶，烧杯，玻璃棒，温度计，抽滤装置、冷凝管。

药品：甲醇（30g），甲醛（20mL），亚硫酸氢钠（26g）。

合成原理

$$HCHO + NaHSO_3 \longrightarrow HOCH_2SO_3Na$$

物理性质

各试剂物理性质见表 3.8。

表 3.8　物理性质

名称	分子量	密度/(g/cm³)	熔点/℃	沸点/℃	溶解度/(g/100g 溶剂)	备注
甲醛	30.03	1.081~1.085	—	96	能与水、醇丙酮混溶	有刺激性气味
甲醇	32.04	0.7915	−97.8	64.7	能与水、乙醇、醚、苯、酮类和其他有机溶剂混溶	有毒，易燃
亚硫氢酸钠	104.07	1.48	—	—	能溶于 3.5 份冷水	有不愉快气味

实验步骤

在搅拌下，将 26g 亚硫酸氢钠溶于 20mL 甲醛水溶液中，升温至 75℃，反应 120min，将反应液冷却至室温后倒入烧杯，用玻璃棒慢慢搅拌加入 15mL 甲醇，静置 30min 得白色沉淀，抽滤，再用 15mL 甲醇重结晶后抽滤。于 105℃下干燥，得到羟甲基磺酸钠实验品。测其熔点。

思考题

(1) 本合成属于哪种类型的反应？

(2) 为了提高实验产率，应注意哪些实验细节？

实验 3-57　水泥浆缓蚀剂、阻垢剂、钻井液降黏剂——羟基亚乙基二磷酸（HEDP）

实验目的

(1) 掌握羟基亚乙基二磷酸的合成原理。

(2) 掌握正确的有机溶剂除杂质和出水方法。

仪器与药品

仪器：分析天平、集热式恒温加热磁力搅拌器、电热鼓风干燥箱、三颈瓶、分液漏斗。

药品：亚磷酸、氯乙酰、正丁醇、水、丙酮、无水硫酸钠。

合成原理

$$PCl_3 + 3CH_3COOH \longrightarrow 3CH_3COCl + H_3PO_3$$

$$PCl_3 + 3H_2O \longrightarrow H_3PO_3 + HCl$$

$$CH_3COCl + H_3PO_3 \longrightarrow H_3C-\overset{\overset{O\ \ \ O}{\|\ \ \ \|}}{\underset{\underset{OH}{|}}{C-P}}-OH + HCl$$

$$H_3C-\overset{\overset{O\ \ \ O}{\|\ \ \ \|}}{\underset{\underset{OH}{|}}{C-P}}-OH + H_3PO_3 + CH_3COCl \longrightarrow H_3C-\overset{\overset{O=P(OH)_2}{|}}{\underset{\underset{O=P(OH)_2}{|}}{C}}-O-COCH_3$$

$$\xrightarrow{\text{H}_2\text{O,HCl}} \quad \begin{array}{c} \text{O}\!=\!\text{P(OH)}_2 \\ | \\ \text{H}_3\text{C}\!-\!\text{C}\!-\!\text{OH} \\ | \\ \text{O}\!=\!\text{P(OH)}_2 \end{array}$$

物理性质

各试剂物理性质见表3.9。

表 3.9 物理性质

名称	分子量	密度/(g/cm³)	熔点/℃	沸点/℃	溶解度/(g/100g 溶剂)	备注
亚磷酸	82	1.651	73.6	200	易溶于水	有强吸湿性和潮解性有腐蚀性
氯乙酰	78.5	1.104	−112	51	溶于乙醚、丙酮及苯	有刺激性臭气,易燃,遇水或乙醇引起剧烈分解
正丁醇	74.12	0.8098	−88.9	117.25	微溶于水,溶于乙醇、醚等多数有机溶剂	易燃,有毒,对眼睛有严重伤害
无水硫酸钠	142.04	2.68	884	1404	不溶于乙醇,溶于水,溶于甘油	无毒
丙酮	58.08	0.79	−94.9	56.53	易溶于水和甲醇、乙醇、乙醚、氯仿、吡啶等有机溶剂	易燃、易挥发

实验步骤

向三颈瓶中加入10.5g亚磷酸和15.0g氯乙酰,在温度为40℃的低速搅拌条件下反应1h后,往三颈烧瓶中加入12.5g正丁醇,升温到110℃,继续反应1h,然后降温至60℃,加入2.5g水后水解0.5h,最后得到合成产物羟基亚乙基二磷酸(HEDP)粗产物,加入丙酮,摇匀,用分液漏斗分离,再用无水硫酸钠干燥,过滤,得到纯的羟基亚乙基二磷酸。

思考题

反应产生的氯化氢如何处理?

实验 3-58 黏土防膨剂——四乙基溴化铵的合成

实验目的

(1) 掌握四乙基溴化铵的合成原理。

(2) 掌握正确的重结晶方法。

仪器与药品

仪器:分析天平、集热式恒温加热磁力搅拌器、蒸馏装置、回流冷凝管、抽滤装置、电热鼓风干燥箱、三颈瓶。

药品:三乙胺、溴乙烷、异丙醇、丙酮。

合成原理

$$\begin{array}{c} \text{CH}_2\text{CH}_3 \\ | \\ \text{CH}_3\text{CH}_2\!-\!\text{N} \\ | \\ \text{CH}_2\text{CH}_3 \end{array} + \text{CH}_3\text{CH}_2\text{Br} \xrightarrow{(\text{CH}_3)_2\text{CH}_2\text{OH}} \begin{array}{c} \text{CH}_2\text{CH}_3 \\ | \\ \text{CH}_3\text{CH}_2\!-\!\overset{+}{\text{N}}\!-\!\text{CH}_2\text{CH}_3 \\ | \quad \text{Br}^- \\ \text{CH}_2\text{CH}_3 \end{array}$$

物理性质

各试剂物理性质见表 3.10。

表 3.10　物理性质

名称	分子量	密度/(g/cm³)	熔点/℃	沸点/℃	溶解度/(g/100g 溶剂)	备注
三乙胺	101.19	0.73	−114.8	89.5	微溶于水，溶于乙醇、乙醚、丙酮等多数有机溶剂	易燃，易爆。有毒，具强刺激性
溴乙烷	108.97	1.46	−119	38.4	20℃时 0.914g/100g，能与乙醇、乙醚、氯仿和多数有机溶剂混溶	易挥发，有类似乙醚的气味和灼烧味。露置空气或见光逐渐变为黄色。
异丙醇	60.06	0.79	−88.5	82.45	能与醇、醚、氯仿和水混溶，能溶解生物碱、橡胶、虫胶、松香、合成树脂等多种有机物和某些无机物，与水形成共沸物，不溶于盐溶液	常温下可引火燃烧，其蒸气与空气混合易形成爆炸混合物。异丙醇容易产生过氧化物，使用前有时需做鉴定。方法是：取 0.5mL 异丙醇，加入 1mL10％碘化钾溶液和 0.5mL1∶5 的稀盐酸及几滴淀粉溶液，振摇 1min，若显蓝色或蓝黑色即证明有过氧化物。
丙酮	58.08	0.79	−94.9	56.53	易溶于水和甲醇、乙醇、乙醚、氯仿、吡啶等有机溶剂	易燃、易挥发

实验步骤

将 10.9g 溴乙烷用 12g 异丙醇溶解，加热至回流搅拌下滴加 10.1g 三乙胺（滴加时间约 10min），加完后，继续回流 120min。

将反应液降至室温，用适量丙酮进行重结晶，抽滤，烘干，得到四乙基溴化铵实验品。

思考题

(1) 重结晶的注意事项有哪些？

(2) 如果得到的产物有颜色，应该如何处理？

实验 3-59　烯丙基缩水甘油醚的合成

实验目的

(1) 掌握烯丙基缩水甘油醚的合成原理。

(2) 掌握烯丙基型可聚合单体的合成技术。

实验原理

烯丙基缩水甘油醚（1-烯丙氧-2，3-环氧丙烷）是一种含不饱和双键和环氧基团的活泼单体，能被广泛应用于精细化工领域。利用其良好的反应性和活泼性，通过加成、水解反应形成用于油漆和涂料工业的各种试剂。另外，它还是合成各种表面活性剂的重要中间体。目前在日用精细化工中广泛应用的有机硅表面活性剂，其良好的水溶性和表面活性就是通过烯丙基缩水甘油醚接枝在氢硅键上制得的。制备烯丙基缩水甘油醚的方法研究不多，常见报道的是脂肪族缩水甘油醚的合成。由于烯丙基缩水甘油醚同时含有两个活泼基团，使其合成较为困难。脂肪族缩水甘油醚合成方法有一步法和两步法。一步法是指醇和环氧氯丙烷在浓碱作用下一步反应，开环醚化与脱氯化氢同时进行，这种方法形成的环氧低聚物较多，产率较低，因而不常使用。该方法采用三氟化硼的乙醚络合物催化脂肪醇和环氧氯丙烷合成脂肪族缩水甘油醚。其合成路线如下：

$$\text{CH}_2=\text{CHCH}_2\text{OH} + \underset{\text{O}}{\triangle}\text{Cl} \xrightarrow{\text{BF}_3-\text{Et}_2\text{O}} \text{CH}_2=\text{CHCH}_2\text{O}\underset{\text{OH}}{\diagup}\text{Cl} \xrightarrow{\text{NaOH}} \text{CH}_2=\text{CHCH}_2\text{O}\underset{\text{O}}{\triangle}$$

仪器与试剂

仪器：三颈瓶，减压蒸馏装置。

试剂：烯丙醇，三氟化硼乙醚（47%），氢氧化钠，环氧氯丙烷，冰块、无水硫酸钠，氨水。

基本操作

（1）在 500mL 三颈瓶中加入烯丙醇 58g（1mol）和 7mmol 三氟化硼乙醚络合物，搅拌均匀后将反应液预热至 50～55℃，搅拌下将 1.2mol 的环氧氯丙烷在 30min 内滴入上述反应液中，在 40～55℃ 反应 5h 后用氨水中和反应液至中性，减压蒸馏，收集 100～102℃/2.66kPa 的馏分。

（2）在 500mL 三颈瓶中加入上步产物 150g（1mol），用冰水降温至 15℃ 左右，搅拌下滴加一定量的 40%NaOH 水溶液，滴完后控温 30～40℃ 反应 4h。静置、分出油层、水层用无水 Na_2SO_4 干燥，过滤液蒸馏除去乙醚，减压蒸馏收集 65～66℃/5.32kPa 的馏分，即为烯丙基缩水甘油醚产物。

讨论

（1）氢氧化钠浓度即用量对目标产物结果的影响。

（2）原料摩尔比对目标产物的影响。

附　录

附录 1　常见有机化合物的定性鉴别

近年来，各种现代化仪器用于分离和分析，使有机化学的实验方法发生了根本性变化。但是，化学分析仍然是每一位化学工作者必须掌握的基本知识和操作技巧。在实验中，往往需要在很短的时间内用较少的量对实验方法及反应进度做出判断，以保证实验的顺利进行。经典的有机定性系统分析，包括物理化学性质的初步鉴定，物理常数的测定，元素分析，溶解度测定，酸碱反应试验，分类实验，包括各种官能团实验和衍生物制备等。主要就常见的一些定性方法进行介绍。

(1) 溴的四氯化碳溶液检验烯烃和炔烃　烯烃分子中含 C=C，能与溴发生加成反应，使溴的红棕色消失，因此在实验室中常用溴与烯烃的加成反应对烯烃进行定性和定量分析，如用 5% 溴的四氯化碳溶液和烯烃反应，当在烯烃中滴入溴溶液后，红棕色马上消失，表明发生了加成反应。据此，可鉴别烯烃。

(2) 高锰酸钾溶液检验烯烃和炔烃　烯烃分子中含 C=C，能被高锰酸钾溶液氧化，如果用冷、稀的中性高锰酸钾溶液为氧化剂，得到顺邻二醇。如果用较强烈的反应条件：酸性、碱性或加热，则得到氧化裂解产物。

将高锰酸钾的稀水溶液滴加到烯烃中，高锰酸钾溶液的紫色会褪去，由于 Mn^{7+} 被还原成 MnO_3^-，MnO_3^- 很不稳定，歧化为 MnO_4^- 和 MnO_2，因此在反应时能见到 MnO_2 沉淀生成。可以根据上述实验现象来鉴定烯烃（除烯烃外，很多化合物也能被氧化，有干扰反应时慎用）。

(3) 铜氨溶液鉴别末端炔烃　末端炔烃含有活泼氢，可与铜氨溶液反应生成炔化铜沉淀。据此可鉴别末端炔烃类化合物。

炔化铜干燥后，经撞击会发生强烈爆炸，生成金属和碳。故在反应完了时，应加入1∶1稀硝酸使之分解。

(4) 硝酸银氨溶液鉴别末端炔烃　末端炔烃含有活泼氢，可与硝酸银氨溶液反应生成炔化银白色沉淀。据此可鉴别末端炔烃类化合物。注意：炔化银干燥后，经撞击会发生强烈爆炸，生成金属和碳。故在反应完了时，应加入稀硝酸使之分解。

(5) 硝酸银-乙醇溶液检验卤代烃　卤代烃与硝酸银的乙醇溶液反应，生成硝酸酯和卤化银沉淀。不同的卤化银沉淀颜色不同：氯化银（白色），溴化银（浅黄色），碘化银（黄色）。不同的卤代烃在该反应中的速率不同，一般来讲，具有相同烃基结构的卤代烃，反应活性次序是 RI＞RBr＞RCl。而卤原子相同，烃基结构不同时，反应活性次序是苯甲型、烯丙型＞三级＞二级＞一级＞苯型、乙烯型。综合考虑，苯甲型、烯丙型卤代烃与硝酸银的醇溶液反应最迅速，碘代烷和三级卤代烃在室温可与硝酸银的醇溶液反应生成卤化银沉淀。一级、二级溴代烷和氯代烷则需要温热几分钟才能生成卤化银沉淀。苯型、乙烯型、偕二卤代烃和偕三卤代烃不与硝酸银的醇溶液反应。因此可以根据卤化银沉淀的颜色和它们生成的快慢来鉴别卤代烃。

(6) 酰氯检验醇　酰氯与醇反应能生成有香味的酯。根据反应中是否有水果香味逸出可鉴别醇类化合物。

(7) 硝酸铈铵试剂检验 10 碳以下的醇　不超过 10 个碳的醇能与硝酸铈铵反应，形成的络合物显红色或橙红色。根据反应中的颜色变化可以鉴别小分子醇类化合物。

(8) 土伦试剂鉴别醛和酮　土伦试剂是银氨离子 $\left[Ag(NH_3)_2\right]^+$（硝酸银的氨水溶液），它与醛反应时，醛被氧化成酸，银离子被还原成银，附着在试管壁上形成银镜，因此称该反应为银镜反应。土伦试剂与酮不发生上述反应，所以此实验可区别醛和酮。

(9) 2,4-二硝基苯肼检验醛和酮　醛或酮与氨衍生物反应后生成的产物多半是有特殊颜色的固体，很容易结晶，并具有一定的熔点，所以经常用来鉴别醛酮。最常用的鉴定醛或酮的一个反应是 2,4-二硝基苯肼与醛、酮的羰基发生亲核加成反应。该反应生成的产物为黄色、橙色或红色沉淀。

(10) 菲林溶液鉴别脂肪醛　菲林试剂（Fehling reagent）能将醛氧化成酸。菲林试剂（Fehling reagent）是由硫酸铜溶液（菲林 A）和含碱的酒石酸盐溶液（菲林 B）等量混合配制而成的。混合时硫酸铜的铜离子和碱性酒石酸钾钠形成一个深蓝色铜络离子溶液。与醛反应时，Cu^{2+} 被还原成为红色的氧化亚铜，从溶液中沉淀出来，蓝色消失，而醛氧化成酸，菲林试剂氧化脂肪醛速率较快。但不与芳香醛和简单酮反应，α-羟基酮、α-酮醛可被还原。利用实验中的颜色变化，利用醛和酮、脂肪醛和芳香醛氧化性能的区别，可以很迅速地鉴别脂肪醛和酮及脂肪醛和芳香醛。

(11) 碘仿反应鉴别甲基酮　甲基酮与次碘酸钠反应会生成碘仿，因此，该反应称为碘仿反应。甲基酮在 NaOH 溶液中与碘反应生成黄色沉淀物，可根据此实验现象判别反应是否发生。因此实验室中，常用碘仿反应来鉴别甲基酮类化合物。

(12) 苯酚与溴水反应鉴别苯酚　苯酚的溴化反应是鉴别苯酚的一个特征性反应，生成的沉淀物 2,4,4,6-四溴环己二烯酮，从前叫三溴酚溴。例如苯酚与溴水反应生成邻、对位全被取代的三溴苯酚，但反应并不到此为止，还继续反应，生成无色的溴化环己二烯酮沉淀。此化合物用亚硫酸氢钠溶液洗后，再还原成三溴苯酚。

(13) 用苦味酸鉴别有机碱，鉴别芳香烃　苦味酸，顾名思义是有苦味的酸，用水重结晶得黄色片状结晶，熔点 123℃，是一个有毒的化合物。苦味酸与有机碱反应生成难溶的盐，熔点敏锐，故在有机分析中，常用以鉴别有机碱，根据熔点数据可以确定碱是什么化合物。苦味酸与稠环芳烃可定量地形成带色的分子化合物，也叫 π 络合物或电荷转移络合物（charge transfer complexes）。这种络合物都是很好的结晶体，有一定的熔点，在有机分析中，主要用于鉴定芳香烃。

(14) 三氯化铁试验检验酚和烯醇　大多数酚及烯醇类化合物能与三氯化铁溶液发生反应生成络合物。不同的酚生成的络合物呈现不同的特征颜色，一般来讲，酚类主要生成蓝、紫、绿色，烯醇类主要生成红褐色和红紫色。根据反应过程中的颜色变化可以鉴别它们。对亚硝基苯酚与苯酚的缩合反应鉴别亚硝酸盐，对亚硝基苯酚在浓硫酸中可与苯酚缩合，形成绿色的靛酚硫酸氢盐。此反应液用水稀释，则可变成红色，再加入氢氧化钠，又转变成深蓝色。这一系列的颜色变化反应可以用来鉴别亚硝酸盐（先与苯酚反应生成对亚硝基苯酚）。

（15）兴斯堡反应区别一、二、三级胺　一级胺、二级胺、三级胺与磺酰氯的反应称为Hinsberg（兴斯堡）反应。Hinsberg反应可以在碱性条件下进行。苯磺酰氯与一级胺反应产生的磺酰胺，氮上还有一个氢，因受磺酰基影响，具有弱酸性，可以溶于碱成盐；苯磺酰氯与二级胺生成的 N,N-二取代苯磺酰胺因氮上无氢，没有酸性，不能溶于氢氧化钠溶液。

（16）用糖脲鉴别糖　在早年研究糖时遇到的最大困难是，糖很难结晶成为浆状物质。费歇尔用氨基脲、苯肼等试剂与糖缩合，形成结晶化合物，便于提纯，再分解得到纯的糖，其中最重要的是苯肼与糖的衍生物——糖脲（osazone）。糖脲为黄色结晶，不同糖的脲结晶形状不同，熔点不同，生成时间不同，因此可以用于鉴别糖，这个反应，在早年费歇尔研究糖的构型时起着关键性的作用。

（17）茚三酮试验鉴别氨基酸　凡是有游离氨基的氨基酸都可以和茚三酮发生呈紫色的反应。

附录2　常见有机化合物极性

化合物名称	极性	黏度/mPa·s	沸点/℃	吸收波长/nm
i-pentane(异戊烷)	0	—	30	—
n-pentane(正戊烷)	0	0.23	36	210
petroleum ether(石油醚)	0.01	0.3	30~60	210
hexane(己烷)	0.06	0.33	69	210
cyclohexane(环己烷)	0.1	1	81	210
isooctane(异辛烷)	0.1	0.53	99	210
trifluoroacetic acid(三氟乙酸)	0.1	—	72	—
trimethylpentane(三甲基戊烷)	0.1	0.47	99	215
cyclopentane(环戊烷)	0.2	0.47	49	210
n-heptane(庚烷)	0.2	0.41	98	200
butyl chloride(丁基氯；丁酰氯)	1	0.46	78	220
trichloroethylene(三氯乙烯；乙炔化三氯)	1	0.57	87	273
carbon tetrachloride(四氯化碳)	1.6	0.97	77	265
trichlorotrifluoroethane(三氯三氟代乙烷)	1.9	0.71	48	231
i-propyl ether(丙基醚；丙醚)	2.4	0.37	68	220
toluene(甲苯)	2.4	0.59	111	285
p-xylene(对二甲苯)	2.5	0.65	138	290
chlorobenzene(氯苯)	2.7	0.8	132	—
o-dichlorobenzene(邻二氯苯)	2.7	1.33	180	295
ethyl ether(二乙醚；醚)	2.9	0.23	35	220
benzene(苯)	3	0.65	80	280
isobutyl alcohol(异丁醇)	3	4.7	108	220
methylene chloride(二氯甲烷)	3.4	0.44	240	245
ethylene dichloride(二氯化乙烯)	3.5	0.78	84	228
n-butanol(正丁醇)	3.7	2.95	117	210
n-butyl acetate(乙酸丁酯)	4	—	126	254
n-propanol(丙醇)	4	2.27	98	210
methyl isobutyl ketone(甲基异丁酮)	4.2	—	119	330
tetrahydrofuran(四氢呋喃)	4.2	0.55	66	220

续表

化合物名称	极性	黏度/mPa·s	沸点/℃	吸收波长/nm
ethyl acetate(乙酸乙酯)	4.30	0.45	77	260
i-propanol(异丙醇)	4.3	2.37	82	210
chloroform(氯仿)	4.4	0.57	61	245
methyl ethyl ketone(甲基乙基酮)	4.5	0.43	80	330
dioxane(二恶烷；二氧六环；二氧杂环己烷)	4.8	1.54	102	220
pyridine(吡啶)	5.3	0.97	115	305
acetone(丙酮)	5.4	0.32	57	330
nitromethane(硝基甲烷)	6	0.67	101	330
acetic acid(乙酸)	6.2	1.28	118	230
acetonitrile(乙腈)	6.2	0.37	82	210
aniline(苯胺)	6.3	4.4	184	—
dimethyl formamide(二甲基甲酰胺)	6.4	0.92	153	270
methanol(甲醇)	6.6	0.6	65	210
ethylene glycol(乙二醇)	6.9	19.9	197	210
dimethyl sulfoxide(二甲亚砜 DMSO)	7.2	2.24	189	268
water(水)	10.2	1	100	268

附录3 常用溶剂的沸点、溶解性和毒性

溶剂名称	沸点/℃(101.3kPa)	溶 解 性	毒性
液氨	-33.35	特殊溶解性:能溶解碱金属和碱土金属	剧毒性、腐蚀性
液态二氧化硫	-10.08	溶解胺、醚、醇、苯酚、有机酸、芳香烃、溴、二硫化碳,多数饱和烃不溶	剧毒
甲胺	-6.3	是多数有机物和无机物的优良溶剂,液态甲胺与水、醚、苯、丙酮、低级醇混溶,其盐酸盐易溶于水,不溶于醇、醚、酮、氯仿、乙酸乙酯	中等毒性,易燃
二甲胺	7.4	是有机物和无机物的优良溶剂,溶于水、低级醇、醚、低极性溶剂	强烈刺激性
石油醚		不溶于水,与丙酮、乙醚、乙酸乙酯、苯、氯仿及甲醇以上高级醇混溶	与低级烷相似
乙醚	34.6	微溶于水,易溶与盐酸。与醇、醚、石油醚、苯、氯仿等多数有机溶剂混溶	麻醉性
戊烷	36.1	与乙醇、乙醚等多数有机溶剂混溶	低毒性
二氯甲烷	39.75	与醇、醚、氯仿、苯、二硫化碳等有机溶剂混溶	低毒,麻醉性强
二硫化碳	46.23	微溶与水,与多种有机溶剂混溶	麻醉,强刺激性
丙酮	56.12	与水、醇、醚、烃混溶	中等毒性
1,1-二氯乙烷	57.28	与醇、醚等大多数有机溶剂混溶	低毒,局部刺激性
氯仿	61.15	与乙醇、乙醚、石油醚、卤代烃、四氯化碳、二硫化碳等混溶	中等毒性,强麻醉性
甲醇	64.5	与水、乙醚、醇、酯、卤代烃、苯、酮混溶	中等毒性,麻醉性
四氢呋喃	66	优良溶剂,与水混溶,能很好地溶解乙醇、乙醚、脂肪烃、芳香烃、氯化烃	吸入微毒,经口低毒
己烷	68.7	甲醇部分溶解,与比乙醇高的醇、醚、丙酮、氯仿混溶	低毒,麻醉性,刺激性
三氟代乙酸	71.78	与水、乙醇、乙醚、丙酮、苯、四氯化碳、己烷混溶,溶解多种脂肪族、芳香族化合物	
1,1,1-三氯乙烷	74.0	与丙酮、甲醇、乙醚、苯、四氯化碳等有机溶剂混溶	低毒

续表

溶剂名称	沸点/℃（101.3kPa）	溶 解 性	毒 性
四氯化碳	76.75	与醇、醚、石油醚、石油脑、冰醋酸、二硫化碳、氯代烃混溶	氯代甲烷中,毒性最强
乙酸乙酯	77.112	与醇、醚、氯仿、丙酮、苯等大多数有机溶剂溶解,能溶解某些金属盐	低毒,麻醉性
乙醇	78.3	与水、乙醚、氯仿、酯、烃类衍生物等有机溶剂混溶	微毒类,麻醉性
丁酮	79.64	与丙酮相似,与醇、醚、苯等大多数有机溶剂混溶	低毒,毒性强于丙酮
苯	80.10	难溶于水,与甘油、乙二醇、乙醇、氯仿、乙醚、四氯化碳、二硫化碳、丙酮、甲苯、二甲苯、冰醋酸、脂肪烃等大多有机物混溶	强烈毒性
环己烷	80.72	与乙醇、高级醇、醚、丙酮、烃、氯代烃、高级脂肪酸、胺类混溶	低毒,中枢抑制作用
乙腈	81.60	与水、甲醇、乙酸甲酯、乙酸乙酯、丙酮、醚、氯仿、四氯化碳、氯乙烯及各种不饱和烃混溶,但是不与饱和烃混溶	中等毒性,大量吸入蒸气,引起急性中毒
异丙醇	82.40	与乙醇、乙醚、氯仿、水混溶	微毒,类似乙醇
1,2-二氯乙烷	83.48	与乙醇、乙醚、氯仿、四氯化碳等多种有机溶剂混溶	高毒性、致癌
乙二醇二甲醚	85.2	溶于水,与醇、醚、酮、酯、烃、氯代烃等多种有机溶剂混溶,能溶解各种树脂,还是二氧化硫、氯代甲烷、乙烯等气体的优良溶剂	吸入和经口低毒
三氯乙烯	87.19	不溶于水,与乙醇、乙醚、丙酮、苯、乙酸乙酯、脂肪族氯代烃、汽油混溶	有机有毒品
三乙胺	89.6	与水18℃以下混溶,以上微溶,易溶于氯仿、丙酮,溶于乙醇、乙醚	易爆,皮肤黏膜刺激性强
丙腈	97.35	溶解醇、醚、DMF、乙二胺等有机物,与多种金属盐形成加成有机物	高毒性,与氢氰酸相似
庚烷	98.4	与己烷类似	低毒,刺激性、麻醉性
硝基甲烷	101.2	与醇、醚、四氯化碳、DMF等混溶	麻醉性,刺激性
1,4-二氧六环	101.32	能与水及多数有机溶剂混溶,溶解能力很强	微毒,强于乙醚2～3倍
甲苯	110.63	不溶于水,与甲醇、乙醇、氯仿、丙酮、乙醚、冰醋酸、苯等有机溶剂混溶	低毒类,麻醉作用
硝基乙烷	114.0	与醇、醚、氯仿混溶,溶解多种树脂和纤维素衍生物	局部刺激性较强
吡啶	115.3	与水、醇、醚、石油醚、苯、油类混溶,能溶多种有机物和无机物	低毒,皮肤黏膜刺激性
4-甲基-2-戊酮	115.9	能与乙醇、乙醚、苯等大多数有机溶剂和动植物油相混溶	毒性和局部刺激性较强
乙二胺	117.26	溶于水、乙醇、苯和乙醚,微溶于庚烷	刺激皮肤、眼睛
丁醇	117.7	与醇、醚、苯混溶	低毒,大于乙醚3倍
乙酸	118.1	与水、乙醇、乙醚、四氯化碳混溶,不溶于二硫化碳及C_{12}以上高级脂肪烃	低毒,浓溶液毒性强
乙二醇一甲醚	124.6	与水、醛、醚、苯、乙二醇、丙酮、四氯化碳、DMF等混溶	低毒类
辛烷	125.67	几乎不溶于水,微溶于乙醇,与醚、丙酮、石油醚、苯、氯仿、汽油混溶	低毒性,麻醉性
乙酸丁酯	126.11	优良有机溶剂,广泛应用于医药行业,还可以用作萃取剂	一般条件毒性不大
吗啉	128.94	溶解能力强,超过二氧六环、苯和吡啶,与水混溶,溶解丙酮、苯、乙醚、甲醇、乙醇、乙二醇、2-己酮、蓖麻油、松节油、松脂等	腐蚀皮肤,刺激眼和结膜,蒸气引起肝肾病变
氯苯	131.69	能与醇、醚、脂肪烃、芳香烃和有机氯化物等多种有机溶剂混溶	低于苯,损害中枢系统

溶剂名称	沸点/℃(101.3kPa)	溶 解 性	毒 性
乙二醇一乙醚	135.6	与乙二醇一甲醚相似,但是极性小,与水、醇、醚、四氯化碳、丙酮混溶	低毒类,二级易燃液体
对二甲苯	138.35	不溶于水,与醇、醚和其他有机溶剂混溶	一级易燃液体
二甲苯	138.5~141.5	不溶于水,与乙醇、乙醚、苯、烃等有机溶剂混溶,乙二醇、甲醇、2-氯乙醇等极性溶剂部分溶解	一级易燃液体,低毒类
间二甲苯	139.10	不溶于水,与醇、醚、氯仿混溶,室温下溶解乙腈、DMF等	一级易燃液体
乙酸酐	140.0		
邻二甲苯	144.41	不溶于水,与乙醇、乙醚、氯仿等混溶	一级易燃液体
N,N-二甲基甲酰胺	153.0	与水、醇、醚、酮、不饱和烃、芳香烃烃等混溶,溶解能力强	低毒
环己酮	155.65	与甲醇、乙醇、苯、丙酮、己烷、乙醚、硝基苯、石油脑、二甲苯、乙二醇、乙酸异戊酯、二乙胺及其他多种有机溶剂混溶	低毒类,有麻醉性,中毒几率比较小
环己醇	161	与醇、醚、二硫化碳、丙酮、氯仿、苯、脂肪烃、芳香烃、卤代烃混溶	低毒,无血液毒性,刺激性
N,N-二甲基乙酰胺	166.1	溶解不饱和脂肪烃,与水、醚、酯、酮、芳香族化合物混溶	微毒类
糠醛	161.8	与醇、醚、氯仿、丙酮、苯等混溶,部分溶解低沸点脂肪烃,无机物一般不溶	有毒品,刺激眼睛,催泪
N-甲基甲酰胺	180~185	与苯混溶,溶于水和醇,不溶于醚	一级易燃液体
苯酚(石炭酸)	181.2	溶于乙醇、乙醚、乙酸、甘油、氯仿、二硫化碳和苯等,难溶于烃类溶剂,65.3℃以上与水混溶,65.3℃以下分层	高毒类,对皮肤、黏膜有强烈腐蚀性,可经皮吸收中毒
1,2-丙二醇	187.3	与水、乙醇、乙醚、氯仿、丙酮等多种有机溶剂混溶	低毒,吸湿,不宜静注
二甲亚砜	189.0	与水、甲醇、乙醇、乙二醇、甘油、乙醛、丙酮乙酸乙酯吡啶、芳烃混溶	微毒,对眼有刺激性
邻甲酚	190.95	微溶于水,能与乙醇、乙醚、苯、氯仿、乙二醇、甘油等混溶	参照甲酚
N,N-二甲基苯胺	193	微溶于水,能随水蒸气挥发,与醇、醚、氯仿、苯等混溶,能溶解多种有机物	抑制中枢和循环系统,经皮肤吸收中毒
乙二醇	197.85	与水、乙醇、丙酮、乙酸、甘油、吡啶混溶,与氯仿、乙醚、苯、二硫化碳等难溶,对烃类、卤代烃不溶,溶解食盐、氯化锌等无机物	低毒类,可经皮肤吸收中毒
对甲酚	201.88	参照甲酚	参照甲酚
N-甲基吡咯烷酮	202	与水混溶,除低级脂肪烃可以溶解大多无机物、有机物、极性气体、高分子化合物	毒性低,不可内服
间甲酚	202.7	参照甲酚	与甲酚相似,参照甲酚
苄醇	205.45	与乙醇、乙醚、氯仿混溶,20℃在水中溶解3.8%(质量分数)	低毒,黏膜刺激性
甲酚	210	微溶于水,能于乙醇、乙醚、苯、氯仿、乙二醇、甘油等混溶	低毒类,腐蚀性,与苯酚相似
甲酰胺	210.5	与水、甲醇、乙醇、乙二醇、丙酮、乙酸、二氧六环、甘油、苯酚混溶,几乎不溶于脂肪烃、芳香烃、醚、卤代烃、氯苯、硝基苯等	对皮肤、黏膜有刺激性,经皮肤吸收
硝基苯	210.9	几乎不溶于水,与醇、醚、苯等有机物混溶,对有机物溶解能力强	剧毒,可经皮肤吸收
乙酰胺	221.15	溶于水、乙醇、吡啶、氯仿、甘油、热苯、丁酮、丁醇、苄醇,微溶于乙醚	毒性较低

续表

溶剂名称	沸点/℃(101.3kPa)	溶 解 性	毒 性
六甲基磷酸三酰胺(HMTA)	233	与水混溶,与氯仿络合,溶于醇、醚、酯、苯、酮、烃、卤代烃等	较大毒性
喹啉	237.10	溶于热水、稀酸、乙醇、乙醚、丙酮、苯、氯仿、二硫化碳等	中等毒性,刺激皮肤和眼
乙二醇碳酸酯	238	与热水、醇、苯、醚、乙酸乙酯、乙酸混溶、干燥醚、四氯化碳、石油醚中不溶	毒性低
二甘醇	244.8	与水、乙醇、乙二醇、丙酮、氯仿、糠醛混溶,与乙醚、四氯化碳等不混溶	微毒,经皮吸收,刺激性小
丁二腈	267	溶于水,易溶于乙醇和乙醚,微溶于二硫化碳、己烷	中等毒性
环丁砜	287.3	几乎能与所有有机溶剂混溶,除脂肪烃外能溶解大多数有机物	
甘油	290.0	与水、乙醇混溶,不溶于乙醚、氯仿、二硫化碳、苯、四氯化碳、石油醚	食用对人体无毒

附录 4　常见有机物正别名对照

别名	化学名	别名	化学名	别名	化学名
曲酸	5-羟基-2-羟甲基-1,4-吡喃酮	柠檬酸	2-羟基丙烷-1,2,3-三羧酸	焦性没食子酸	1,2,3-苯三酚
烟酸	吡啶-3-甲酸	水杨酸	2-羟基苯甲酸	巴豆醛	2-丁烯醛
肌酸	N-甲基胍基乙酸	山梨酸	2,4-己二烯酸	月桂酸	十二烷酸
草酸	乙二酸	肉桂酸	苯丙烯酸	马来酸	顺丁烯二酸
甘油	1,2,3-丙三醇	富马酸	反丁烯二酸	安息香酸	苯甲酸
乳酸	2-羟基丙酸	二甘醇	一缩二乙二醇	乌洛托品	六亚甲基四胺
肥酸	己二酸	没食子酸	3,4,5-三羟基苯甲酸	香草醛	4-羟基-3-甲氧基苯甲醛
糠醛	呋喃甲醛	糠醇	呋喃甲醇	茴香醛	对甲氧基苯甲醛
蚁酸	甲酸	儿茶酚	邻苯二酚		

附录 5　有机化合物常用较强的干燥剂

试剂	与水成化合物	注 释
Na	NaOH,H$_2$	用于烃和醚的去水很出色;不得用于人和卤代烃
CaH$_2$	Ca(OH)$_2$,H$_2$	最佳去水剂之一;比 LiAlH$_4$ 缓慢但效率高;相对较安全,用于烃、醚、胺、酯、C$_4$ 和更高级的醇(勿用于 C$_1$,C$_2$,C$_3$ 醇),不得用于醛和活泼羰基化合物。
LiAlH$_4$	LiOH,Al(OH)$_3$,H$_2$	只使用于惰性溶剂[烃基,芳基卤(不能用于烷基卤),醚];能与任何酸性氢和大多数功能团(卤基、硝基等等)反应。使用时要小心;多余者可慢慢加入乙酸乙酯以加破坏。
CaO	Ba(OH)$_2$ 或 Ca(OH)$_2$	慢而有效;主要适用于醇类和醚类,但不易用于对酸碱敏感的化合物。
P$_2$O$_5$	HPO$_3$,H$_3$PO$_4$,H$_4$P$_2$O$_7$	非常快而且效率高,高度耐酸,建议先预干燥,仅用于惰性化合物(尤其适用于烃,醚,卤代烃,酸,酐)。

附录 6　液体有机化合物常用干燥剂

序号(No.)	液体名称(liquid name)	适用干燥剂(applicable drying agent)
1	饱和烃类	P$_2$O$_5$,CaCl$_2$,H$_2$SO$_4$(浓),NaOH,KOH,Na,Na$_2$SO$_4$,MgSO$_4$,CaSO$_4$,CaH$_2$,LiAlH$_4$,分子筛

序号(No.)	液体名称(liquid name)	适用干燥剂(applicable drying agent)
2	不饱和烃类	P_2O_5,$CaCl_2$,$NaOH$,KOH,Na_2SO_4,$MgSO_4$,$CaSO_4$,CaH_2,$LiAlH_4$
3	卤代烃类	P_2O_5,$CaCl_2$,H_2SO_4(浓),Na_2SO_4,$MgSO_4$,$CaSO_4$
4	醇类	BaO,CaO,K_2CO_3,Na_2SO_4,$MgSO_4$,$CaSO_4$,硅胶
5	酚类	Na_2SO_4,硅胶
6	醛类	$CaCl_2$,Na_2SO_4,$MgSO_4$,$CaSO_4$,硅胶
7	酮类	K_2CO_3,Na_2SO_4,$MgSO_4$,$CaSO_4$,硅胶
8	醚类	BaO,CaO,$NaOH$,KOH,Na,$CaCl_2$,CaH_2,$LiAlH_4$,Na_2SO_4,$MgSO_4$,$CaSO_4$,硅胶
9	酸类	P_2O_5,Na_2SO_4,$MgSO_4$,$CaSO_4$,硅胶
10	酯类	K_2CO_3,$CaCl_2$,Na_2SO_4,$MgSO_4$,$CaSO_4$,CaH_2,硅胶
11	胺类	BaO,CaO,$NaOH$,KOH,K_2CO_3,Na_2SO_4,$MgSO_4$,$CaSO_4$,硅胶
12	肼类	$NaOH$,KOH,Na_2SO_4,$MgSO_4$,$CaSO_4$,硅胶
13	腈类	P_2O_5,K_2CO_3,$CaCl_2$,Na_2SO_4,$MgSO_4$,$CaSO_4$,硅胶
14	硝基化合物	$CaCl_2$,Na_2SO_4,$MgSO_4$,$CaSO_4$,硅胶
15	二硫化碳	P_2O_5,$CaCl_2$,Na_2SO_4,$MgSO_4$,$CaSO_4$,硅胶
16	碱类	$NaOH$,KOH,BaO,CaO,Na_2SO_4,$MgSO_4$,$CaSO_4$,硅胶

附录7 常用干燥剂适用条件

名称(name)	适用物质(applicable substance)	不适用物质(inapplicable substance)	备注(remark)
碱石灰 BaO、CaO	中性和碱性气体,胺类,醇类,醚类	醛类,酮类,酸性物质	特别适用于干燥气体,与水作用生成$Ba(OH)_2$、$Ca(OH)_2$
$CaSO_4$	普遍适用	—	常先用Na_2SO_4作预干燥剂
$NaOH$、KOH	氨,胺类,醚类,烃类(干燥器),肼类,碱类	醛类,酮类,酸性物质	容易潮解,因此一般用于预干燥
K_2CO_3	胺类,醇类,丙酮,一般的生物碱类,酯类,腈类,肼类,卤素衍生物	酸类,酚类及其他酸性物质	容易潮解
$CaCl_2$	烷烃类,链烯烃类,醚类,酯类,卤代烃类,腈类,丙酮,醛类,硝基化合物类,中性气体,氯化氢(HCl),CO_2	醇类,氨(NH_3),胺类,酸类,酸性物质,某些醛,酮类与酯类	一种价格便宜的干燥剂,可与许多含氮、含氧的化合物生成溶剂化物、络合物或发生反应;一般含有CaO等碱性杂质
P_2O_5	大多数中性和酸性气体,乙炔,二硫化碳,烃类,各种卤代烃,酸溶液,酸与酸酐,腈类	碱性物质,醇类,酮类,醚类,易发生聚合的物质,氯化氢(HCl),氟化氢(HF),氨气(NH_3)	使用其干燥气体时必须与载体或填料(石棉绒、玻璃棉、浮石等)混合;一般先用其他干燥剂预干燥;本品易潮解,与水作用生成偏磷酸、磷酸等
浓 H_2SO_4	大多数中性与酸性气体(干燥器、洗气瓶),各种饱和烃,卤代烃,芳烃	不饱和的有机化合物,醇类,酮类,酚类,碱性物质,硫化氢(H_2S),碘化氢(HI),氨气(NH_3)	不适宜升温干燥和真空干燥
金属 Na	醚类,饱和烃类,叔胺类,芳烃类	氯代烃类(会发生爆炸危险),醇类,伯、仲胺类及其他易和金属钠起作用的物质	一般先用其他干燥剂预干燥;与水作用生成$NaOH$与H_2
$Mg(ClO_4)_2$	含有氨的气体(干燥器)	易氧化的有机物质	大多用于分析目的,适用于各种分析工作,能溶于多种溶剂中;处理不当会发生爆炸危险
Na_2SO_4、$MgSO_4$	普遍适用,特别适用于酯类、酮类及一些敏感物质溶液		一种价格便宜的干燥剂;Na_2SO_4常作预干燥剂
硅胶	置于干燥器中使用	氟化氢	加热干燥后可重复使用

名称(name)	适用物质(applicable substance)	不适用物质(inapplicable substance)	备注(remark)
分子筛	温度 100℃ 以下的大多数流动气体;有机溶剂(干燥器)	不饱和烃	一般先用其他干燥剂预干燥;特别适用于低分压的干燥
CaH_2	烃类,醚类,酯类,C_4 及 C_4 以上的醇类	醛类,含有活泼羰基的化合物	作用比 $LiAlH_4$ 慢,但效率相近,且较安全,是最好的脱水剂之一,与水作用生成 $Ca(OH)_2$、H_2
$LiAlH_4$	烃类,芳基卤化物,醚类	含有酸性 H,卤素,羰基及硝基等的化合物	使用时要小心。过剩的可以慢慢加乙酸乙酯将其破坏;与水作用生成 $LiOH$、$Al(OH)_3$ 与 H_2

附录 8　常用压力单位换算表

单位	牛顿/米²(帕斯卡)$(N/m^2)(Pa)$	公斤力/米²(kgf/m^2)	公斤力/厘米²(kgf/cm^2)	巴(bar)	标准大气压(atm)	毫米水柱4℃(mmH_2O)	毫米水银柱0℃(mmHg)	磅/英寸²$(lb/in^2, psi)$
牛顿/米²(帕)$(N/m^2)(Pa)$	1	0.101972	10.1972×10^{-6}	1×10^{-5}	0.986923×10^{-5}	0.101972	7.50062×10^{-3}	145.038×10^{-6}
公斤力/米²(kgf/m^2)	9.80665	1	1×10^{-4}	9.80665×10^{-5}	9.67841×10^{-5}	1×10^{-8}	0.0735559	0.00142233
公斤力/厘米²(kgf/cm^2)	98.0665×10^3	1×10^4	1	0.980665	0.967841	10×10^3	735.559	14.2233
巴(bar)	1×10^5	10197.2	1.01972	1	0.986923	10.1972×10^3	750.061	14.5038
标准大气压(atm)	1.01325×10^5	10332.3	1.03323	1.01325	1	10.3323×10^3	760	14.6959
毫米汞柱0℃(mmHg)	133.322	13.5951	0.00135951	0.00133322	0.00131579	13.5951	1	0.0193368
磅/英寸²(lb/in²,psi)	6.89476×10^3	703.072	0.0703072	0.0689476	0.0680462	703.072	51.7151	1

注：1. 工程大气压(at)=1公斤力/厘米²。

2. 用水柱表示的压力,是以纯水在 4℃ 时的密度值为标准的。

附录 9　常用酸碱溶液相对密度及组成

盐酸（HCl）

质量分数/g	相对密度	100mL 水溶液中含 HCl 的质量/g	质量分数/g	相对密度	100mL 水溶液中含 HCl 的质量/g
1	1.0032	1.002	8	1.0376	8.301
2	1.0082	2.006	10	1.0474	10.47
4	1.0181	4.007	12	1.0574	12.69
6	1.0279	6.167	14	1.0675	14.95

质量分数/g	相对密度	100mL 水溶液中含 HCl 的质量/g	质量分数/g	相对密度	100mL 水溶液中含 HCl 的质量/g
16	1.0776	17.24	30	1.1492	34.48
18	1.0878	19.58	32	1.1593	37.10
20	1.0980	21.96	34	1.1691	39.75
22	1.1083	24.38	36	1.1789	42.44
24	1.1187	26.85	38	1.1885	45.16
26	1.1290	29.35	40	1.1980	47.92
28	1.1392	31.90			

硫酸（H_2SO_4）

质量分数/g	相对密度	100mL 水溶液中含 H_2SO_4 的质量/g	质量分数/%	相对密度	100mL 水溶液中含 H_2SO_4 的质量/g
1	1.0051	1.005	65	1.5533	101.0
2	1.0118	2.024	70	1.6105	112.7
3	1.0184	3.055	75	1.6692	125.2
4	1.0250	4.100	80	1.7272	138.2
5	1.0317	5.159	85	1.7786	151.2
10	1.0661	10.66	90	1.8144	163.3
15	1.1020	16.53	91	1.8195	165.6
20	1.1394	22.79	92	1.8240	167.8
25	1.1783	29.46	93	1.8279	170.2
30	1.2185	36.56	94	1.8312	172.1
35	1.2599	44.10	95	1.8337	174.2
40	1.3028	52.11	96	1.8355	176.2
45	1.3476	60.64	97	1.8364	178.1
50	1.3951	69.76	98	1.8361	179.9
55	1.4453	79.49	99	1.8342	181.6
60	1.4983	89.90	100	1.8305	183.1

硝酸（HNO_3）

质量分数/g	相对密度	100mL 水溶液中含 HNO_3 的质量/g	质量分数/g	相对密度	100mL 水溶液中含 HNO_3 的质量/g
1	1.0036	1.004	65	1.3913	90.43
2	1.0091	2.018	70	1.4134	98.94
3	1.0146	3.044	75	1.4337	107.5
4	1.0201	4.080	80	1.4521	116.2
5	1.0256	5.128	85	1.4686	124.8
10	1.0543	10.54	90	1.4826	133.4
15	1.0842	16.26	91	1.4850	135.1
20	1.0050	22.30	92	1.4873	136.8
25	1.1469	28.67	93	1.4892	138.5
30	1.1800	35.40	94	1.4912	140.2
35	1.2140	42.49	95	1.4932	141.9
40	1.2463	49.85	96	1.4952	143.5
45	1.2783	57.52	97	1.4974	145.2
50	1.3100	65.50	98	1.5008	147.1
55	1.3393	73.66	99	1.5056	149.1
60	1.3667	82.00	100	1.5129	15.3

氢溴酸（HBr）

质量分数/%	相对密度	100mL 水溶液中含 HBr 的质量/g	质量分数/%	相对密度	100mL 水溶液中含 HBr 的质量/g
10	1.0723	10.7	45	1.4446	65.0
20	1.1579	23.2	50	1.5173	75.8
30	1.2580	37.7	55	1.5953	87.7
35	1.3150	46.0	60	1.6787	100.7
40	1.3772	56.1	65	1.7675	114.9

氢碘酸（HI）

质量分数/%	相对密度	100mL 水溶液中含 HI 的质量/g	质量分数/%	相对密度	100mL 水溶液中含 HI 的质量/g
20.77	1.1578	24.4	56.78	1.6998	96.6
31.77	1.2962	41.2	61.97	1.8218	112.8
42.7	1.4489	61.9			

乙酸（CH₃COOH）

质量分数/g	相对密度	100mL 水溶液中含 CH_3COOH 的质量/g	质量分数/%	相对密度	100mL 水溶液中含 CH_3COOH 的质量/g
1	0.9996	0.9996	40	1.0488	41.95
2	2.002	2.002	45	1.0534	47.40
3	3.008	3.008	50	1.0575	52.88
4	4.016	4.016	55	1.0611	58.36
5	5.028	5.028	60	1.0642	63.85
10	10.13	10.13	65	1.0666	69.33
15	15.29	15.29	70	1.0685	74.88
20	20.53	20.53	75	1.0696	80.22
25	25.82	25.82	80	1.0700	85.60
30	31.15	31.15	85	1.0689	90.86
35	36.53	36.53	90	1.0661	95.95
91	1.0652	96.93	96	1.0588	101.6
92	1.0643	97.92	97	1.0570	102.5
93	1.0632	98.88	98	1.0549	103.4
94	1.0619	99.82	99	1.0524	104.2
95	1.0605	100.7	100	1.0498	105.0

氢氧化钠（NaOH）

质量分数/%	相对密度	100mL 水溶液中含 NaOH 的质量/g	质量分数/%	相对密度	100mL 水溶液中含 NaOH 的质量/g
1	1.0095	1.010	26	1.2848	33.40
2	1.0207	2.041	28	1.3064	36.58
4	1.0428	4.171	30	1.3279	39.84
6	1.0648	6.389	32	1.3490	43.17
8	1.0869	8.695	34	1.3696	46.57
10	1.1089	11.09	36	1.3900	50.04
12	1.1309	13.57	38	1.4101	53.58
14	1.1530	16.14	40	1.4300	57.20
16	1.1751	18.80	42	1.4494	60.87
18	1.1972	21.55	44	1.4685	64.61
20	1.2191	24.38	46	1.4873	68.42
22	1.24411	27.30	48	1.5065	72.31
24	1.26299	30.31	50	1.5253	76.27

碳酸钠（Na₂CO₃）

质量分数/%	相对密度	100mL 水溶液中含 Na₂CO₃ 的质量/g	质量分数/%	相对密度	100mL 水溶液中含 Na₂CO₃ 的质量/g
1	1.0086	1.009	12	1.1244	13.49
2	1.0190	2.038	14	1.1463	16.05
4	1.0398	4.159	16	1.1682	18.55
6	1.0606	6.364	18	1.1905	21.33
8	1.0816	8.653	20	1.2132	24.26
8	1.0816	8.653			

附录 10 常用有机化合物缩写

序号	缩写	对应有机化合物
1	Ac	acetyl
2	Ad	1-adamantyl
3	AIBN	azobisisobutyronitrile
4	All	allyl
5	Ar	aryl
6	Bn	benzyl
7	B℃	t-butylcarbonyl
8	t-Boc	t-butylcarbonyl
9	bp	boiling point
10	Bu	butyl
11	t-Bu	tert-butyl
12	Bz	benzoxyl
13	Cbz	benzyloxycarbonyl
14	COSY	correlation spectroscopy
15	Cys	cysteine
16	DABCO	1,4-diazabicyclo[2.2.2]octane
17	DBU	1,8-diazabicyclo[5.4.0]undec-7-ene
18	DCC	dicyclohexylcarbodiimide
19	DDQ	2,3-dichloro-5,6-dicyano-1,4-benzoquinone
20	de	diastereomeric excess
21	DIBAH	diisobutylalumium hydride
22	DIBAL	diisobutylaluminum hydride
23	DIPEA	diisopropylethylamine
24	DMAP	4-dimethylaminopyridine
25	DMF	N,N-dimethylformamide
26	DMSO	dimethyl sulfoxide or methyl sulfoxide
27	E_1	unimolecular elimination
28	E_2	bimolecular elimination
29	EDTA	ethylenediaminetetraacetic acid
30	ee	enantiomeric excess
31	Et	ethyl
32	FG	founctional group
33	GC	gas chromatography
34	Hex	hexyl
35	HMPA	hexamethylphosphoramide
36	HOBT	1-hydroxybenzotriazole

序号	缩写	对应有机化合物
37	HOMO	highest occupied molecular orbital
38	HPLC	high performance liquid chromatography
39	hRMS	high-resolution mass spectrum
40	IR	infrared
41	LDA	lithium diisopropylamide
42	lUMO	lowest unoccupied molecular orbital
43	m-CPBA	m-chloroperbenzoic acid
44	MOM	methoxymethyl
45	Ms	methanesulfonyl or mesyl
46	NBS	N-bromosuccinimide
47	NCS	N-chlorosuccinimide
48	NMM	N-methyl morpholine
49	NMR	nuclear magnetic resonance
50	NOESY	nuclear overhauser effect spectroscopy
51	Nu	nucleophile
52	PCC	pyridinium chlorochromate
53	PDC	pyridinium dichromate
54	PE	photoelectron
55	PG	protective group
56	Ph	phenyl
57	PPA	polyphosphoric acid
58	Pr	propyl
59	i-Pr	isopropyl
60	PTC	phase-transfer catalysis
61	Pv	pivaloyl
62	Py	pyridine
63	SN_1	unimolecular nucleophilic substitution
64	SN_2	bimolecular nucleophilic substitution
65	SN'	nucleophilic substitution with allylic rearrangement
66	TBAF	tetrabutylammonium fluoride
67	TEA	triethylamine
68	TFA	trifluoroacetic acid
69	T_fOH	trifluoromethanesulfonic acid
70	THF	tetrahydrofuran
71	TMP	2,26,6-tetramethyl piperidine
72	Tos	p-toluenesulfonyl
73	TsOH	p-toluenesulfonic acid
74	Ts	p-toluenesulfonyl or tosyl
75	UV	ultraviolet

[1] 王清廉，沈凤嘉．有机化学实验．北京：高等教育出版社，1994．

[2] 王葆仁，有机合成反应，北京：科学出版社，1980．

[3] 关烨，李翠娟，葛树丰．有机化学实验．北京：北京大学出版社，2012．

[4] 王清廉，李瀛，高坤，徐鹏飞，曹小平．有机化学实验．北京：高等教育出版社，2010．

[5] 罗析茨 R M，曹显国．近代实验有机化学导论．胡昌奇．译．上海：上海科学技术出版社，1981．

[6] 杨世琥，杨林，贾朝霞，陈集．近代化学实验．北京：石油工业出版社，2006．

[7] 李发美．分析化学试验指导．北京：人民卫生出版社，2004．

[8] 姚新生．有机化合物波谱分析．北京：中国医药科技出版社，2004．

[9] 国家药典委员会．中华人民共和国药典．北京：中国医药科技出版社，2015．

[10] 李建波．油田化学品的制备及现场应用．北京：化学工业出版社，2012．

[11] 曲荣君，刘庆俭，纪春暖．烯丙基甘油醚的合成新方法．合成化学，1995，3（2）：99-100．

[12] 林东恩，李琼，刘毓宏，张逸伟．烯丙基缩水甘油醚的合成．合成化学，2004，12（4）：375-377．

[13] 邹绍国．对硝基苯胺制备实验的改进．成都纺织高等专科学校学报，2007，41（1）：46-48．

[14] 李继忠，石向林．用高锰酸钾氧化环己醇制备己二酸方法的改进，延安大学学报（自然科学版），1997，16（4）：89-90．

[15] 李继忠，石向林．用高锰酸钾氧化环己醇制备己二酸方法的改进．延安大学学报（自然科学版），1997，16（4）：89-90．

[16] 张春华，哈森其木格，刘亚冰．制备邻苯二甲酸二丁酯的微型实验．内蒙古民族师院学报（自然科学版），1999，14（2）：154-155．

[17] 张德华，郑静．肉桂酸制备实验装置的教学改进．湖北师范学院学报（自然科学版），2011，31（3）：109-111．

[18] 邹绍国．对硝基苯胺制备实验的改进．成都纺织高等专科学校学报，2007，41（1）：46-48．

[19] 林原斌，刘展鹏，陈红飙．有机中间体的制备与合成．北京：科学出版社，2006．

[20] 王明慧，吴坚平，杨立荣，陈新志．硼氢化钠还原法合成 1-（2,4-二氯苯基）-2-氯乙醇，有机化学，2005，25（6）：660-664．